Vito Posca
Tiziana Fiorani

Chimica più
Chimica organica

PER IL COMPUTER E PER IL TABLET

L'eBook multimediale

1 REGÌSTRATI

Vai su **my.zanichelli.it** e regìstrati come studente

2 ATTIVA IL TUO LIBRO

Una volta entrato in **myZanichelli**, inserisci la **chiave di attivazione** che trovi sul bollino argentato in questa pagina

3 CLICCA SULLA COPERTINA

Puoi:
- **scaricare l'eBook offline** sul tuo computer o sul tuo tablet
- **sfogliare un'anteprima** dell'eBook online

LOSAI? Ripassa con lo smartphone prima della verifica

1 SCARICA LA APP DA:

Scarica su App Store — Disponibile su Google Play

2 AGGIUNGI IL LIBRO

con le tue credenziali **myZanichelli** e con la **chiave di attivazione**

3 CLICCA SUL CAPITOLO

che vuoi ripassare

4 SCEGLI LA TEORIA O IL TEST

Trovi:
- **sintesi di capitolo** per rivedere la teoria
- **esercizi** per metterti alla prova

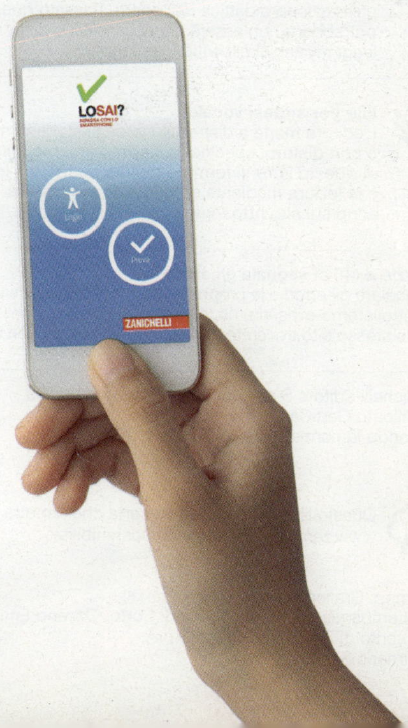

Realizzazione editoriale:
- Coordinamento redazionale: Martina Mugnai, Lara Rossi
- Redazione: Lara Rossi; Martina Mugnai; il Nove, Bologna
- Contributi redazionali: Sonia Serra
- Segreteria di redazione: Deborah Lorenzini, Rossella Frezzato
- Progetto grafico: Chialab srl, Bologna
- Composizione e impaginazione: Preparé Italia, Battipaglia (SA); Publi&Stampa Sas, Conselice (RA)
- Ricerca iconografica: Lara Rossi, Martina Mugnai
- Ufficio iconografico: Claudia Patella, Chiara Presepi
- Disegni: Grafie di Luca Tible
- Correzione bozze e rilettura testi: il Nove, Bologna
- Indice analitico: il Nove, Bologna

Contributi:
- Rilettura critica: Chiara Gedressi, Claudia Mirri
- Risoluzione esercizi: il Nove, Bologna
- Stesura schede *Per saperne di più* e *Chimica verde*: Giulia Pavarelli

Le fonti delle illustrazioni si trovano online nel sito online.zanichelli.it/poscafioranichimica

Copertina:
- Progetto grafico: Miguel Sal & C., Bologna
- Ideazione: Studio 8vo, Bologna
- Realizzazione: Roberto Marchetti e Francesca Ponti
- Immagine di copertina: Artwork Studio 8vo, Bologna

Prima edizione: febbraio 2017

Ristampa:
6 5 4 3 2019 2020 2021 2022

Zanichelli garantisce che le risorse digitali di questo volume sotto il suo controllo saranno accessibili, a partire dall'acquisto dell'esemplare nuovo, per tutta la durata della normale utilizzazione didattica dell'opera. Passato questo periodo, alcune o tutte le risorse potrebbero non essere più accessibili o disponibili: per maggiori informazioni, leggi my.zanichelli.it/fuoricatalogo

File per sintesi vocale
L'editore mette a disposizione degli studenti non vedenti, ipovedenti, disabili motori o con disturbi specifici di apprendimento i file pdf in cui sono memorizzate le pagine di questo libro. Il formato del file permette l'ingrandimento dei caratteri del testo e la lettura mediante software screen reader. Le informazioni su come ottenere i file sono sul sito http://www.zanichelli.it/scuola/bisogni-educativi-speciali

Grazie a chi ci segnala gli errori
Segnalate gli errori e le proposte di correzione su **www.zanichelli.it/correzioni**.
Controlleremo e inseriremo le eventuali correzioni nelle ristampe del libro.
Nello stesso sito troverete anche l'errata corrige, con l'elenco degli errori e delle correzioni.

Zanichelli editore S.p.A. opera con sistema qualità certificato CertiCarGraf n. 477 secondo la norma UNI EN ISO 9001:2015

Questo libro è stampato su carta che rispetta le foreste.
www.zanichelli.it/chi-siamo/sostenibilita

Stampa: Grafica Ragno
Via Lombardia 25, 40064 Tolara di Sotto, Ozzano Emilia (Bologna)
per conto di Zanichelli editore S.p.A.
Via Irnerio 34, 40126 Bologna

Realizzazione eBook:

- Redazione: Simona Vannini
- Segreteria di redazione: Deborah Lorenzini, Rossella Frezzato
- Progettazione esecutiva e sviluppo software: duDAT srl, Bologna, Chialab srl, Bologna

Video ClipLab
- Coordinamento redazionale: Matteo Fornesi
- Produzione: Vertical Film/I4Gatti srl
- Progetto e sceneggiature: Mauro Mennuni
- Supervisione scientifica: Franco Bagatti, Elis Corradi, Alessandro Desco, Claudia Ropa (chimica), Giovanni Pezzi (fisica)
- Regia: Francesco Dafano
- Speaker: WPS MULTIMEDIA, Roma

Video OpenLab
- Coordinamento redazionale: Martina Mugnai
- Produzione: formicablu srl, Bologna
- Sceneggiatura: OpenLab, Università di Firenze
- Supervisione scientifica: Antonella Salvini, Annamaria Papini, Università di Firenze
- Regia: Francesca Conti, formicablu srl, Bologna

Animazioni
- Coordinamento redazionale: Matteo Fornesi
- Supervisione scientifica: Franco Bagatti, Elis Corradi, Alessandro Desco, Claudia Ropa
- Realizzazione multimediale: Infmedia srl
- Speaker: Bruno Schirripa

Videolezioni
- Sceneggiatura, regia e narrazione: Christian Biasco, http://biasco.ch
- Testi e supervisione scientifica: Ludovico De Padova, Giorgia Messori
- Coordinamento redazionale e redazione: Martina Mugnai
- Musica: Riccardo Turchini

Video *Come si fa?*
- Coordinamento redazionale: Martina Mugnai
- Produzione: formicablu srl, Bologna
- Sceneggiatura e supervisione scientifica: Tiziana Fiorani
- Riprese: Carlo Gardini, Parma

Video *LabOr*
- Coordinamento redazionale: Martina Mugnai
- Produzione: formicablu srl, Bologna
- Sceneggiatura e supervisione scientifica: Opificio Golinelli, Bologna
- Regia: Giulia Rocco, formicablu srl, Bologna
- Attore: Chrisiani

Tavola periodica interattiva
- Ideazione e redazione: Martina Mugnai, Beppe Chia, Manuel Zanettin, Edoardo Cavazza
- Progetto generale, interfaccia grafica e sviluppo: Chialab srl, Bologna
- Stesura tesi: Massimo Dellavalle, Laura Moroni
- Consulenza e revisione: Massimo Dellavalle, Elisa Zini

Vito Posca
Tiziana Fiorani

Chimica più

Chimica organica

SCIENZE ZANICHELLI

SOMMARIO

A1 CHIMICA ORGANICA: UNA VISIONE D'INSIEME

IN DIGITALE

La tavola periodica interattiva

VIDEO
Chiralità e stereoisomeria

LO SAI? RIPASSA CON LO SMARTPHONE

ZTE 20 esercizi interattivi

A2 GLI IDROCARBURI

IN DIGITALE

La tavola periodica interattiva

VIDEO
L'ibridazione dell'atomo di carbonio
La nomenclatura degli idrocarburi alifatici
Aromaticità

VIDEO: LabOr
Alcani e cicloalcani
Alcheni

LO SAI? RIPASSA CON LO SMARTPHONE

ZTE 20 esercizi interattivi

A3 I DERIVATI DEGLI IDROCARBURI

IN DIGITALE

VIDEO: LabOr
Gli alcoli
Alcoli primari, secondari e terziari
Fenoli
Aldeidi e chetoni
Distinguere aldeidi e chetoni
Acidi carbossilici
Esteri
Cromatografia a scambio ionico
Ammine
Ammine primarie, secondarie e terziarie

LO SAI? RIPASSA CON LO SMARTPHONE

ZTE 20 esercizi interattivi

COME ORIENTARSI NEL LIBRO

SU CARTA

PROBLEMI MODELLO

Problemi svolti per ragionare come un chimico. I problemi modello sono seguiti da *Problemi simili*, per mettersi subito alla prova.

13 problemi modello per:

1. Determinare il n.o. del carbonio nei composti organici
2. Rappresentare le formule dei composti organici
3. Riconoscere i tipi di isomeria
4. Nominare gli alcani
5. Nominare i cicloalcani
6. Rappresentare le formule razionali
7. Rappresentare le reazioni degli alcheni
8. Rappresentare gli isomeri
9. Rappresentare le reazioni di sintesi dei derivati del benzene
10. Rappresentare le formule razionali degli alogenuri alchilici
11. Rappresentare le formule razionali degli alcoli
12. Rappresentare le reazioni delle aldeidi e dei chetoni
13. Giustificare l'acidità degli acidi organici

BOX

Ti ricordi?
Per richiamare alla memoria i concetti fondamentali della chimica.
Per esempio, cap. A1 pag. A3

A colpo d'occhio
Mappe sintetiche per organizzare i concetti della teoria.
Per esempio, cap. A3 pag. A112

Le parole
Per riflettere sull'etimologia dei termini scientifici.
Per esempio, cap. A2 pag. A42

SCHEDE

Per saperne di più
Approfondimenti che stimolano ad andare oltre il testo.
Per esempio, Petrolio: energia e industria, cap. A2 pag. A34

La nostra salute
Schede per capire come i composti organici interagiscono con il nostro organismo.
Per esempio, FANS: farmaci antinfiammatori non steroidei, cap. A3 pag. A122

La chimica verde
Focus sulla chimica sostenibile: un nuovo modo di fare scienza.
Per esempio, Biodiesel: un combustibile da fonti rinnovabili, cap. A2 pag. A38

FACCIAMO IL PUNTO

Sintesi di fine capitolo per fissare i concetti-chiave.
Per esempio, cap. A3 pag 146

ESERCIZI DI FINE CAPITOLO

Per esempio, cap. A2 pag. A75

- Verifica le tue conoscenze
- Verifica le tue abilità
- Test yourself
- Verso l'università
- Verso l'esame: le tue competenze

SEI PRONTO PER LA VERIFICA? IN 1 ORA

Allenati con una prova generale della verifica da svolgere in un'ora, con il punteggio per autovalutarti.
Per esempio, pag. A157 e A158

IN DIGITALE

VIDEO

Per capire meglio
Video per comprendere i concetti alla base della chimica organica.
Per esempio: Chiralità e stereoisomeria

LabOr: il laboratorio di chimica organica
Video per capire la reattività dei composti organici. Vengono proposti i saggi classici della chimica organica, spesso difficili da realizzare in un laboratorio scolastico.
Per esempio: Distinguere aldeidi e chetoni

LO SAI? RIPASSA CON LO SMARTPHONE

Ripassa con lo smartphone prima di una verifica con sintesi di capitolo per rivedere la teoria e batterie di test per metterti alla prova.

ESERCIZI INTERATTIVI SU ZTE

TAVOLA PERIODICA INTERATTIVA

In digitale i video per capire e «vedere» la chimica organica.

CAPITOLO

A1

CHIMICA ORGANICA: UNA VISIONE D'INSIEME

1 I COMPOSTI ORGANICI SONO I COMPOSTI DEL CARBONIO

Il carbonio è un elemento molto diffuso al punto che uno specifico ambito della chimica è dedicato allo studio dei suoi composti: la **chimica organica**. I composti del carbonio, infatti, sono milioni e differiscono tra loro sia per il numero degli atomi di carbonio sia per il modo in cui sono legati. Fino agli inizi dell'Ottocento, i composti del carbonio erano considerati essenzialmente di origine naturale, prodotti dall'attività biologica di organismi animali e vegetali. A ciò si deve il nome di composti organici. Nel 1828, tuttavia, il chimico tedesco Friedrich Wöhler (figura **1**) riuscì a produrre per sintesi l'*urea*, $CO(NH_2)_2$, un composto organico presente in soluzione nell'urina, riscaldando un composto inorganico, il cianato di ammonio:

$$NH_4CNO \xrightarrow{\text{calore } (\Delta)} CO(NH_2)_2$$

Da allora sono stati moltissimi i composti del carbonio preparati per sintesi in laboratorio e, quindi, la formulazione più corretta è rappresentata dalla seguente definizione:

> Si definiscono organici i composti del carbonio a eccezione di ossidi (CO, CO_2), carburi (come CaC_2), acido carbonico (H_2CO_3) e i suoi sali (carbonati e bicarbonati).

I composti del carbonio sono costituiti principalmente da sei elementi (carbonio, idrogeno, ossigeno, azoto, fosforo e zolfo).

Nel sistema periodico cinque di questi elementi (carbonio, azoto, ossigeno, fosforo e zolfo) sono tutti vicini tra loro, in alto e a destra, mentre l'idrogeno è collocato in alto e a sinistra perché avendo un solo elettrone nel livello energetico esterno appartiene al primo gruppo. I loro atomi hanno tutti un piccolo raggio atomico e un valore di elettronegatività molto simile: tra essi pertanto si possono stabilire forti legami covalenti. Gli atomi di carbonio, di azoto e di ossigeno possono formare legami semplici e doppi, il carbonio e l'azoto anche tripli. Questi elementi, quindi, possono formare composti stabili e in numero elevato.

Figura 1 Friederich Wöhler Il chimico tedesco sintetizzò l'urea a partire da un composto inorganico.

TI RICORDI?

I **polimeri** sono macromolecole costituite dalla ripetizione di più molecole (monomeri), uguali o diverse, unite con legame covalente.

I composti organici si distinguono in tre grandi gruppi:

- **idrocarburi**, distinti in alifatici e aromatici. Sono composti costituiti esclusivamente da atomi di carbonio e di idrogeno;
- **derivati degli idrocarburi**, distinti in alogenati, azotati e ossigenati. Sono composti costituiti, oltre che da atomi di carbonio e di idrogeno, anche da altri elementi quali ossigeno, azoto, fosforo e zolfo;
- **biomolecole**, distinte in carboidrati, lipidi, proteine e acidi nucleici. Sono polimeri (tranne i lipidi) costituiti prevalentemente da atomi di carbonio, idrogeno, ossigeno e azoto.

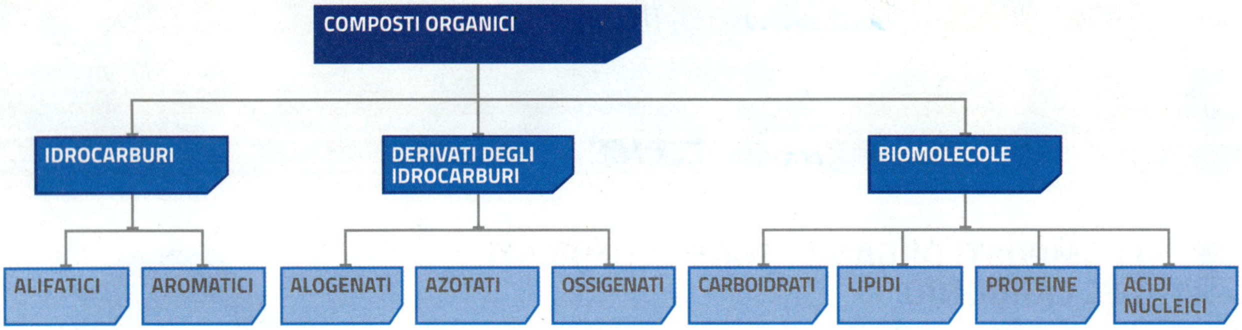

2 LE CARATTERISTICHE DELL'ATOMO DI CARBONIO

TI RICORDI?

Il **legame covalente** consiste nella condivisione di una o più coppie di elettroni tra atomi uguali o diversi di non metalli.

Il numero elevato di composti organici (sono alcuni milioni) è dovuto alla versatilità dell'atomo di carbonio che, unico tra tutti gli elementi chimici, è in grado di formare moltissime molecole diverse, costituite da un numero estremamente variabile di atomi. Gli aspetti più rilevanti e specifici dell'atomo di carbonio sono:

a. la presenza nel livello energetico esterno di quattro elettroni spaiati con i quali forma sempre **quattro legami covalenti.** Tale proprietà può essere spiegata assumendo che l'atomo di carbonio, che nello *stato fondamentale* ha configurazione elettronica esterna $2s^2 2p^2$, al momento di combinarsi con altri atomi assorba energia dall'esterno e trasferisca un elettrone della coppia dell'orbitale $2s$ a un orbitale $2p$ vuoto (*promozione elettronica*). In questo modo aumenterebbe il numero degli elettroni singoli e la configurazione elettronica esterna nello *stato eccitato* risulterebbe $2s^1 2p^3$ (figura **2**). Tale ipotesi spiegherebbe la capacità del carbonio di fare quattro legami, ma tre di essi dovrebbero essere equivalenti e uno no. Questa previsione però contrasta con i dati sperimentali: in alcune molecole organiche il carbonio forma quattro legami identici per lunghezza, forza e angolazione.

Figura 2 **La configurazione elettronica del carbonio ($Z = 6$)** Nello stato fondamentale gli elettroni spaiati sono due mentre in quello eccitato sono quattro.

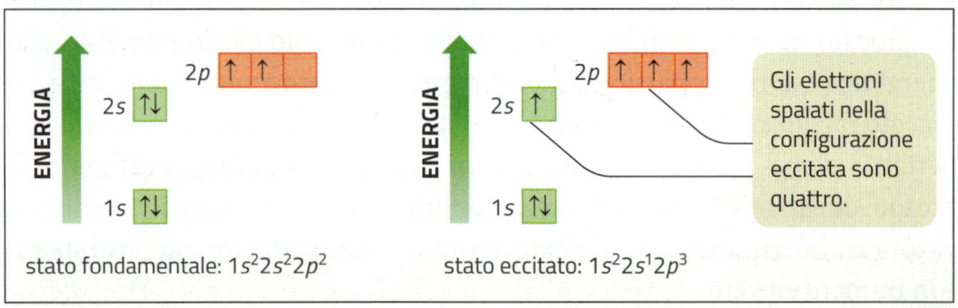

Per spiegare le osservazioni empiriche occorre introdurre l'ipotesi dell'ibridazione orbitalica, basata sulla possibilità di formare ibridi degeneri dalla somma di orbitali atomici di diversa energia.
In seguito alla combinazione di un orbitale *s* con uno, due o tre orbitali *p*, il carbonio ha la capacità di ibridarsi *sp*, sp^2 o sp^3:

TI RICORDI?

Il **legame covalente** può essere classificato in base al tipo di orbitale molecolare che si forma: σ per sovrapposizione di orbitali atomici ad assi coincidenti; π per sovrapposizione di orbitali atomici ad assi paralleli.

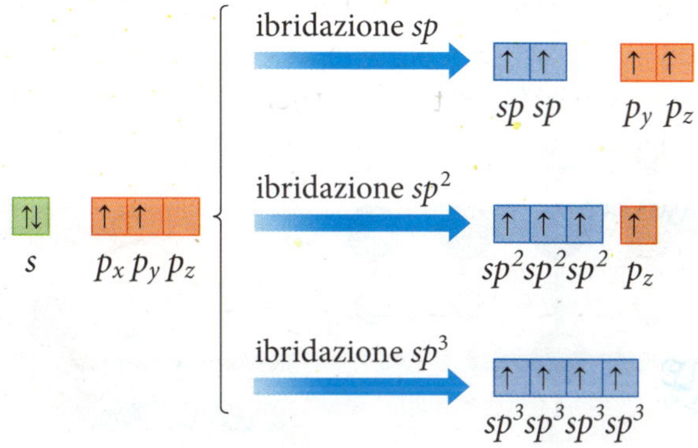

Con gli orbitali ibridi il carbonio forma legami covalenti di tipo σ, mentre con gli orbitali non ibridi *p* forma legami covalenti di tipo π;

b. il **numero di ossidazione (n.o.)**, che assume tutti i valori compresi tra +4 e −4 e permette all'atomo di carbonio di formare un numero infinito di composti. Nei composti organici l'atomo di carbonio può assumere valori diversi nella stessa molecola, per cui si deve attribuire il n.o. a tutti gli atomi di carbonio singolarmente.
Per il calcolo del n.o. di un atomo di carbonio, si deve rappresentare la formula di struttura di Lewis del composto e tenere conto dei seguenti criteri:
- ogni legame con altri atomi di carbonio contribuisce al calcolo del n.o. del carbonio con zero perché gli elettroni di legame sono esattamente condivisi;
- ogni legame con l'idrogeno o con i metalli contribuisce al calcolo del n.o. del carbonio con −1 perché il carbonio è più elettronegativo;
- ogni legame con altri non metalli (O, N, S, alogeni) contribuisce al calcolo del n.o. del carbonio con +1 perché il carbonio è meno elettronegativo.

La somma algebrica di tali valori costituisce il numero di ossidazione dell'atomo di carbonio considerato;

TI RICORDI?

Il **numero di ossidazione** è la carica elettrica che un atomo ha (legame ionico) o avrebbe (legame covalente) se gli elettroni di legame fossero tutti attribuiti all'elemento più elettronegativo.

c. il **valore medio di elettronegatività** ($E_n = 2{,}5$) per cui il carbonio non ha tendenza a perdere o ad acquistare elettroni, ma piuttosto a condividerli con altri atomi formando legami covalenti poco polari e quindi forti e stabili;

TI RICORDI?

L'**elettronegatività** (E_n) è la tendenza di un atomo ad attirare verso di sé gli elettroni di legame.

d. il **piccolo raggio atomico** ($r = 77$ pm) per cui l'atomo di carbonio può formare legami covalenti *singoli*, *doppi* e *tripli*; infatti il suo scarso ingombro facilita la formazione di legami stabili con altri atomi di carbonio. La possibilità di formare legami multipli conferisce all'atomo di carbonio la specificità di formare più molecole costituite dagli stessi atomi ma disposti in modo diverso nello spazio e quindi con differenti proprietà fisiche e chimiche e anche con reattività diversa;

e. la grande **tendenza alla concatenazione**, giustificata dall'assenza nell'atomo di carbonio di doppietti elettronici liberi nel livello energetico esterno e da un piccolo raggio atomico, per cui può formare legami covalenti omopolari con altri atomi di carbonio. Le catene possono essere **aperte** (lineari o ramificate) o **chiuse**:

$CH_3{-}CH_2{-}CH_2{-}CH_3$

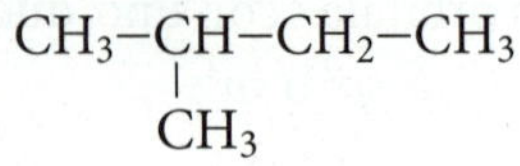

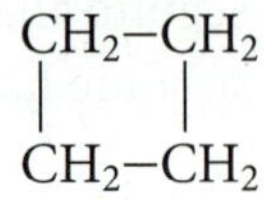

catena lineare

catena ramificata

catena chiusa

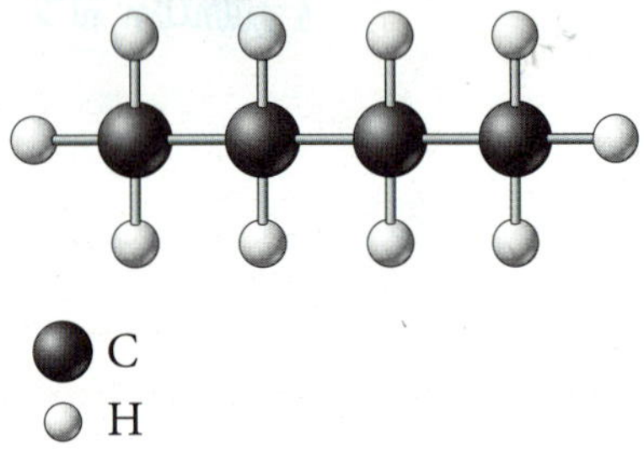

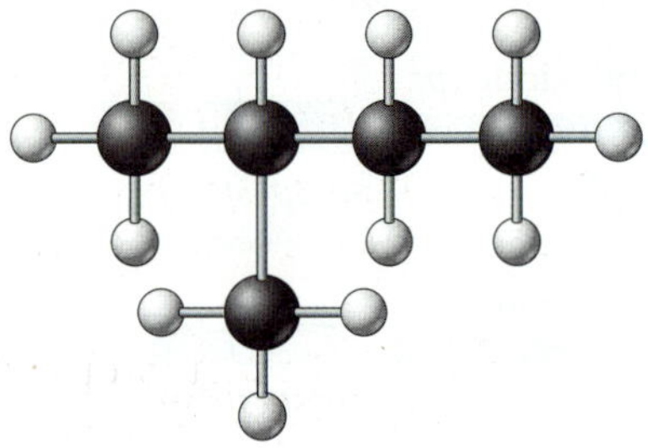

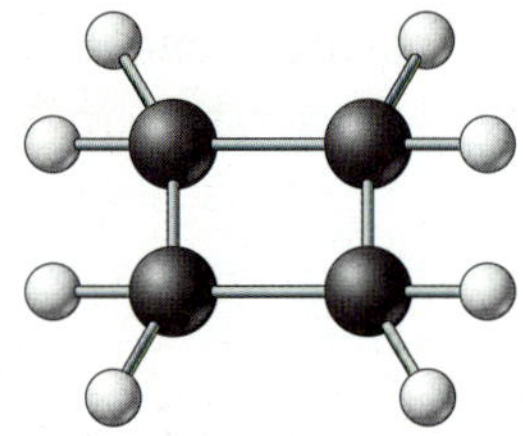

Nelle catene carboniose aperte gli atomi di carbonio sono distinti in *primari* (p), *secondari* (s), *terziari* (t) a seconda che siano legati rispettivamente a un solo atomo di carbonio, a due atomi di carbonio o a tre atomi di carbonio:

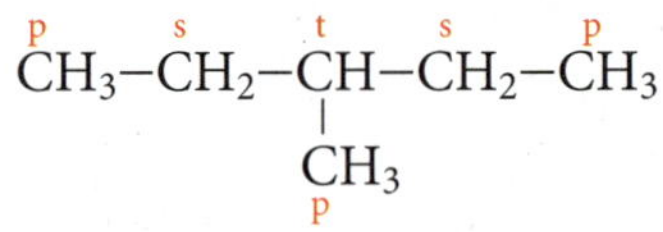

PROBLEMA MODELLO

Determinare il n.o. del carbonio nei composti organici

Determina il numero di ossidazione di ciascun atomo di carbonio nell'aldeide acetica $CH_3{-}CHO$.

L'IDEA

Si rappresenta la formula di Lewis del composto e, sulla base dell'elettronegatività degli atomi, si assegnano i n.o.

LA SOLUZIONE

Rappresentiamo la formula di struttura di Lewis:

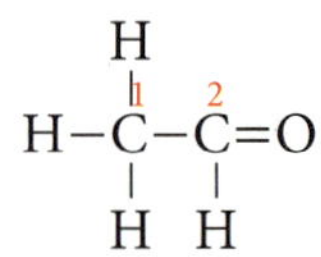

Prendendo in esame i criteri esposti, il carbonio 1, legato a tre atomi di idrogeno e all'atomo di carbonio 2, ha n.o. −3.
Invece, per il carbonio 2, il n.o. è +1, in quanto è dato dalla somma di −1 (per il legame con l'idrogeno) e +2 (per il doppio legame con l'ossigeno).

PROBLEMA SIMILE

Definisci il numero di ossidazione di ciascun atomo di carbonio nei seguenti composti organici:

a. $CH_3{-}CH_2{-}CH_3$
b. $CH_3{-}CH_2{-}OH$

3 I COMPOSTI ORGANICI SI RAPPRESENTANO CON DIVERSE FORMULE

I composti organici si possono rappresentare con le formule di struttura di Lewis, razionali, condensate e topologiche:

a. le formule di **Lewis** evidenziano tutti i legami chimici tra gli atomi della molecola;

b. le formule **razionali** mettono in evidenza solo i legami carbonio-carbonio;

c. le formule **condensate** evidenziano solo gli atomi e i gruppi atomici che costituiscono la molecola;

d. le formule **topologiche** evidenziano solo la catena carboniosa mediante l'uso di segmenti consecutivi, che rappresentano i legami C–C o C–X (con X ≠ H) mentre gli atomi di carbonio sono raffigurati come gli estremi del segmento.

Il *normal*-pentano (*n*-pentano) e il *neo*-pentano (2,2-dimetilpropano), entrambi con formula molecolare C_5H_{12}, possono essere rappresentati come in tabella **1**.

A COLPO D'OCCHIO

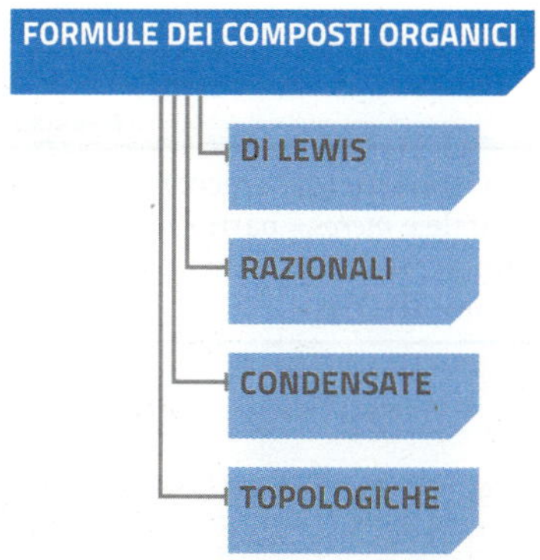

Tabella 1 **I tipi di formule per i composti *n*-pentano e *neo*-pentano** Vengono rappresentate le formule di Lewis, razionali, condensate e topologiche.

Composto	Lewis	Razionale	Condensata	Topologica
n-pentano	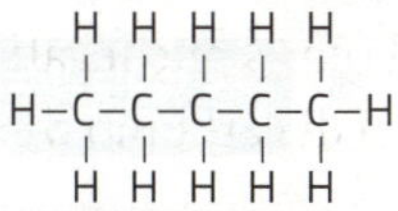	$CH_3–CH_2–CH_2–CH_2–CH_3$	$CH_3(CH_2)_3CH_3$	
neo-pentano	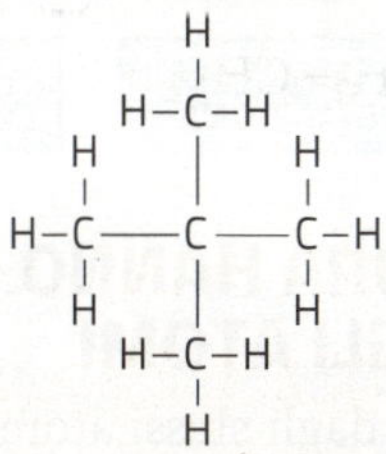	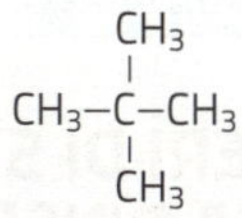	$(CH_3)_4C$	

PROBLEMA MODELLO

Rappresentare le formule dei composti organici

Rappresenta la formula di Lewis, razionale e topologica del composto con formula condensata $CH(CH_3)_2(CH_2)_2CH_3$.

LA SOLUZIONE

a. Nella **formula di Lewis** si devono evidenziare tutti i legami chimici tra gli atomi:

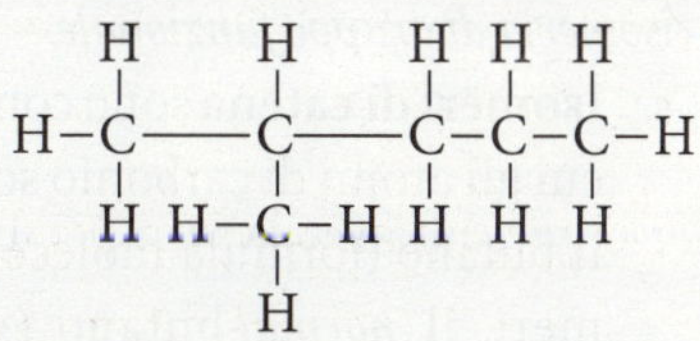

b. Nella **formula razionale** devono essere indicati solo i legami carbonio-carbonio:

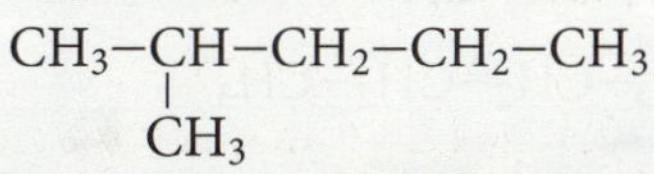

c. Nella **formula topologica** si evidenziano soltanto i legami carbonio-carbonio e si omettono i simboli degli atomi:

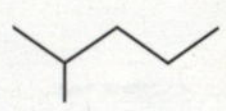

PROBLEMA SIMILE

Rappresenta la formula razionale e condensata del composto con formula topologica:

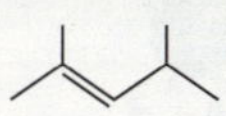

4 GLI ISOMERI: STESSA FORMULA MA DIVERSA STRUTTURA

LE PAROLE

Un **isomero** (dal greco: *isos* = uguale e *meros* = parte) è un composto che può esistere in forme diverse.

molecole hanno stesse formule ma scritte in maniere diverse

L'elevato numero di composti organici e le loro proprietà dipendono strettamente dalla possibilità di diversificare la struttura a parità di formula molecolare, grazie a un fenomeno noto con il nome di **isomeria**.
Il fenomeno dell'isomeria si presenta quando due o più composti, pur avendo la stessa formula molecolare e quindi la medesima composizione chimica, hanno differenti formule di struttura per una diversa disposizione degli atomi costituenti.

Sono detti **isomeri** quei composti con la stessa formula molecolare, ma differente formula di struttura e diverse proprietà fisiche e chimiche.

I due principali tipi di isomeria sono l'*isomeria di struttura* e la *stereoisomeria* che, a loro volta, presentano ulteriori suddivisioni:

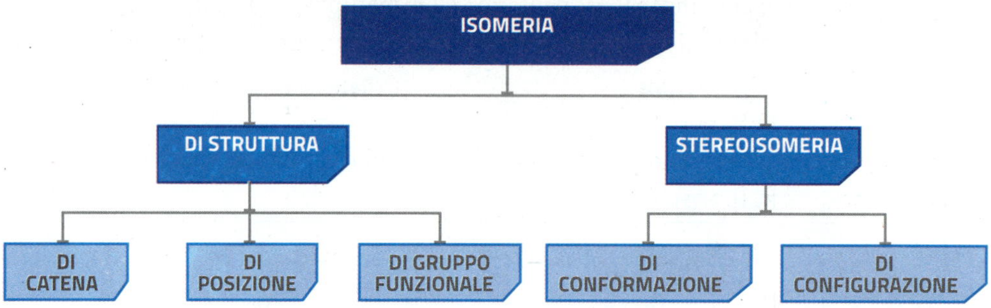

5 GLI ISOMERI DI STRUTTURA HANNO UNA SEQUENZA DIVERSA DEGLI ATOMI

Alcune molecole possono essere costituite dagli stessi atomi ma la disposizione di tali atomi può essere diversa.

Si definisce **isomeria di struttura** quel fenomeno per cui gli atomi di due o più composti con la stessa formula molecolare sono legati tra loro in sequenze differenti.

L'isomeria di struttura è distinta in *isomeria di catena*, *isomeria di posizione* e *isomeria di gruppo funzionale.*

a. **Isomeri di catena** sono composti che differiscono per il modo diverso con cui gli atomi di carbonio sono legati nella catena carboniosa.
Il butano (formula molecolare C_4H_{10}) si presenta sotto forma di due isomeri, il *normal*-butano (*n*-butano) con catena lineare e l'isobutano (2-metilpropano) con catena ramificata:

butano	*n*-butano	isobutano
C_4H_{10}	$CH_3{-}CH_2{-}CH_2{-}CH_3$	$CH_3{-}CH(CH_3){-}CH_3$

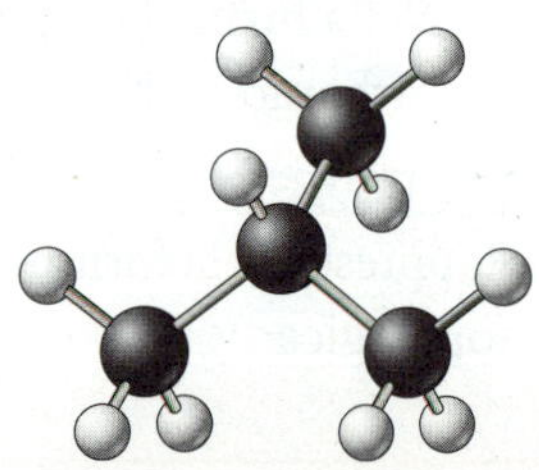

b. Isomeri di posizione sono composti che hanno la stessa catena carboniosa ma che differiscono per la *posizione di legami multipli, atomi o gruppi atomici.*

Butene (formula molecolare C_4H_8), cloropropano (formula molecolare C_3H_7Cl) e propanolo (formula molecolare C_3H_7OH) esemplificano ciascuno di questi tre casi.

Il butene è presente in forma di due isomeri, che si differenziano per la diversa posizione del doppio legame:

TI RICORDI?

Il **legame multiplo** è un doppio legame oppure un triplo legame tra due atomi.

C_4H_8	$\overset{1}{C}H_2{=}\overset{2}{C}H{-}\overset{3}{C}H_2{-}\overset{4}{C}H_3$	$\overset{1}{C}H_3{-}\overset{2}{C}H{=}\overset{3}{C}H{-}\overset{4}{C}H_3$
butene	1-butene	2-butene

I due isomeri del cloropropano si distinguono per la posizione dell'atomo di cloro:

C_3H_7Cl	$\overset{3}{C}H_3{-}\overset{2}{C}H_2{-}\overset{1}{C}H_2{-}Cl$	$\overset{3}{C}H_3{-}\overset{2}{C}HCl{-}\overset{1}{C}H_3$
cloropropano	1-cloropropano	2-cloropropano

Infine, anche il propanolo presenta due isomeri, che differiscono per la posizione del gruppo ossidrile –OH:

C_3H_7OH	$\overset{3}{C}H_3{-}\overset{2}{C}H_2{-}\overset{1}{C}H_2{-}OH$	$\overset{3}{C}H_3{-}\overset{2}{C}H(OH){-}\overset{1}{C}H_3$
propanolo	1-propanolo	2-propanolo

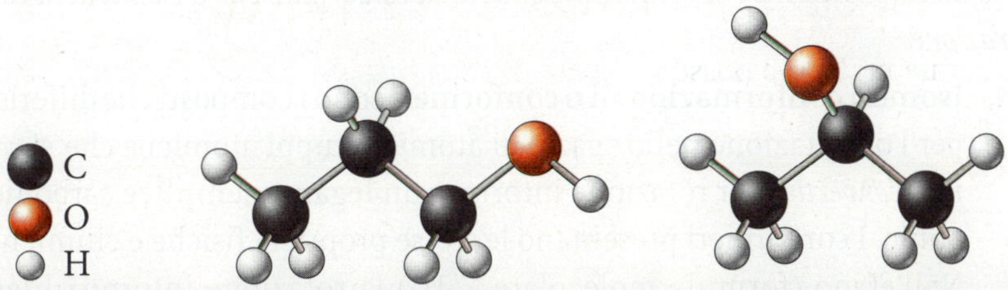

c. Isomeri di gruppo funzionale sono composti che presentano *gruppi funzionali diversi* nella catena carboniosa.

Un **gruppo funzionale** è un legame multiplo, uno specifico atomo o un gruppo atomico presente nella catena carboniosa.

L'etanolo e il dimetil etere hanno la stessa formula molecolare (C_2H_6O) ma due gruppi funzionali diversi: il primo composto ha il gruppo funzionale –OH e quindi è un alcol, il secondo ha come gruppo funzionale un atomo di ossigeno –O– e quindi è un etere:

C_2H_6O	$CH_3{-}CH_2{-}OH$	$CH_3{-}O{-}CH_3$
formula molecolare	etanolo	dimetiletere

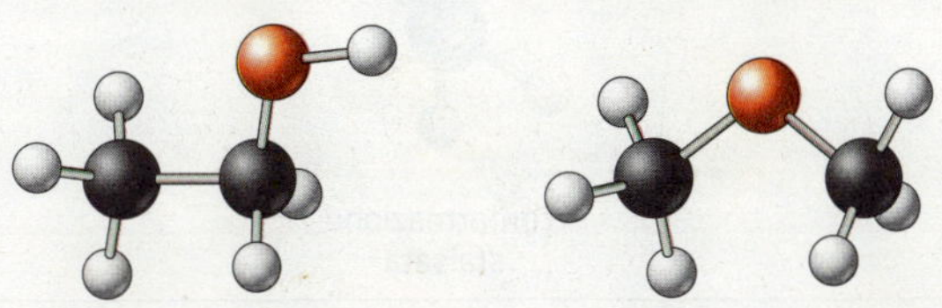

Il propanale e il propanone hanno la stessa formula molecolare (C_3H_6O) ma due gruppi funzionali diversi: il primo composto ha il gruppo funzionale $-CHO$ ed è un'aldeide, il secondo ha il gruppo funzionale $>CO$ ed è un chetone:

C_3H_6O

formula molecolare

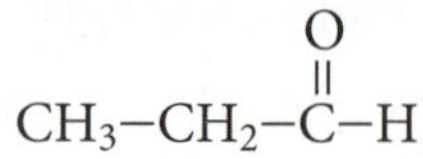

propanale

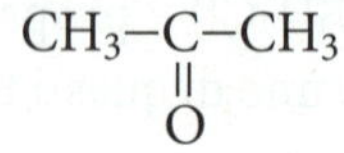

propanone

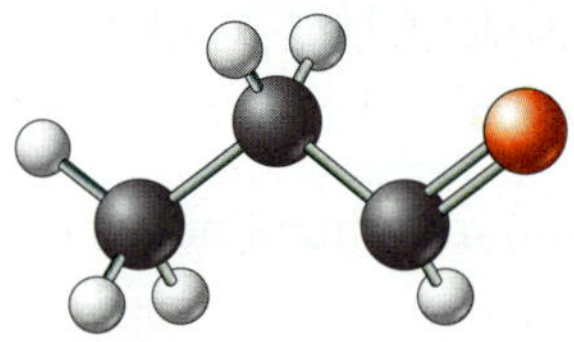

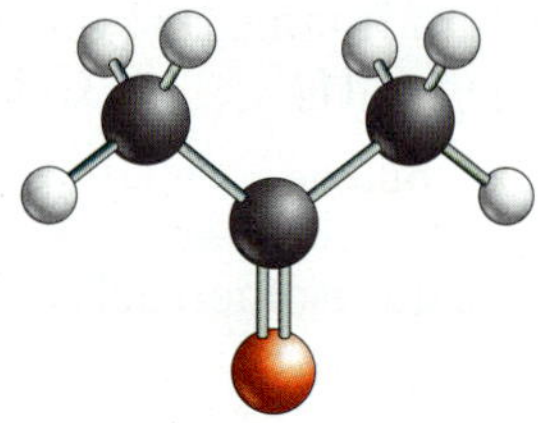

6 GLI STEREOISOMERI HANNO DIVERSA DISPOSIZIONE SPAZIALE

Sono isomeri anche molecole costituite dagli stessi atomi e legati con la medesima sequenza.

Si definisce **stereoisomeria** quel fenomeno per cui atomi o gruppi atomici di due o più composti sono legati tra loro nella stessa sequenza ma con differente disposizione spaziale.

La stereoisomeria è distinta in *isomeria di conformazione* e *isomeria di configurazione*.

LE PAROLE

La **conformazione** (dal latino: *conformatio* = configurazione) è la particolare disposizione spaziale degli atomi in una molecola.

1. **Isomeri conformazionali o conformeri** sono i composti che differiscono per l'orientazione nello spazio di atomi o gruppi atomici e che *si possono interconvertire* per rotazione intorno a un **legame semplice** carbonio-carbonio. I conformeri presentano le stesse proprietà fisiche e chimiche.
   Nell'etano (formula molecolare C_2H_6) la rotazione intorno al legame semplice carbonio-carbonio permette agli atomi di idrogeno legati ai due atomi di carbonio di assumere un numero elevatissimo di disposizioni spaziali e di passare dall'una all'altra. Due conformazioni possibili sono la **conformazione sfalsata** e la **conformazione eclissata** (figura 3).

Figura 3 Modelli molecolari dell'etano. Conformazione sfalsata e conformazione eclissata.

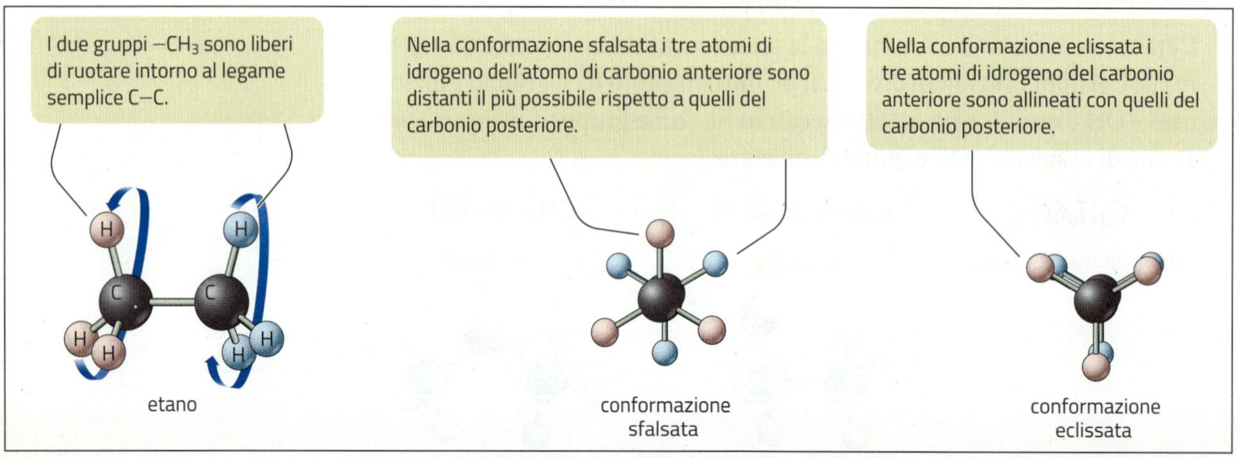

2. **Isomeri configurazionali** sono composti che differiscono per l'orientazione nello spazio di atomi o gruppi atomici ma che *non si possono interconvertire* per rotazione intorno a un legame. Esempi di isomeria configurazionale sono l'*isomeria geometrica* e l'*enantiomeria* o *isomeria ottica*.

Gli isomeri geometrici

Isomeri geometrici sono due composti che differiscono per la disposizione spaziale degli atomi o di gruppi atomici legati a due atomi di carbonio uniti da un legame semplice (**cicloalcani**) o da un doppio legame (**alcheni**). L'isomero avente gli atomi o i gruppi atomici disposti nello spazio dalla *stessa parte* rispetto al piano dell'anello carbonioso o al doppio legame si chiama *cis*; quello con gli atomi o i gruppi atomici disposti nello spazio da *parte opposta* si chiama *trans*.

- L'1,2-dimetilciclopropano si presenta sotto forma di due isomeri geometrici: nella forma *cis-* i due gruppi metilici ($-CH_3$) si trovano dalla stessa parte del piano dell'anello, nella forma *trans-* si trovano da parte opposta:

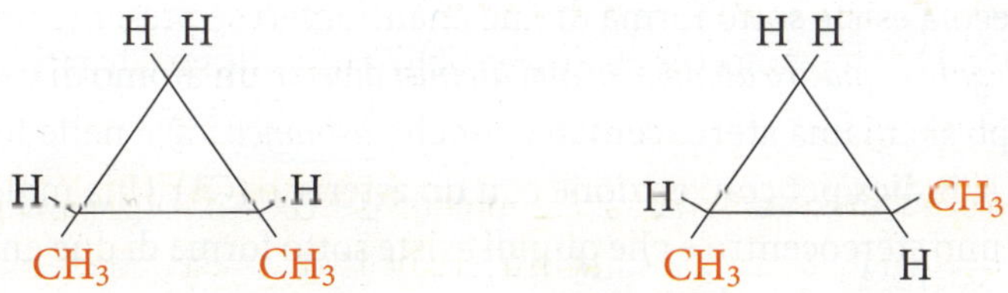

cis-1,2-dimetilciclopropano   *trans*-1,2-dimetilciclopropano

La struttura ciclica della molecola impedisce la rotazione intorno al legame carbonio-carbonio e quindi la loro interconversione.

- L'1,2-dicloroetene si presenta sotto forma di due isomeri geometrici in quanto i due atomi di cloro possono trovarsi dalla stessa parte (forma *cis-*) o da parte opposta (forma *trans-*) rispetto al doppio legame:

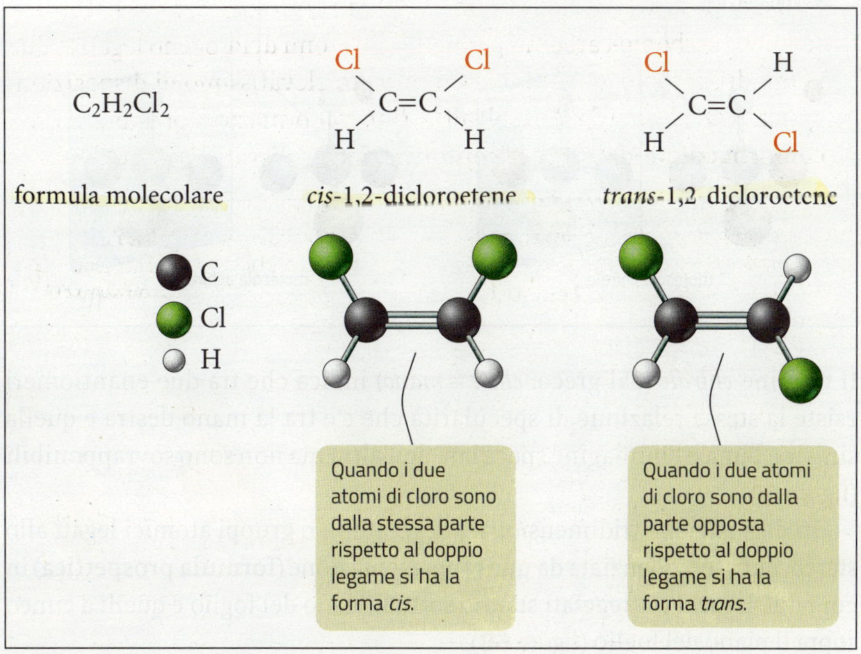

Gli enantiomeri e la chiralità

LE PAROLE

Un **enantiomero** (dal greco: *enantios* = opposto e *meros* = parte) è uno dei due composti che è l'immagine speculare, ma non sovrapponibile, dell'altro.

Enantiomeri o **isomeri ottici** sono due molecole con diversa disposizione spaziale e che sono l'una *l'immagine speculare dell'altra* ma *non sovrapponibili* (figura 4).

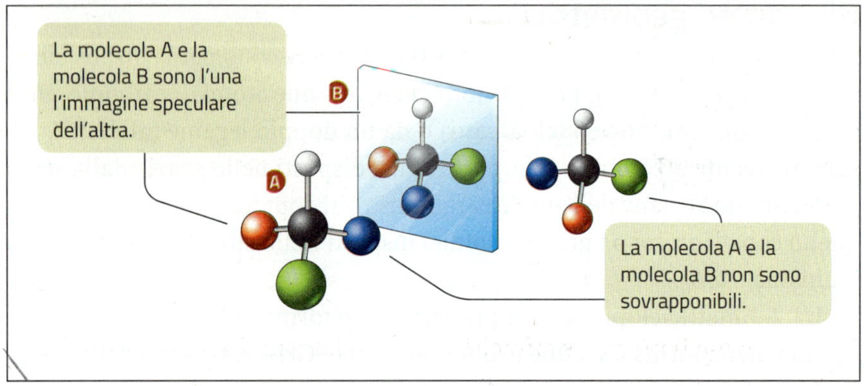

Figura 4 **Gli isomeri ottici** Per confrontare la molecola **A** con la molecola **B** è necessario affiancare le loro immagini speculari.

Una molecola esiste sotto forma di due enantiomeri se presenta un *atomo di carbonio legato a quattro atomi o gruppi atomici diversi*: un atomo di carbonio di questo tipo si chiama **stereocentro** (o anche asimmetrico) e nelle formule di struttura si indica per convenzione con un asterisco (C*). Una molecola che contiene uno stereocentro e che quindi esiste sotto forma di due enantiomeri è detta **molecola chirale** (figura 5).

Una molecola è chirale quando non è sovrapponibile alla sua immagine speculare.

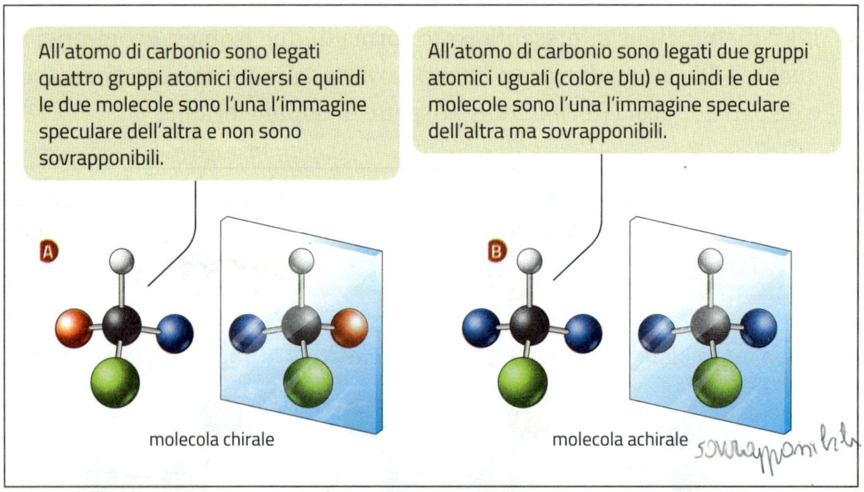

Figura 5 **Molecola chirale e molecola achirale.**

A COLPO D'OCCHIO

REQUISITI PER LA CHIRALITÀ
- AVERE UNO STEREOCENTRO
- ASSENZA DI PIANO DI SIMMETRIA

Il termine *chirale* (dal greco: *cheir* = *mano*) indica che tra due enantiomeri esiste la stessa relazione di specularità che c'è tra la mano destra e quella sinistra: l'una è l'immagine speculare dell'altra ma non sono sovrapponibili (figura 6A).

La disposizione tridimensionale degli atomi o gruppi atomici legati allo stereocentro è evidenziata da una rappresentazione (**formula prospettica**) in cui i due legami tratteggiati stanno sotto il piano del foglio e quelli a cuneo sopra il piano del foglio (figura 6B).

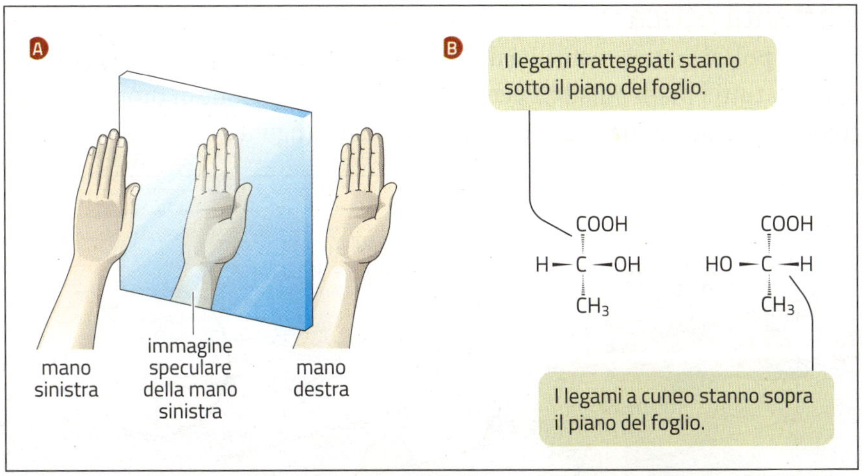

Figura 6 **La chiralità** **A** Le mani sono l'immagine speculare l'una dell'altra: l'immagine riflessa della mano sinistra è la mano destra. **B** Formule prospettiche dei due enantiomeri dell'acido lattico.

Il requisito più importante affinché una molecola sia chirale è l'*assenza di un piano di simmetria.*

Un **piano di simmetria** è un piano che divide la molecola in due metà che sono l'una l'immagine speculare dell'altra.

Nel 2,3-diclorobutano entrambi gli atomi di carbonio sono stereocentri, per cui la molecola si presenta sotto forma di due isomeri che sono immagini speculari, ma per la presenza di un piano di simmetria sono sovrapponibili. I due isomeri sono quindi identici e costituiscono un unico composto achirale:

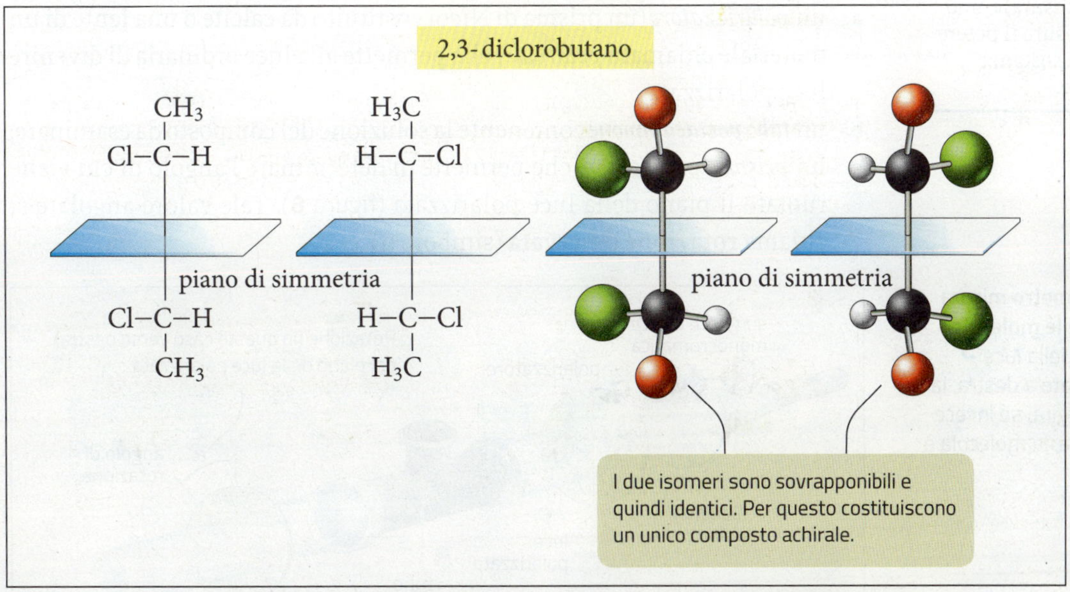

In una molecola chirale i due enantiomeri hanno identiche **proprietà achirali**, fisiche (punto di fusione e di ebollizione, densità, solubilità) e chimiche (reattività con catalizzatori e reagenti achirali) ma **proprietà chirali** (attività ottica e reattività con catalizzatori e/o reagenti chirali) diverse. L'attività ottica è la proprietà per cui i due enantiomeri fanno *ruotare il piano della luce polarizzata di due angoli uguali ma in direzioni opposte* (in senso orario o antiorario).

L'attività ottica

La **luce polarizzata** è costituita da onde elettromagnetiche, che invece di vibrare su tutti i piani possibili perpendicolari alla direzione di propagazione, come la luce ordinaria, vibrano su un solo piano (figura 7).

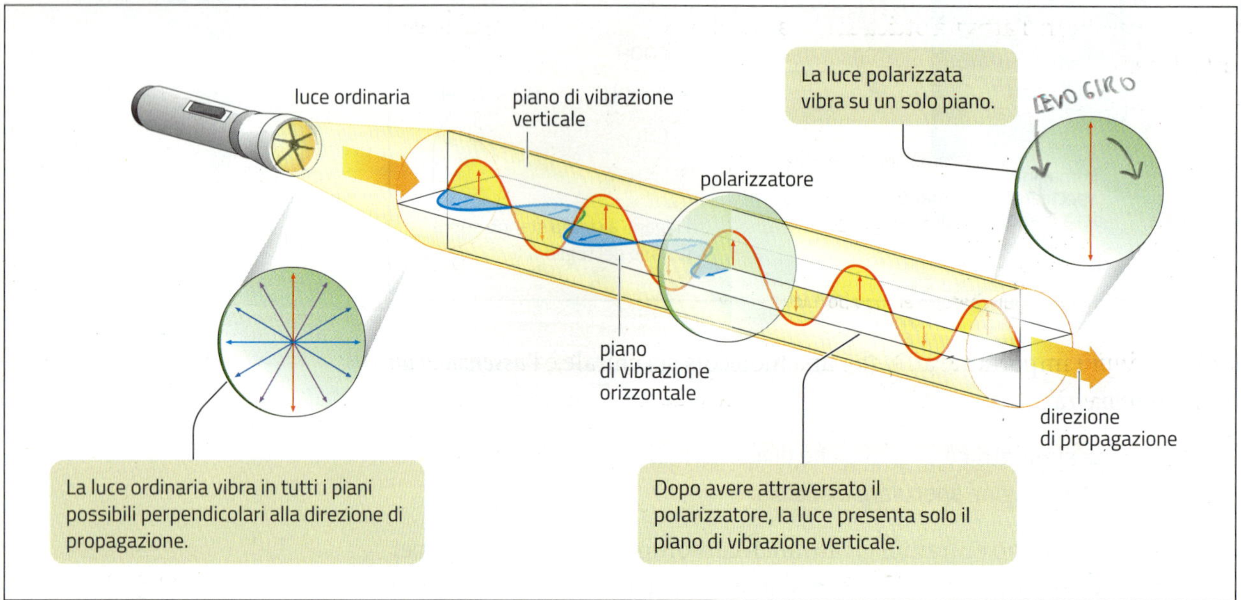

Figura 7 Luce ordinaria e luce polarizzata La luce ordinaria dopo essere passata attraverso il polarizzatore vibra su un solo piano e risulta quindi polarizzata.

LE PAROLE

Il **polarimetro** (dal greco: *polos* = asse e *metron* = misura) è uno strumento che misura il potere ottico rotatorio di sostanze otticamente attive.

L'attività ottica delle molecole chirali può essere misurata mediante un **polarimetro**. Questo è costituito da:

a. un *polarizzatore* (un prisma di Nicol costituito da calcite o una lente di un materiale chiamato *polaroide*) che permette alla luce ordinaria di divenire luce polarizzata;
b. un *tubo portacampione* contenente la soluzione del composto da esaminare;
c. un *prisma analizzatore* che permette di determinare l'angolo di cui viene ruotato il piano della luce polarizzata (figura 8). Tale valore angolare si chiama **rotazione osservata** (simbolo α).

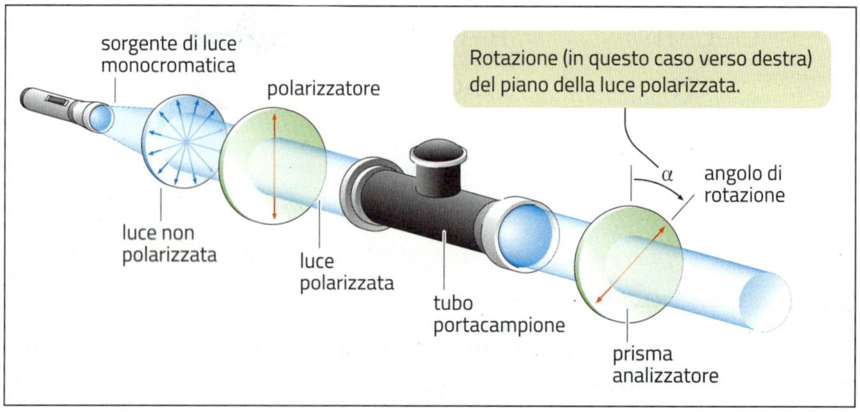

Figura 8 Il polarimetro misura l'attività ottica delle molecole chirali Se il piano della luce polarizzata è ruotato a destra, la molecola è destrogira; se invece è ruotato a sinistra, la molecola è levogira.

LE PAROLE

Il termine **levogiro** (dal latino: *laevus* = sinistro e *gyrus* = giro) è utilizzato per indicare un composto che fa ruotare il piano della luce polarizzata in senso antiorario.

Se il piano della luce polarizzata viene spostato verso destra (in senso orario), la sostanza otticamente attiva è detta **destrogira** e si indica con il simbolo (+); se invece viene ruotato a sinistra (in senso antiorario), si dice che la sostanza è **levogira** e si indica con il simbolo (−).

La rotazione osservata α di una sostanza otticamente attiva dipende dalla sua struttura molecolare, ma anche da fattori sperimentali quali la lunghezza (*l*) del tubo portacampione espressa in decimetri (dm), la concentrazione (*c*) della soluzione, espressa in grammi su millilitro (g/mL), la temperatura (*t*) e la lunghezza d'onda (λ) della luce impiegata.

Per confrontare l'attività ottica di sostanze diverse, è necessario che questi fattori siano standardizzati, permettendo così di determinare la **rotazione specifica** (simbolo $[\alpha]_{\lambda}^{t}$) di una sostanza:

$$[\alpha]_{\lambda}^{t} = \frac{\alpha}{l \cdot c}$$

rotazione specifica: $[\alpha]_{\lambda}^{t}$; rotazione osservata: α; lunghezza del tubo portacampione: l; concentrazione della soluzione: c

Molti enzimi, essendo chirali, sono selettivi per uno solo degli enantiomeri (stereoselettività) (**figura 9**). L'enzima acido lattico deidrogenasi, presente nei muscoli e nel fegato, è in grado di ossidare l'acido (+)-lattico in acido piruvico ma non è in grado di ossidare l'acido (−)-lattico.

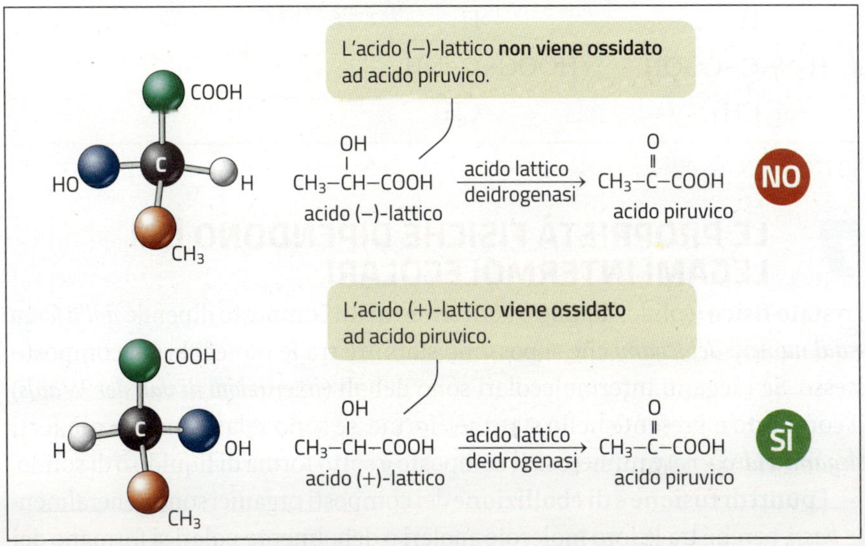

Figura 9 **Gli enzimi e la chiralità** L'acido lattico deidrogenasi è un enzima che si comporta in modo diverso nei confronti degli enantiomeri (+) e (−) dell'acido lattico.

PER CAPIRE MEGLIO
Video:
Chiralità e stereoisomeria

PROBLEMA MODELLO

Riconoscere i tipi di isomeria

Precisa e giustifica il tipo di isomeria relativo a ciascuna delle seguenti coppie di molecole:

a. $C_5H_{10}O$ $CH_3-CH_2-CH_2-CH_2-CHO$ $CH_3-C(=O)-CH_2-CH_2-CH_3$ DI GRUPPO FUNZIONALE

b. C_6H_{12}

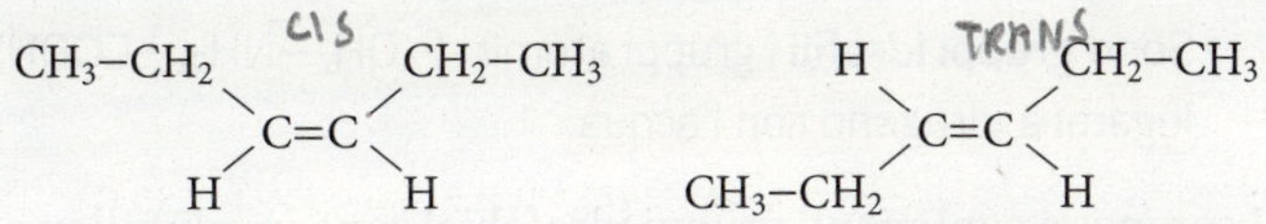

c. $C_4H_{10}O$ $CH_3-CH(OH)-CH_2-CH_3$ $CH_3-CH_2-CH_2-CH_2-OH$ POSIZIONE

LA SOLUZIONE

a. I due composti, pur avendo la stessa formula molecolare, presentano un differente gruppo atomico (–CHO e >CO) che conferisce proprietà fisiche e chimiche diverse. Si tratta quindi di isomeri di **gruppo funzionale**.

b. I due composti sono costituiti da atomi disposti nella stessa sequenza, ma con una differente disposizione spaziale degli atomi legati ai due atomi di carbonio del doppio legame. I due composti sono pertanto isomeri **geometrici**: l'isomero con i due atomi di idrogeno dalla stessa parte rispetto al doppio legame è quello *cis*-, l'altro è quello *trans*-.

c. I due composti presentano lo stesso gruppo atomico –OH, ma in posizione diversa. Si tratta quindi di isomeri di **posizione**.

PROBLEMA SIMILE

Identifica il tipo di isomeria nelle seguenti coppie di molecole:

a. $CH{\equiv}CCH_2{-}CH_3$ $CH_3{-}C{\equiv}C{-}CH_3$ POSIZIONE TRIPLO LEGAME

b. $CH_3{-}CH_2{-}CH_2{-}CH_2{-}CH_3$ CATENA 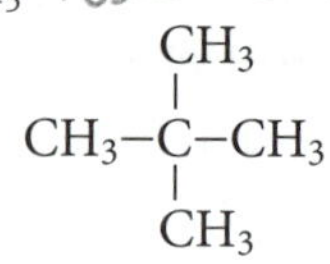

c. 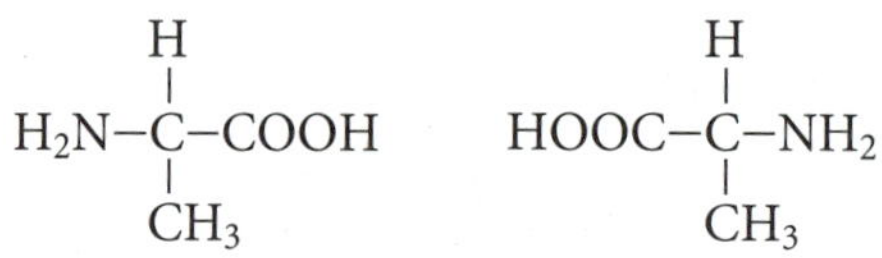 CHIRALE (ENANTIOMERI)

7 LE PROPRIETÀ FISICHE DIPENDONO DAI LEGAMI INTERMOLECOLARI

TI RICORDI?

Le **interazioni di Van der Waals** sono deboli legami elettrostatici che si stabiliscono tra molecole polari (forze dipolari) o tra molecole apolari (forze di London).

TI RICORDI?

Il **legame a idrogeno** è un legame elettrostatico che si stabilisce tra molecole in cui è presente l'atomo di idrogeno legato a un atomo molto elettronegativo (F, O, N).

A COLPO D'OCCHIO

- **GRUPPI**
  - IDROFILI: –OH, $-NH_2$, –COOH
  - IDROFOBICI: $-CH_3$, $-(CH_2)_n-CH_3$, $-C_6H_5$

Lo **stato fisico** (solido, liquido o aeriforme) di un composto dipende *dalla forza e dal numero dei legami* che si possono stabilire tra le molecole del composto stesso. Se i legami intermolecolari sono deboli (*interazioni di van der Waals*) il composto è presente nello stato aeriforme; se sono relativamente più forti (*legami a idrogeno*) e numerosi, il composto è sotto forma di liquido o di solido.

I **punti di fusione** e **di ebollizione** dei composti organici sono generalmente *bassi*, perché tra le loro molecole apolari o debolmente polari si formano dei legami intermolecolari deboli.

All'aumentare del numero degli atomi che costituiscono la molecola, ovvero della **massa molecolare**, aumenta il numero dei legami e quindi composti della stessa classe hanno *valori crescenti della temperatura di fusione ed ebollizione.*

La **solubilità** in acqua (**solvente polare**) dei composti organici dipende dalla presenza nelle molecole di *gruppi idrofili* (dal greco: *hydro* = *acqua* e *philos* = *amico*) o *gruppi idrofobici* (dal greco: *phobos* = *paura*).

I composti contenenti gruppi idrofili sono solubili in acqua.

Sono **gruppi idrofili** i gruppi atomici (–OH, $-NH_2$, –COOH) capaci di formare legami a idrogeno con l'acqua.

I composti contenenti gruppi idrofobici sono insolubili in acqua.

Sono **gruppi idrofobici** i gruppi atomici ($-CH_3$, $-(CH_2)_n-CH_3$, $-C_6H_5$) che non possono formare legami a idrogeno con l'acqua.

I composti in cui sono presenti gruppi idrofobici sono solubili in *solventi apolari* (benzene). Se un composto contiene contemporaneamente gruppi *idrofili* e *idrofobici*, come l'alcol etilico, CH_3-CH_2-OH, la sua solubilità in acqua dipende dal prevalere del carattere idrofilo o idrofobico dei due gruppi (figura **10**).

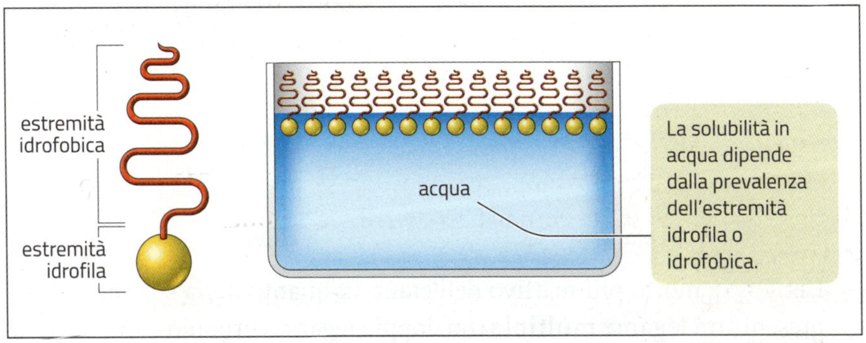

Figura 10 I gruppi idrofili e idrofobici In base alla prevalenza di una delle due estremità, le molecole sono solubili rispettivamente in solventi polari o apolari.

Il composto sarà solubile in acqua se il carattere idrofilo è più accentuato del carattere idrofobico, oppure se i gruppi idrofili sono in numero maggiore dei gruppi idrofobici. Per esempio l'alcol etilico è solubile in acqua perché l'effetto del gruppo idrofilo –OH prevale sul carattere idrofobico della breve catena carboniosa (CH_3-CH_2-).

Nel caso in cui non ci sia prevalenza della parte idrofobica né di quella idrofilia, in soluzione acquosa il composto può:

- disporsi all'interfaccia tra solvente e aria;
- formare aggregati mostrato (micelle) o doppio strato.

Composti organici, con un rilevante ruolo biologico, caratterizzati da una testa polare idrofila e da una coda apolare idrofobica, sono i *fosfolipidi* e i *sali biliari.*

I **fosfolipidi** sono i componenti principali:

- delle membrane cellulari (disposizione a doppio strato) con funzione di delimitare organuli e cellule;
- del surfactante (disposizione all'interfaccia acqua-aria, come in figura **10**), con funzione di ridurre la tensione superficiale, impedendo il collasso degli alveoli polmonari.

I sali biliari, prodotti dal fegato, nell'intestino formano micelle (disposizione monostrato) per emulsionare i lipidi, favorendone la solubilizzazione in acqua e quindi la digestione.

8 LA REATTIVITÀ DIPENDE DAI GRUPPI FUNZIONALI

La maggior parte dei legami chimici presenti nelle molecole organiche sono legami semplici carbonio-carbonio e legami carbonio-idrogeno.

Gli atomi di carbonio e di idrogeno hanno un raggio atomico molto piccolo e il legame carbonio-carbonio non è polarizzato mentre quello carbonio-idrogeno lo è pochissimo ($\Delta E_n = 0{,}3$): ne risulta che i composti organici contenenti solo legami semplici carbonio-idrogeno sono poco *reattivi.*

I gruppi funzionali

La **reattività** e il tipo di reazione di un composto organico sono determinati dalla presenza nella sua molecola di un legame multiplo, di un atomo molto elettronegativo (ossigeno, alogeni) o di uno specifico gruppo atomico che attira o respinge elettroni.

- L'etano (C_2H_6) e l'etene o etilene (C_2H_4) sono due composti che hanno lo stesso numero di atomi di carbonio ma diversa reattività:

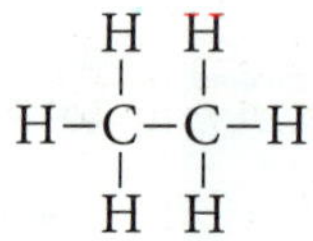

etano

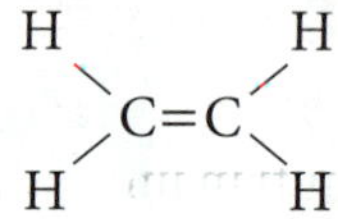

etilene

L'etilene è molto più reattivo dell'etano in quanto nella sua molecola è presente un **legame multiplo** (un doppio legame carbonio-carbonio) che è facilmente soggetto all'attacco di altre specie chimiche.

TI RICORDI?

Il **doppio legame carbonio-carbonio** è costituito da due legami covalenti: uno di tipo σ, più forte, e l'altro di tipo π, più debole.

- Anche il *normal*-propano (C_3H_8) e l'1-cloropropano (C_3H_7Cl) hanno lo stesso numero di atomi di carbonio ma reattività diversa; il propano è poco reattivo mentre l'1-cloropropano lo è molto.

$CH_3{-}CH_2{-}CH_3$ — *n*-propano

$CH_3{-}CH_2{-}CH_2Cl$ — 1-cloropropano

Il diverso comportamento dipende dalla presenza nell'1-cloropropano di un **atomo molto elettronegativo** (il cloro) che polarizza il legame con il carbonio, conferendo alla molecola un'elevata reattività.

- Il *normal*-butano (C_4H_{10}) e l'1-butanolo (C_4H_9OH) sono due composti con diversa reattività:

$CH_3{-}CH_2{-}CH_2{-}CH_3$ — *n*-butano

$CH_3{-}CH_2{-}CH_2{-}CH_2{-}OH$ — 1-butanolo

L'1-butanolo è molto più reattivo del *n*-butano, in quanto nella sua molecola è presente un **gruppo atomico** (il gruppo ossidrile $-OH$) che ha un'elevata tendenza a reagire.

- L'etanolo (C_2H_5OH) e l'etilammina ($C_2H_5NH_2$) sono due composti che presentano la *stessa* catena carboniosa, ma un *diverso gruppo atomico*: il primo contiene il gruppo $-OH$ e il secondo il gruppo $-NH_2$.

$CH_3{-}CH_2{-}OH$ — etanolo

$CH_3{-}CH_2{-}NH_2$ — etilammina

I due composti sono entrambi *molto reattivi*, ma le reazioni dell'etanolo sono *diverse* da quelle dell'etilammina.

Risulta quindi che:

Un legame multiplo, un atomo molto elettronegativo o un gruppo atomico che determina la reattività e il tipo di reazione di un composto organico si chiama **gruppo funzionale**.

L'etanolo (C_2H_5OH), l'1-propanolo (C_3H_7OH) e l'1-butanolo (C_4H_9OH) sono tre composti che hanno un *diverso* numero di atomi di carbonio, ma avendo lo *stesso* gruppo atomico $-OH$ hanno le stesse proprietà chimiche e danno lo **stesso** tipo di reazioni.

CH_3-CH_2-OH etanolo $CH_3-CH_2-CH_2-OH$ 1-propanolo $CH_3-CH_2-CH_2-CH_2-OH$ 1-butanolo

Il **tipo di reazioni** di un composto quindi *non dipende* dalla lunghezza della catena carboniosa ma dal gruppo funzionale, per cui composti con lo *stesso gruppo* funzionale, avendo proprietà e comportamento chimico simile, vengono riuniti in una *stessa classe* (tabella **2**).

Tabella 2 I più comuni gruppi funzionali e le più importanti classi di composti organici.

Gruppo funzionale	Nome	Classe di composti
$-\overset{\vert}{\underset{\vert}{C}}-\overset{\vert}{\underset{\vert}{C}}-$	legame semplice	alcani e cicloalcani
$>C=C<$	legame doppio	alcheni
$-C\equiv C-$	legame triplo	alchini
F, Cl, Br, I	alogeno	alogenuri alchilici
$-OH$	ossidrile	alcoli e fenoli
$-O-$	etereo	eteri
$>CO$	carbonile	aldeidi e chetoni
$-COOH$	carbossile	acidi carbossilici
$-COO-$	estere	esteri
$-CON<$	ammidico	ammidi
$-NH_2$	amminico	ammine

L'effetto induttivo

La presenza in un composto organico di un atomo con elettronegatività diversa dal carbonio o di un gruppo atomico che attira o respinge elettroni influenza la reattività delle molecole organiche. La differenza di elettronegatività, infatti, porta a una **polarizzazione** del legame e ciò comporta uno *spostamento di elettroni* anche su tutti i legami carbonio-carbonio:

TI RICORDI?

La **polarizzazione** è la separazione di cariche elettriche in punti opposti (i poli) di una molecola.

La trasmissione della polarizzazione lungo una catena carboniosa si chiama **effetto induttivo**.

Essendo la polarizzazione una forza di natura *elettrostatica*, tende naturalmente a diminuire con la distanza fino ad annullarsi. L'effetto induttivo può essere di tipo *attrattivo* e *repulsivo*.

- Nell'1-cloropropano, composto in cui un atomo di cloro è legato a un atomo di carbonio:

C_3H_7Cl 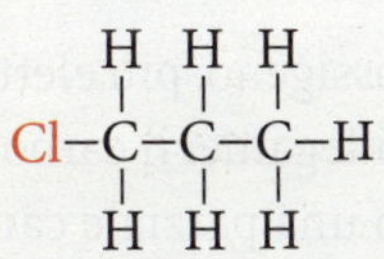 1-cloropropano

si ha che l'atomo di cloro (fortemente *più elettronegativo* del carbonio) attira verso di sé gli elettroni di legame: assumendo il cloro una parziale carica negativa (δ–) e il carbonio una parziale carica positiva (δ+), il legame risulta *polarizzato*. Il difetto di elettroni, che si è determinato sull'atomo di carbonio, provoca uno spostamento di elettroni dagli atomi adiacenti (ovvero una *polarizzazione della catena carboniosa*): la presenza del cloro la reattività della molecola. L'effetto induttivo è di tipo **attrattivo** aumenta (figura **11**).

Figura 11 **L'effetto induttivo** Nell'1-cloropropano si tratta di un effetto attrattivo.

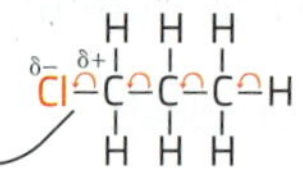

- Nell'etanale (o aldeide acetica) l'atomo di ossigeno, molto più elettronegativo del carbonio, attira verso di sé gli elettroni di legame. L'ossigeno perciò assume una parziale carica negativa (δ–) e il carbonio una parziale carica positiva (δ+): di conseguenza, *il legame risulta fortemente polarizzato e la molecola molto reattiva.* L'effetto induttivo è di tipo **attrattivo** (figura **12**).

Figura 12 **La polarizzazione del legame** L'aldeide acetica è molto reattiva perché il legame >C=O è molto polarizzato.

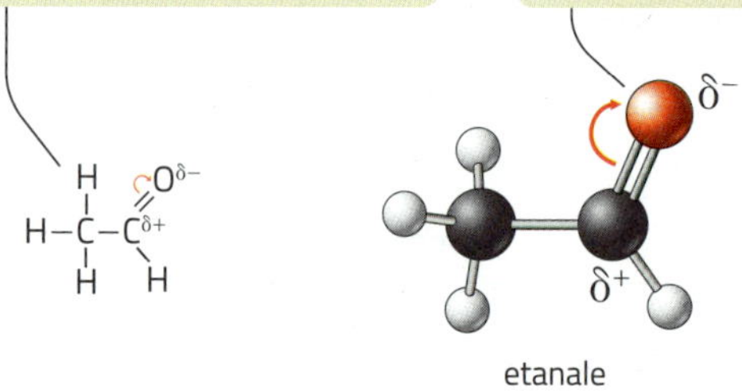

Tabella 3 **I principali sostituenti elettron-attrattori**

Sostituenti elettron-attrattori	
–F –Cl –Br –I alogeni	
–CH=CH$_2$ legame doppio	CH≡CH legame triplo
$^{\delta+}$>C=O$^{\delta-}$ carbonile	
–C$^{\delta+}$(=O$^{\delta-}$)OH carbossile	–N$^{\delta+}$(=O$^{\delta-}$)O gruppo nitro

Sono sostituenti **elettron-attrattori** (tabella **3**) gli atomi più elettronegativi dell'atomo di carbonio (alogeni) e i gruppi atomici con carica positiva (gruppo nitro) o quelli in cui il carbonio **non** è ibridato *sp*^{3} e che presentano legami multipli.

- Il propanone (o acetone) è un composto in cui il gruppo atomico >CO è legato a due gruppi metile –CH$_3$:

$CH_3–CO–CH_3$ 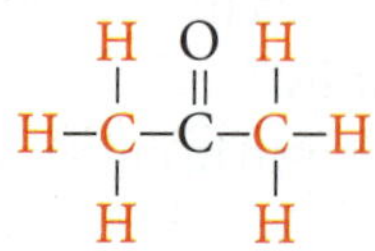 propanone

In questa molecola, l'atomo di ossigeno, più elettronegativo del carbonio, attira verso di sé gli elettroni di legame: il carbonio assume una parziale carica positiva (δ+) e l'ossigeno una parziale carica negativa (δ–), perciò il legame risulta polarizzato. Tuttavia, i due gruppi metile $-CH_3$ determinano uno *spostamento di elettroni* verso l'atomo di carbonio del gruppo $>CO$ che tenderà a neutralizzare la parziale carica positiva sull'atomo di carbonio, *diminuendo* cosí la reattività della molecola. L'effetto induttivo dell'idrogeno e dei gruppi alchilici che lo contentono è di tipo **repulsivo** (figura **13**).

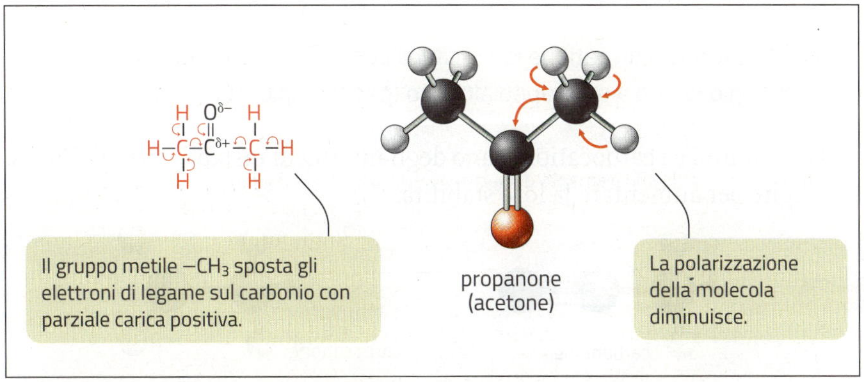

Figura 13 **L'effetto induttivo e la polarizzazione del legame** I gruppi $-CH_3$ nel propanone (o acetone) hanno un effetto induttivo repulsivo, neutralizzando la polarizzazione del gruppo $>CO$.

A COLPO D'OCCHIO

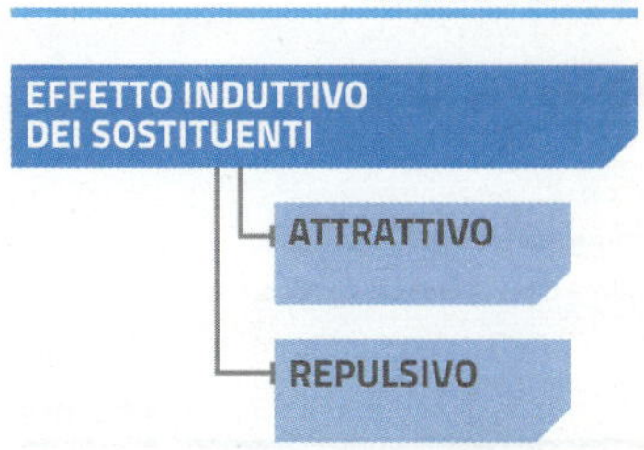

Sono sostituenti **elettron-donatori** (tabella **4**) gli atomi meno elettronegativi del carbonio (atomi di litio e magnesio) o gruppi atomici in cui il carbonio ibridato sp^3 è legato ad atomi di idrogeno (gruppi alchilici).

Tabella 4 **Principali sostituenti elettron-donatori**

Sostituenti elettron-donatori	
$-CH_3$ (H–C(H)(H)–) gruppo metile	$-CH_2-CH_3$ (–C(H)(H)–C(H)(H)–H) gruppo etile

Le reazioni omolitica ed eterolitica

Un aspetto essenziale per descrivere il meccanismo di una reazione è quello relativo al processo di *rottura del legame covalente* che si può realizzare secondo due modalità, *omolitica* ed *eterolitica*.

1. Nella **rottura omolitica** o **radicalica** di un legame covalente ciascun atomo *trattiene uno dei due elettroni* di legame precedentemente condivisi: si ha la formazione di radicali o **radicali liberi**, atomi o gruppi atomici aventi un elettrone spaiato:

$$A{-}A \longrightarrow A\cdot + \cdot A$$

La rottura omolitica di un legame covalente può essere provocata dal calore (**termolisi**) o dalla radiazione ultravioletta (**fotolisi**).
I radicali liberi ($H\cdot$, $Cl\cdot$, $\cdot CH_3$) sono fortemente *instabili*, per cui tendono a reagire con altri radicali o con molecole per *ricostituire legami covalenti.*

2. Nella **rottura eterolitica** o **polare** di un legame covalente l'atomo più elettronegativo trattiene il doppietto elettronico di legame prima condiviso:

$$A{-}B \longrightarrow A^+ + B^-$$

La rottura eterolitica riguarda composti in cui è presente un legame covalente polare e può avvenire a temperatura ambiente. Tra gli intermedi delle reazioni eterolitiche, particolare importanza hanno i carbanioni e i carbocationi.

Il **carbanione** è un anione la cui carica negativa è localizzata su un atomo di carbonio legato a un gruppo alchilico (per esempio, $CH_3-C\equiv C^-$)

Il **carbocatione** è un catione la cui carica positiva è localizzata su un atomo di carbonio legato a un gruppo alchilico (per esempio, $^+CH_2-CH_3$)

I carbanioni e i carbocationi sono degli intermedi instabili che tendono a reagire per aumentare la loro stabilità.

I carbanioni sono basi forti e quindi, in generale, sono molto reattivi. I carbocationi sono distinti in *primari*, *secondari* e *terziari* a seconda che l'atomo di carbonio positivo sia legato a uno, due o tre gruppi alchilici (simbolo R):

carbocatione	primario	secondario	terziario
	$R'-\overset{+}{C}H_2$	$R'-\overset{+}{C}H-R''$	$R'-\overset{\overset{R'''}{\mid}}{\underset{+}{C}}-R''$

> **LE PAROLE**
> Il **simbolo R** indica i gruppi atomici che derivano da alcani per il distacco di un atomo di idrogeno.

Poiché i gruppi alchilici sono gruppi atomici *elettron-donatori*, ovvero specie chimiche che tendono a neutralizzare la carica positiva sull'atomo di carbonio, è evidente che un carbocatione terziario, essendo legato a un maggiore numero di gruppi alchilici, è più *stabile* di un carbocatione secondario e questo di un carbocatione primario. Tenendo presente che anche $^+CH_3$ è un carbocatione, si ha il seguente ordine di stabilità crescente:

$$\overset{+}{C}H_3 < R'-\overset{+}{C}H_2 < R'-\overset{+}{C}H-R'' < R'-\overset{\overset{R'''}{\mid}}{\underset{+}{C}}-R''$$

I reagenti elettrofili e nucleofili

Le reazioni eterolitiche, le più frequenti tra i composti organici, coinvolgono sempre specie chimiche povere di elettroni (*elettrofili*) e specie chimiche ricche di elettroni (*nucleofili*).

> **LE PAROLE**
> Un **elettrofilo** (dal greco: *elektron* = ambra e *philos* = amico) è uno ione positivo, un gruppo atomico o una molecola che ha affinità per atomi o gruppi atomici con elettroni disponibili per formare legami covalenti.

Gli **elettrofili** sono specie chimiche con una parziale o totale carica positiva oppure con l'ottetto incompleto.

Sono elettrofili (tabella **5**, a pagina seguente):

- gli atomi di carbonio del gruppo carbonile $\rangle CO$ e del gruppo carbossile $-COOH$;
- i cationi come H^+ (ione idrogeno) e NO_2^+ (ione nitronio);

- i carbocationi alchilici come $^+CH_3$ (metile) e $^+CH_2{-}CH_3$ (etile);
- le molecole con ottetto elettronico incompleto, come $AlCl_3$ e BF_3.

Gli elettrofili tendono a reagire con specie chimiche ricche di elettroni (nucleofili) accettando un doppietto elettronico libero e formando un legame covalente.

I nucleofili sono specie chimiche con una parziale o totale carica negativa oppure con un doppietto elettronico disponibile.

LE PAROLE

Un **nucleofilo** (dal latino *nucleus* = nucleo; dal greco: *philos* = amico) è uno ione negativo, un gruppo atomico o una molecola che ha affinità per atomi o gruppi atomici con la cima elettronica.

Sono nucleofili (tabella **5**):

- gli atomi di ossigeno nei gruppi funzionali come il gruppo carbonile $\rangle CO$ e il gruppo carbossile $-COOH$;
- gli anioni poliatomici quali ossidrile OH^- e alcossido RO^-;
- gli anioni monoatomici degli alogeni Cl^- e I^-;
- i carbanioni alchilici, per esempio $CH_3{-}C{\equiv}C^-$;
- le molecole con almeno un doppietto elettronico disponibile, per esempio NH_3 e H_2O;
- gli atomi di azoto dei gruppi atomici $\rangle NH$ e $-NH_2$.

Tabella 5 I principali reagenti elettrofili e nucleofili

Reagenti elettrofili	Reagenti nucleofili
$-COOH$ $\rangle CO$ NO_2^+ H^+	$-COOH$ $\rangle CO$ OH^- RO^-
$^+CH_3$ $^+CH_2{-}CH_3$ $AlCl_3$ BF_3	Cl^- I^- $CH_3{-}C{\equiv}C^-$
	NH_3 H_2O $\rangle NH$ $-NH_2$

I nucleofili tendono a reagire con gli elettrofili condividendo il doppietto elettronico disponibile e formando un legame covalente.

I nucleofili sono distinti in **forti** e **deboli** a seconda del valore di elettronegatività dell'elemento che li costituisce.

Ricordando che l'elettronegatività è la tendenza che ha un atomo ad attirare verso di sé gli elettroni di legame e che tale proprietà nel sistema periodico aumenta da sinistra a destra lungo un periodo e diminuisce scendendo lungo un gruppo, è evidente che sono *nucleofili forti* quelli costituiti da atomi con **minore elettronegatività**.

Risulta quindi che la forza di un nucleofilo:

- *diminuisce* da sinistra a destra lungo un periodo: $NH_3 > H_2O$;
- *aumenta* scendendo lungo un gruppo: $OH^- < HS^-$ e $F^- < Cl^- < Br^- < I^-$;
- è *maggiore* negli ioni negativi che nelle molecole neutre in cui è presente lo stesso atomo, in quanto i primi forniscono elettroni con maggiore facilità: $OH^- > H_2O$ e $RO^- > ROH$.

Scarica la app:

TAVOLA PERIODICA INTERATTIVA

FACCIAMO IL PUNTO

LO SAI? RIPASSA CON LO SMARTPHONE

Quali sono le principali proprietà dell'atomo di carbonio?

Gli aspetti piú rilevanti e specifici dell'atomo di carbonio sono:

- la capacità di ibridarsi *sp*, *sp*^{2} e sp^3 e di formare sempre quattro legami covalenti;
- il numero di ossidazione che assume tutti i valori compresi tra +4 e −4;
- il valore medio di elettronegatività (2,5) per cui può formare legami covalenti poco polari e quindi forti e stabili;
- il piccolo raggio atomico (77 pm), per cui può formare legami covalenti singoli, doppi e tripli;
- una grande tendenza alla concatenazione.

Con quali tipi di formule possono essere rappresentati i composti organici?

I composti organici si possono rappresentare con le **formule di Lewis** che mettono in evidenza tutti i legami chimici, con le **formule razionali** che mettono in evidenza solo i legami carbonio-carbonio e con le **formule topologiche che evidenziano solo** la catena carboniosa mediante l'uso di segmenti.

Che sono gli isomeri?

Gli isomeri sono composti con la stessa formula molecolare ma differente formula di struttura e diverse proprietà fisiche e chimiche. Esistono due tipi principali di isomeria: l'isomeria di struttura e la stereoisomeria.

Che cosa si intende per isomeria di struttura?

L'**isomeria di struttura** è quel fenomeno per cui gli atomi di due o piú composti sono legati tra loro in sequenze differenti. È distinta in isomeria di catena, isomeria di posizione e isomeria di gruppo funzionale.

Gli **isomeri di catena** sono composti che differiscono per il modo diverso con cui gli atomi di carbonio sono legati nella catena carboniosa.

Gli **isomeri di posizione** sono composti che hanno la stessa catena carboniosa ma che differiscono per la posizione di gruppi funzionali.

Gli **isomeri di gruppo** funzionale sono composti che presentano gruppi funzionali *diversi nella catena carboniosa.*

Che cosa si intende per stereoisomeria?

La **stereoisomeria** è quel fenomeno per cui atomi o gruppi atomici di due o più composti sono legati tra loro nella stessa sequenza ma con differente disposizione spaziale.

È distinta in isomeria geometrica (o isomeria *cis-trans*) ed enantiomeria (o isomeria ottica).

Gli **isomeri geometrici** sono composti che differiscono per la disposizione spaziale degli atomi o di gruppi atomici legati a due atomi di carbonio uniti da un legame semplice (cicloalcani) o da un doppio legame (alcheni).

Gli **enantiomeri** sono due molecole con diversa disposizione spaziale e che sono l'una l'immagine speculare dell'altra e non sovrapponibili. Una molecola esiste sotto forma di due enantiomeri se presenta un atomo di carbonio stereogeno, ovvero legato a quattro atomi o gruppi atomici diversi. Una molecola che contiene un centro stereogeno si chiama chirale. Il requisito più importante affinché una molecola sia **chirale** è l'assenza di un piano di simmetria.

Da che cosa dipendono le proprietà fisiche dei composti organici?

Lo stato fisico (solido, liquido o aeriforme) e i punti di fusione e di ebollizione di un composto organico dipendono dalla forza e dal numero dei legami intermolecolari (legame a idrogeno, interazioni di van der Waals).

La solubilità in acqua dei composti organici dipende dalla presenza nelle molecole di gruppi idrofili o idrofobici, ovvero di molecole che possono o non possono formare legami intermolecolari con l'acqua.

Da che cosa dipendono le proprietà chimiche dei composti organici?

La reattività di un composto organico è determinata dalla presenza nella sua molecola di un gruppo funzionale (legame multiplo, un atomo molto elettronegativo o uno specifico gruppo atomico).

La presenza in un composto organico di un atomo con elettronegatività diversa dal carbonio o di un gruppo atomico che attira o respinge elettroni determina la polarizzazione del legame che si trasmette lungo la catena carboniosa. Il fenomeno si chiama **effetto induttivo** e può essere attrattivo o repulsivo a seconda che i sostituenti siano atomi o gruppi atomici *elettron-attrattori o elettron-donatori.*

Che cosa si intende per rottura omolitica e rottura eterolitica di un legame?

Un aspetto essenziale per descrivere il meccanismo di una reazione è quello relativo alla modalità di rottura del legame covalente che può essere **omolitica**, con ciascun atomo che trattiene uno dei due elettroni di legame precedentemente condiviso, ed **eterolitica**, con l'atomo più elettronegativo che trattiene il doppietto elettronico di legame prima condiviso.

Tra gli intermedi delle reazioni eterolitiche particolare importanza hanno i **carbanioni** e i **carbocationi**, anioni o cationi, la cui carica negativa o positiva è localizzata su un atomo di *carbonio.*

Che cosa sono gli elettrofili e i nucleofili?

Gli **elettrofili** sono specie chimiche con una parziale o totale carica positiva oppure con l'ottetto incompleto. I **nucleofili** sono specie chimiche con una parziale o totale carica negativa oppure con un doppietto elettronico disponibile.

I nucleofili sono distinti in forti e deboli a seconda che siano costituiti da atomi con basso o alto valore di elettronegatività.

ESERCIZI

ZTE ONLINE
Mettiti alla prova
con 20 esercizi interattivi

VERIFICA LE TUE CONOSCENZE

I COMPOSTI ORGANICI

1 Quale tra i seguenti elementi chimici non è presente nei composti organici?
Ⓐ Se
Ⓑ S
Ⓒ P
Ⓓ N

2 Quale dei seguenti composti del carbonio è inorganico?
Ⓐ CH_3Cl
Ⓑ $HCOOH$
Ⓒ H_2CO_3
Ⓓ CH_3OH

3 Quale dei seguenti composti del carbonio è organico?
Ⓐ CO_2
Ⓑ NH_2CH_3
Ⓒ HCN
Ⓓ $(NH_4)_2CO_3$

4 Qual è il n.o. del carbonio nel seguente composto? CH_3-OH
Ⓐ +2
Ⓑ 0
Ⓒ +4
Ⓓ −2

5 Il carbonio ha n.o. uguale a −2 nel composto
Ⓐ CH_3Cl
Ⓑ CH_2F_2
Ⓒ $(NH_2)CH_3$
Ⓓ HCN

LE FORMULE DI STRUTTURA

6 L'atomo di carbonio evidenziato in rosso nel seguente composto è

$$\begin{array}{l} CH_3-CH_2-CH-CH_3 \\ \qquad\qquad\quad | \\ \qquad\qquad\; CH_3 \end{array}$$

Ⓐ terziario
Ⓑ primario
Ⓒ secondario
Ⓓ quaternario

7 Il composto $CH_3C(CH_3)_2CH_3$ è rappresentato con la formula
Ⓐ di Lewis
Ⓑ razionale
Ⓒ condensata
Ⓓ topologica

8 La formula condensata corrispondente alla formula razionale $CH_3-CH_2-NH-CH_2-CH_3$ è
Ⓐ $CH_3CH_2NHCH_2CH_3$
Ⓑ $NH(CH_2)_2(CH_3)_2$
Ⓒ $NH(CH_2-CH_3)_2$
Ⓓ $(CH_3CH_2)NH(CH_2CH_3)$

L'ISOMERIA

9 Gli isomeri sono composti che presentano
Ⓐ stessa formula molecolare ma diversa formula di struttura
Ⓑ stessa formula molecolare e uguali proprietà fisiche e chimiche
Ⓒ diversa formula molecolare e stesse proprietà fisiche e chimiche
Ⓓ stessa formula di struttura e diverse proprietà fisiche e chimiche

10 Il 2-pentene $CH_3-CH_2-CH=CH-CH_3$ è un composto che si presenta sotto forma di due isomeri
Ⓐ ottici
Ⓑ geometrici
Ⓒ di gruppo funzionale
Ⓓ di conformazione

11 I composti otticamente attivi hanno almeno
Ⓐ un atomo di carbonio tetraedrico
Ⓑ un triplo legame
Ⓒ un atomo di alogeno
Ⓓ un atomo di carbonio legato a quattro atomi o gruppi atomici diversi

12 Gli isomeri geometrici sono isomeri
Ⓐ configurazionali
Ⓑ conformazionali
Ⓒ otticamente attivi
Ⓓ di posizione

13 Quale tra le seguenti molecole è chirale?

Ⓐ $$\begin{array}{l} CH_3-C-CH_2-CH_3 \\ \qquad\;\; \| \\ \qquad\;\; O \end{array}$$

Ⓑ $$\begin{array}{l} CH_3-CH-CH_3 \\ \qquad\quad | \\ \qquad\quad Cl \end{array}$$

Ⓒ $$\begin{array}{l} CH_3-CH-NH_2 \\ \qquad\quad | \\ \qquad\; COOH \end{array}$$

Ⓓ $$\begin{array}{l} CH_3-C-OCH_3 \\ \qquad\;\; \| \\ \qquad\;\; O \end{array}$$

14 Quale tipo di isomeria si verifica nell'alchino nel seguente composto? $CH_3-CH_2-C\equiv OH$
Ⓐ di gruppo funzionale
Ⓑ geometrica
Ⓒ di posizione
Ⓓ di catena

15 Quale tipo di isomeria si verifica nel seguente composto?

$$\begin{array}{l} CH_3-CH-CH_3 \\ \qquad\quad | \\ \qquad\; NH_2 \end{array}$$

Ⓐ geometrica
Ⓑ di gruppo funzionale
Ⓒ ottica
Ⓓ di posizione

LA REATTIVITÀ

16 Una specie chimica che nei composti organici presenta una totale carica positiva è definita
Ⓐ elettrofilo
Ⓑ carbocatione
Ⓒ nucleofilo
Ⓓ radicale

17 Quale tra le seguenti specie chimiche è un nucleofilo?
Ⓐ $AlCl_3$ Ⓑ NO_2^+ Ⓒ NH_3 Ⓓ $^+CH_3$

VERIFICA LE TUE ABILITÀ

18 Qual è l'ibridazione dell'atomo di carbonio evidenziato in rosso nei seguenti composti?
a. $CH_3{-}CH_2{-}CHO$
b. $CH_3{-}CH_2{-}CH_4$
c. $CH_3{-}COO{-}CH_3$
d. $CH{\equiv}C{-}CH_3$

19 Qual è il n.o. degli atomi di carbonio nei seguenti composti?
a. $CH{\equiv}CH$
b. $H{-}COOH$
c. $CH_3{-}OH$
d. $CH_3{-}CO{-}CH_3$

20 Qual è il n.o. degli atomi di carbonio nei seguenti composti?
a. $CH_3{-}CH_2{-}CH_3$
b. $CH_3{-}C{\equiv}CH$
c. $CH_2{=}CH{-}CH_3$
d. $CH_2Cl{-}CHBr{-}CH_3$

21 Rappresenta le catene carboniose dei composti con formula molecolare C_5H_{12} (3 catene aperte) e C_5H_{10} (5 catene chiuse).

22 Rappresenta la formula di Lewis, razionale e topologica corrispondente ai seguenti composti.
a. $(CH_3)_2CHCH_2CH_3$
b. $CH_3(CH_2)_3CH_3$
c. $(CH_3)_3CCH_2CH_3$
d. $(CH_3)_3CH$

23 Rappresenta le formule razionali corrispondenti alle seguenti formule topologiche.

a.
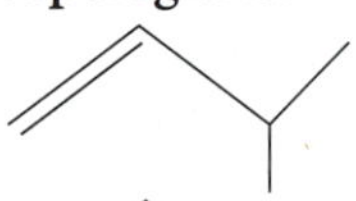

b.
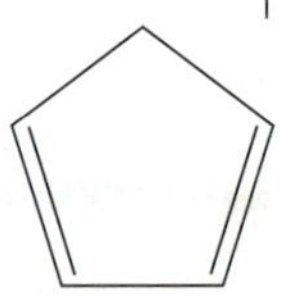

c.

d.
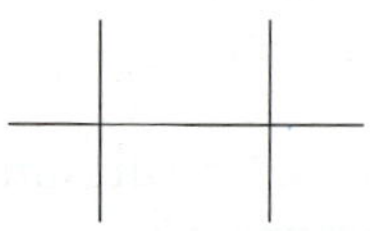

24 Rappresenta la formula condensata per il seguente composto, dove il simbolo R indica il gruppo atomico $-CH_3$.

```
           R    R
           |    |
R–CH2–CH–C–CH3
                |
                R
```

25 Rappresenta le strutture di Lewis e razionali dei seguenti composti.
a. $CH_3CON(CH_3)_2$
b. CH_3COOCH_3

26 Rappresenta le formule razionali degli isomeri di posizione dei composti con formula molecolare
a. $C_3H_6Cl_2$
b. C_3H_7I

27 Rappresenta le formule razionali dei due isomeri geometrici dei composti con formula molecolare
a. $CHBr{=}CHBr$
b. $CHCl{=}CH{-}CH_3$

28 Rappresenta le formule razionali dei due isomeri di gruppo funzionale del composto con formula molecolare
a. C_3H_8O
b. $C_4H_{10}O$

29 Rappresenta le formule razionali dei tre isomeri di posizione dell'alcol lineare con formula molecolare $C_5H_{12}O$.

30 Rappresenta le due formule razionali di un composto (uno a catena aperta con doppio legame carbonio-carbonio, l'altro a catena chiusa) con formula molecolare C_3H_6.

31 Rappresenta le formule prospettiche dei due isomeri ottici del composto con formula condensata $CH_3(CH_2)_2CH(OH)COOH$.

32 Rappresenta le formule razionali degli isomeri di catena dei composti con le seguenti formule molecolari.
a. C_6H_{14} (5 isomeri)
b. C_7H_{16} (9 isomeri)

33 Rappresenta le formule razionali degli isomeri del composto con formula molecolare $C_4H_{10}O$ (6 isomeri).

34 La rotazione osservata di una soluzione di 100 mL contenente 1 g di un composto chirale è uguale a 1,33°. Sapendo che la determinazione è fatta in un tubo portacampione di 2 dm, calcola la rotazione specifica del composto chirale.

35 Disponi i seguenti composti secondo l'ordine crescente della loro temperatura di ebollizione.
a. $CH_3{-}CH_3$
b. $CH_3{-}CH_2{-}CH_3$
c. CH_4
d. $CH_3{-}CH_2{-}CH_2{-}CH_3$

36 Disponi i seguenti composti allo stato liquido secondo l'ordine crescente della loro solubilità.

a. $CH_3-CO-CH_3$
b. CH_3-OH
c. $CH_3-CH_2-CH_2-OH$
d. CH_3-CHO

37 Disponi i seguenti composti secondo l'ordine crescente del loro punto di ebollizione.

a. $CH_2OH-CH_2-CH_2OH$
b. $CH_3-CH_2-CH_3$
c. $CH_3-NH-CH_3$
d. CH_3-CH_2-CHO

38 Disponi le seguenti serie di composti secondo l'ordine crescente della loro reattività.

a1. $CH_3-CH=CH_2$
a2. $CH_3-CH_2-CH_3$
a3. $CH_3-C\equiv CH$
b1. $CH_3-CHCl-CH_3$
b2. $CH_3-CHI-CH_3$
b3. $CH_3-CHBr-CH_3$

39 Specifica le classi di composti organici in cui sono presenti i seguenti gruppi funzionali.

a. $-O-$
b. $-COO-$
c. $-C\equiv C-$
d. $-Br$

40 Sulla base dei diversi gruppi funzionali, precisa a quale classe appartengono i seguenti composti organici.

a. $CH_3-CH_2-NH_2$
b. $CH_3-CH_2-CH_2Cl$
c. $CH_3-CO-CH_3$
d. CH_3-CH_2-COOH
e. $CH_3-COO-CH_2-CH_3$
f. CH_3-CH_2-CHO

41 Rappresenta le formule razionali dei seguenti composti (almeno uno dei possibili isomeri).

a. $C_4H_{10}O$ (alcol)
b. C_3H_8O (etere)
c. C_6H_6O (aldeide)
d. C_4H_8O (chetone)

42 Quali tra i seguenti atomi o gruppi atomici sono elettron-attrattori?

a. $-COOH$
b. $-Br$
c. $-CH_3$
d. $-CH=CH_2$

43 Quali tra i seguenti gruppi atomici sono elettron-donatori?

a. $-CH_2-CH_3$
b. $\rangle CO$
c. $-CH_2-CH_2-CH_3$
d. NO_2^+

44 Rappresenta le formule razionali di un carbocatione primario, uno secondario e uno terziario, dove il simbolo R indica il gruppo atomico $-CH_3$.

45 Quali tra le seguenti specie chimiche sono agenti elettrofili (E) e quali nucleofili (N)?

a. $^+CH_2-CH_3$
b. $AlCl_3$
c. CN^-
d. NO_2^+

TEST YOURSELF

46 State the hybridization type of the carbon atom highlighted in the following compounds.

a. $CH_3-CO-CH_2-CH_3$
b. $H-CHO$
c. $CH_3-CHOH-CH_2-CH_3$
d. CH_3-CH_2-COOH

47 Draw the rational, topologic, and Lewis formula corresponding to the following compounds.

a. $CH_3(CH_2)_4CH_3$
b. $CH_3(CH_2)_2CH(CH_3)_2$

48 Draw the rational formulas of all the possible isomers of the compound C_3H_6.

49 On the basis of the several functional groups, state what class the following organic compounds belong to.

a. $CH_3-CH_2-CO-NH_2$
b. $CH_3-O-CH_2-CH_3$
c. $CH_3-CH_2-C\equiv CH$
d. $CH_3-CH_2-CH_2-CHO$

50 Draw the rational formula corresponding to the two geometrical isomers of the compound $CH_3-CH=CHBr$.

VERSO L'UNIVERSITÀ

51 Quanti isomeri strutturali della molecola C_4H_9Br esistono?

Ⓐ 4
Ⓑ 2
Ⓒ 3
Ⓓ 5
Ⓔ 6

[dalla prova di ammissione a Medicina e Chirurgia e in Odontoiatria e Protesi Dentaria, anno 2013]

52 Quale dei seguenti gruppi funzionali è presente nella molecola $CH_3CH_2CONH_2$?

Ⓐ ossidrilico
Ⓑ estereo
Ⓒ chetonico
Ⓓ ammidico
Ⓔ amminico

[dalla prova di ammissione a Medicina e Veterinaria, anno 2014]

53 La seguente struttura organica $CH_3COOCH_2CH_3$ corrisponde a

Ⓐ un etere
Ⓑ un acido carbossilico
Ⓒ un estere
Ⓓ un chetone
Ⓔ un fenolo

[dalla prova di ammissione a Medicina e Chirurgia e in Odontoiatria e Protesi Dentaria, anno 2012]

VERSO L'ESAME

RAPPRESENTA

54 **Esamina le relazioni tra i diversi tipi di isomeri attraverso una mappa concettuale.**

OSSERVA E CLASSIFICA

55 **Classifica come chirali oppure non chirali le seguenti coppie di oggetti. Argomenta poi la tua risposta.**

a. coltello e forchetta

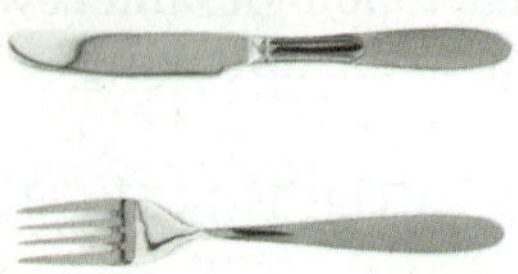

d. saliera e pepiera

b. occhi

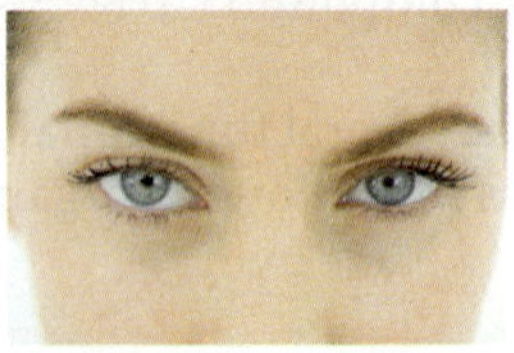

e. paio di scarpe

c. ali di farfalla

f. lenti a contatto

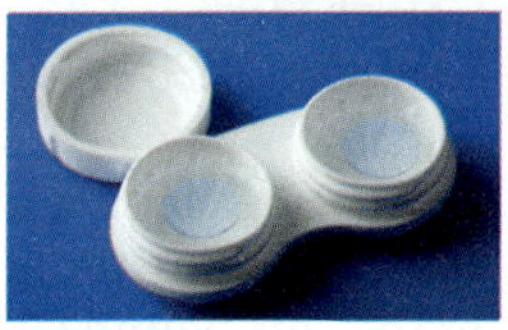

OSSERVA E CLASSIFICA

56 Rappresenta la formula di struttura delle molecole raffigurate dai modellini seguenti, considerando che le sfere nere rappresentano atomi di carbonio, le sfere bianche atomi di idrogeno e gli anelli bianchi legami covalenti.
I due composti sono una coppia di isomeri: di che tipo?

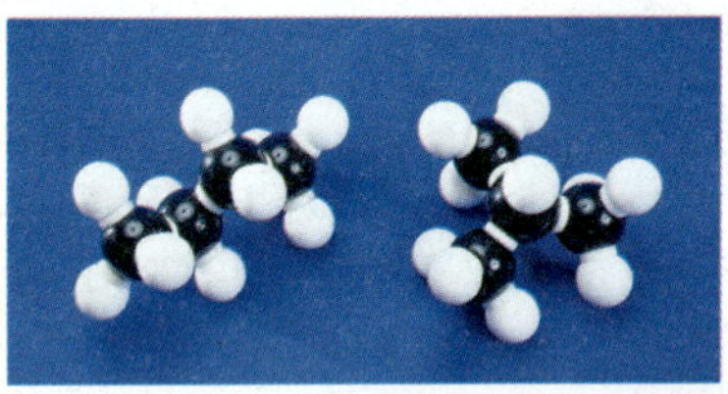

OSSERVA E CLASSIFICA

57 Rappresenta la formula di struttura delle molecole raffigurate dai modellini a fianco, considerando che le sfere rosse rappresentano atomi di ossigeno e i bastoncini legami covalenti.

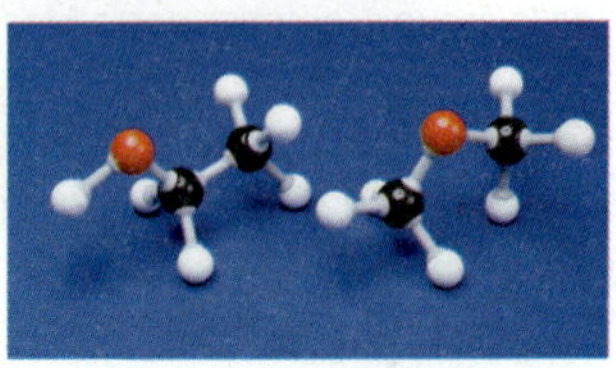

I due composti sono una coppia di isomeri: di che tipo?

IPOTIZZA E ARGOMENTA

58 **Ipotizza, argomentando la risposta, quale composto è più solubile in acqua tra il propano e l'1-propanolo.**

IPOTIZZA E ARGOMENTA

59 Come antidoto all'intossicazione da metanolo si usa somministrare un composto appartenente alla stessa classe chimica e avente caratteristiche simili di reattività.
Secondo te, si tratta di metano o di etanolo? Argomenta la risposta.

ANALIZZA E IPOTIZZA

60 I composti A e B, liquidi e miscibili, sono enantiomeri con A destrogiro e B levogiro.
Ti aspetti che il piano della luce polarizzata venga ruotato a destra, a sinistra o che non venga ruotato affatto dalle seguenti miscele?

a. 50% A + 50% B
b. 25% A + 75% B
c. 25% B + 75% A

ANALIZZA E DEDUCI

61 «... Il carbonio, infatti, è un elemento singolare: è il solo che sappia legarsi con se stesso in lunghe catene stabili senza grande spesa di energia, ed alla vita sulla terra (la sola che finora conosciamo) occorrono appunto lunghe catene. Perciò il carbonio è l'elemento chiave della sostanza vivente: ma la sua promozione, il suo ingresso nel mondo vivo, non è agevole, e deve seguire un cammino obbligato, intricato, chiarito (e non ancora definitivamente) solo in questi ultimi anni. Se l'organicazione del carbonio non si svolgesse quotidianamente intorno a noi, sulla scala dei miliardi di tonnellate alla settimana, dovunque affiori il verde di una foglia, le spetterebbe di pieno diritto il nome di miracolo.»
Il testo riportato è tratto dalla raccolta di racconti *Il sistema periodico* di Primo Levi e fa riferimento al fatto che non tutto il carbonio presente al mondo è in forma di composti organici. Conseguentemente, perché la vita esista, occorrono reazioni chimiche, che Levi chiama «organicazione», di trasformazione di composti carboniosi inorganici in composti carboniosi organici.
Confronta lo stato di ossidazione del carbonio nel diossido di carbonio con quello del carbonio in almeno uno dei composti organici incontrati in questo primo capitolo e deduci se l'organicazione del carbonio, citata da Levi, è costituita da processi di ossidazione o di riduzione.

CAPITOLO

A2

GLI IDROCARBURI

1 GLI IDROCARBURI SONO COSTITUITI DA CARBONIO E IDROGENO

La grande varietà di composti organici può essere ricondotta a famiglie, costituite da molecole con medesime analogie strutturali, da cui conseguono proprietà chimico-fisiche simili. Una di queste famiglie è quella degli idrocarburi.

> Gli **idrocarburi** sono composti organici costituiti esclusivamente da atomi di carbonio e idrogeno.

Negli idrocarburi, gli atomi di carbonio si legano formando catene aperte o chiuse, lineari o ramificate, e anelli o reticoli complessi.

Gli idrocarburi si suddividono in due grandi gruppi in base alla loro struttura: *alifatici* e *aromatici*.

Gli **idrocarburi alifatici** possono essere *saturi* oppure *insaturi*. Gli idrocarburi saturi contengono solo legami semplici carbonio-carbonio e sono detti *alcani* se a catena aperta, e *cicloalcani* se a catena chiusa.

Gli idrocarburi insaturi possono avere legami multipli carbonio-carbonio: doppi negli alcheni, tripli negli alchini.

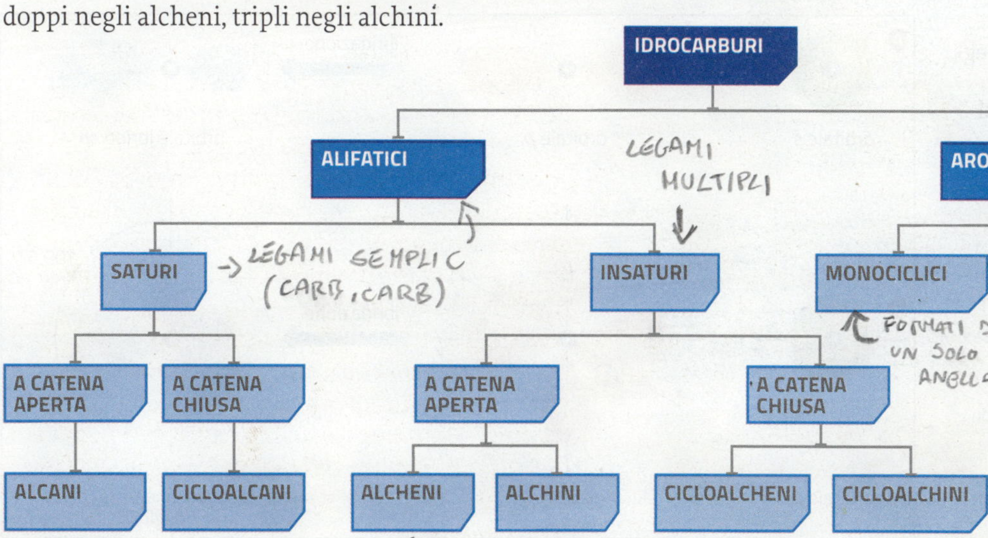

Gli **idrocarburi aromatici** sono idrocarburi a catena chiusa in cui gli atomi di carbonio dell'anello sono uniti da legami covalenti semplici e da un particolare tipo di legame, nel quale gli elettroni formano un'unica nube elettronica.

I **composti aromatici** possono essere *monociclici* se formati da un solo anello, o *policiclici* se formati da più anelli. Se uno o più atomi di carbonio dell'anello sono sostituiti da atomi diversi (N, S, O) si parla di composti *eterociclici.*

Gli atomi di carbonio dell'anello sono uniti da legami covalenti semplici e da un particolare tipo di legame, nel quale gli elettroni formano un'unica nube elettronica.

Derivati degli idrocarbui aromatici sono i composti eterociclici in cui uno o più atomi di carbonio dell'anello sono sostituiti da atomi diversi (eteroatomi). Negli eterociclici aromatici gli eteroatomi più comuni sono l'azoto e l'ossigeno.

2 NEGLI ALCANI IL CARBONIO È IBRIDATO sp^3

Gli **alcani** o **paraffine** sono idrocarburi alifatici a catena aperta, saturi per la presenza di legami semplici carbonio-carbonio.

Tutti gli atomi di carbonio degli alcani sono ibridati sp^3.

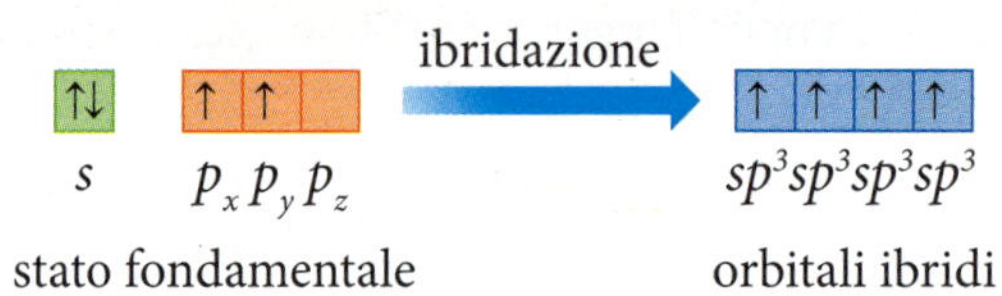

Gli orbitali ibridi sp^3 hanno la forma di due lobi, di cui uno molto più esteso e uno più piccolo, che in genere non viene rappresentato.

I quattro orbitali ibridi sp^3 si orientano in direzione dei vertici di un **tetraedro** con formazione di angoli di legame di 109,5° rispetto al nucleo, che si trova al centro del tetraedro (figura **1**).

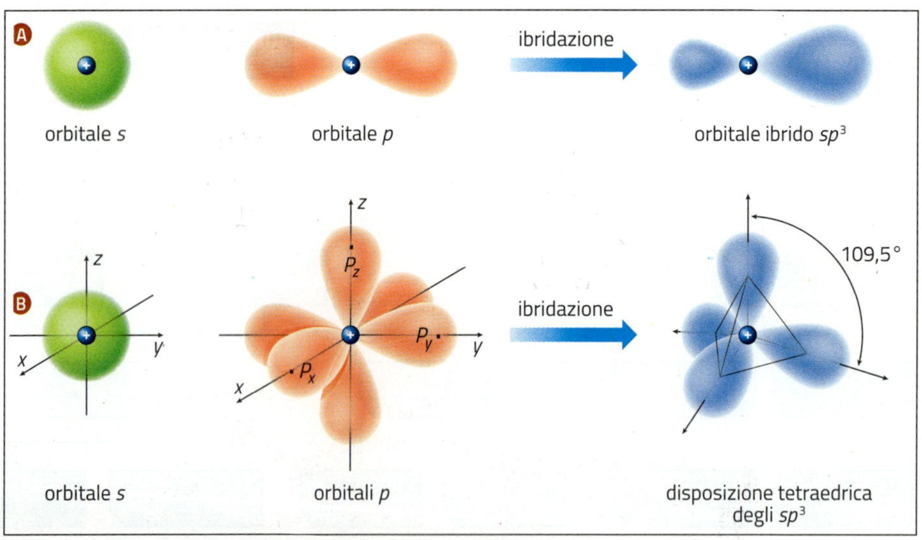

Figura 1 **Gli orbitali ibridi sp^3** A Formazione degli orbitali ibridi sp^3. B Disposizione tetraedrica degli orbitali ibridi sp^3 di un atomo di carbonio, dove generalmente il lobo più piccolo non viene rappresentato.

PER CAPIRE MEGLIO
Video: L'ibridazione dell'atomo di carbonio

Quando due atomi di carbonio ibridati sp^3 si uniscono tra di loro, si ha la sovrapposizione *frontale* di due orbitali ibridi sp^3 appartenenti ciascuno a un atomo di carbonio. In questo modo si forma un legame covalente omopolare di tipo σ.

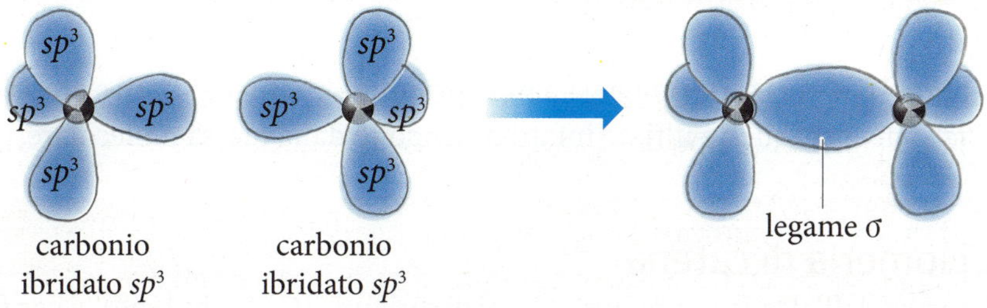

Il legame semplice carbonio-carbonio (lunghezza di legame = 1,54 Å) ha una elevata energia di legame che lo rende forte, stabile e poco reattivo.

TI RICORDI?

Il **legame covalente** σ si forma per la sovrapposizione frontale (testa a testa) tra i due orbitali atomici (per esempio, *s* e *s*, *s* e *p*) dei due atomi reagenti.

TI RICORDI?

Il **simbolo Å** (dal nome del fisico svedese Anders Jonas Ångström) è un'unità di misura della lunghezza corrispondente a 10^{-10} m.

LE PAROLE

Il termine **IUPAC** è la sigla di *International Union of Pure and Applied Chemistry* (Unione Internazionale di Chimica Pura e Applicata).

3 LA FORMULA MOLECOLARE E LA NOMENCLATURA DEGLI ALCANI

Nelle molecole degli alcani sono presenti solo legami semplici carbonio-carbonio, quindi l'ibridazione dell'atomo di carbonio è di tipo sp^3. Agli alcani corrisponde la **formula molecolare** generale:

$$C_nH_{2n+2}$$

dove *n* è il numero di atomi di carbonio presenti nella molecola.

Il **nome** degli alcani con una *catena lineare* di atomi di carbonio (*normal alcani*) secondo le regole IUPAC è costituito da un prefisso che, per i primi quattro termini, deriva dal loro nome comune (*met-*, *et-*, *prop-*, *but-*), per i termini successivi deriva dal numero greco corrispondente al numero di atomi di carbonio (*penta-*, *esa-*, *epta-* e così via) e dal suffisso *-ano* (**tabella 1**).

Rappresentiamo ora le formule razionali, le formule di Lewis e i modelli molecolari dei primi quattro termini della serie degli alcani:

Tabella 1 Gli alcani La formula molecolare e il nome dei primi sei termini della serie degli alcani.

n	Formula molecolare	Nome
1	CH_4	metano
2	C_2H_6	etano
3	C_3H_8	propano
4	C_4H_{10}	butano
5	C_5H_{12}	pentano
6	C_6H_{14}	esano

CH_4 — CH_3-CH_3 — $CH_3-CH_2-CH_3$ — $CH_3-CH_2-CH_2-CH_3$

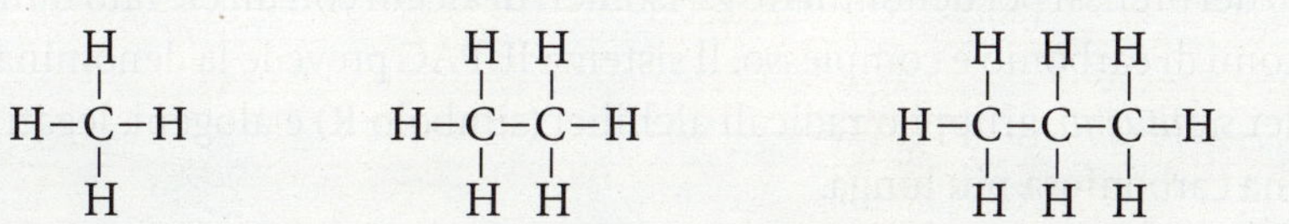

metano — etano — propano — butano

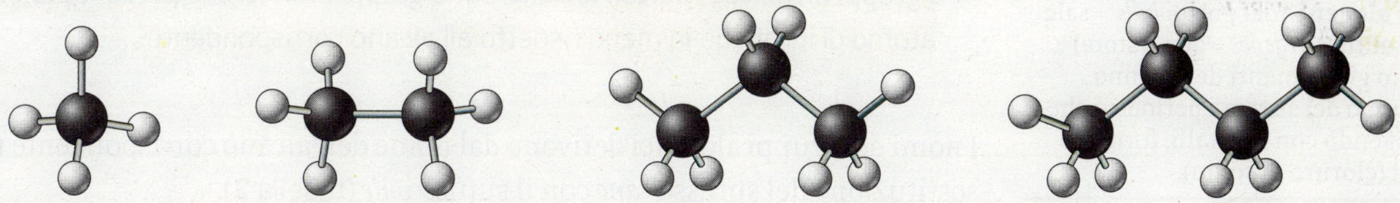

Ogni termine differisce da quello che lo segue o lo precede per il gruppo $-CH_2-$ (gruppo metilenico).

Gli alcani a catena lineare che differiscono per lo stesso gruppo atomico costituiscono una **serie omologa**.

I composti di una serie omologa hanno proprietà chimiche simili e proprietà fisiche diverse, queste ultime infatti dipendono dalla massa molecolare.

L'isomeria di catena

A partire dall'alcano con quattro atomi di carbonio (C_4H_{10}, butano), si verifica l'**isomeria di catena** che comporta la presenza di composti che hanno la stessa formula molecolare ma con atomi di carbonio legati in *sequenza differente*. In passato per i nomi dei due isomeri del butano e dei tre isomeri del pentano sono stati utilizzati i prefissi *normal* (simbolo ***n***), *iso-* e *neo-*.

Per il pentano, C_5H_{12}, le formule razionali e i nomi comuni dei tre isomeri sono i seguenti:

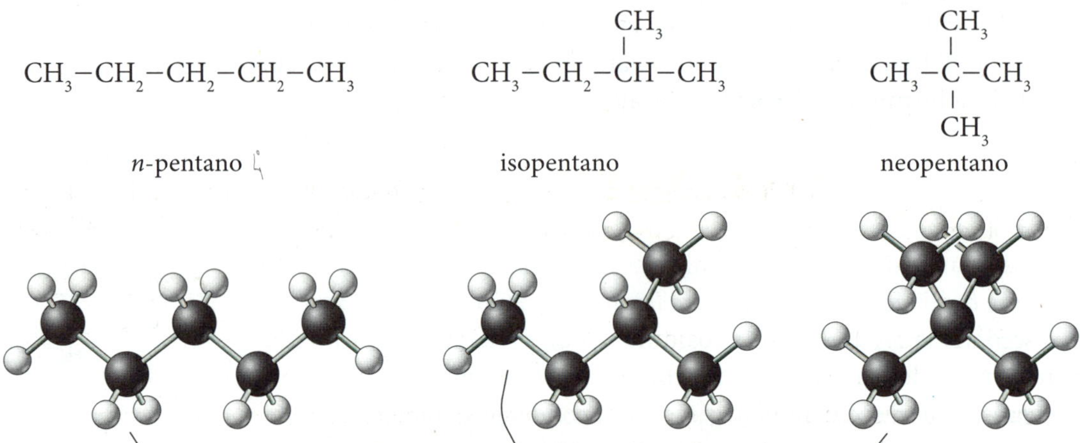

Il pentano presenta tre isomeri di catena: la formula di tutti e tre è C_5H_{12} ma i carboni sono legati secondo una sequenza differente.

Scarica la app:
TAVOLA PERIODICA INTERATTIVA

L'uso dei prefissi per denominare gli isomeri di alcani con un elevato numero di atomi di carbonio è complesso. Il sistema IUPAC prevede la denominazione dei *sostituenti*, gruppi o radicali alchilici (simbolo **R**) e alogeni, legati alla catena carboniosa più lunga.

LE PAROLE

Gli **alogeni** (dal greco: *háls* = sale e il suffisso *-genos* = generatore) sono gli elementi del settimo gruppo del sistema periodico che, reagendo con i metalli, formano sali (cloruro di sodio).

I **gruppi alchilici** o **radicali alchilici** sono gruppi atomici che presentano un atomo di idrogeno in meno rispetto all'alcano corrispondente.

I nomi dei gruppi alchilici derivano dal nome dell'alcano corrispondente per sostituzione del suffisso *-ano* con il suffisso *-ile* (tabella **2**).

Tabella 2 Il nome e la formula razionale I primi quattro termini degli alcani e i corrispondenti gruppi alchilici. I prefissi *sec-* e *terz-* specificano se il carbonio è secondario o terziario, il prefisso *iso* indica la presenza di due sostituenti uguali sullo stesso carbonio.

Nome	Formula razionale
metano	CH_4
etano	CH_3-CH_3
n-propano	$CH_3-CH_2-CH_3$
n-butano	$CH_3-CH_2-CH_2-CH_3$
isobutano	$CH_3-\overset{CH_3}{\overset{\vert}{C}H}-CH_3$

Nome	Formula razionale
metile	$-CH_3$
etile	$-CH_2-CH_3$
n-propile	$-CH_2-CH_2-CH_3$
isopropile	$-CH(CH_3)_2$
n-butile	$-CH_2-CH_2-CH_2-CH_3$
sec-butile	$CH_3-\overset{\vert}{C}H-CH_2-CH_3$
isobutile	$(CH_3)_2CH-CH_2-$
terz-butile	$(CH_3)_3C-$

Gli **alogeni** sono gli atomi di fluoro, cloro, bromo e iodio rappresentati dai rispettivi simboli e indicati con i loro nomi (lo iodio viene contratto a «iodo», tabella **3**).

Tabella 3 Gli alogeni I nomi e i simboli degli alogeni.

Nome	Simbolo
fluoro	F
cloro	Cl
bromo	Br
iodio (iodo)	I

Il **nome** degli isomeri di catena degli alcani si assegna secondo le regole che seguono:

a. si identifica la catena carboniosa **più lunga** che viene denominata con il nome corrispondente al numero di atomi di carbonio;

b. si numera la catena carboniosa più lunga a partire dall'estremità che permette di utilizzare i **numeri più piccoli** in corrispondenza dei sostituenti;

c. quando nella catena carboniosa è presente un solo sostituente, il nome dell'isomero è precisato dal numero che indica la posizione e il nome del sostituente e dal nome della catena carboniosa più lunga (il nome del composto si scrive in un'*unica parola*):

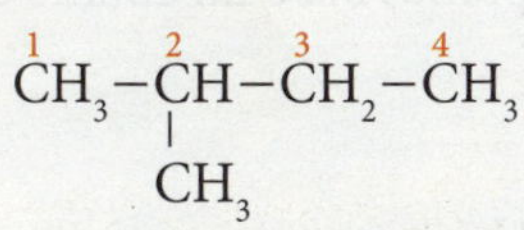

2-metilbutano

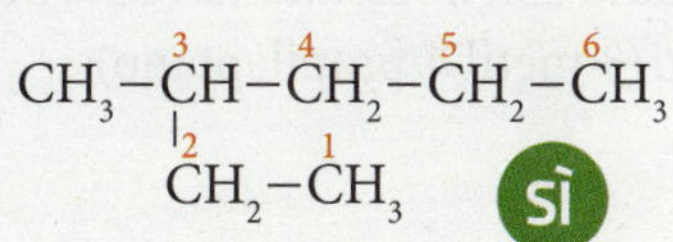

3-metilesano

e non

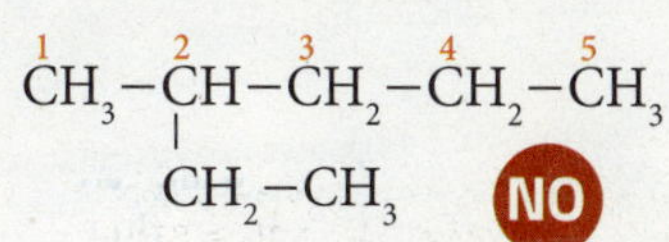

2-etilpentano

d. quando nella catena carboniosa lo *stesso sostituente* è presente più volte, i numeri che ne indicano la posizione vanno separati da una virgola e il nome del sostituente deve essere preceduto dai prefissi *di-*, *tri-*, *tetra-*; se il sostituente è nella *stessa posizione* il numero deve essere ripetuto e separato da una virgola:

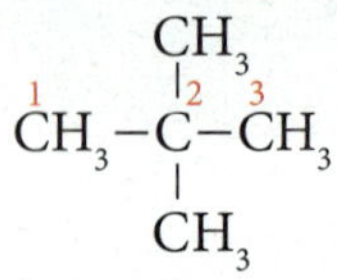
2,2-dimetilpropano

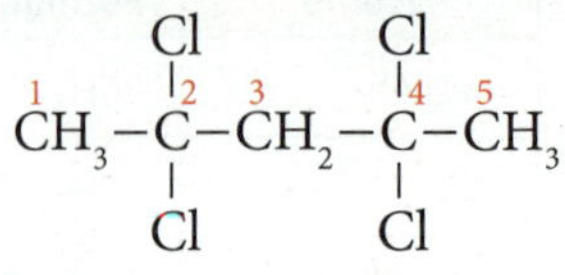
2,2,4,4-tetracloropentano

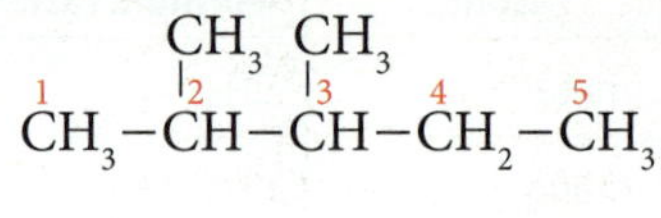
2,3-dimetilpentano

e. quando nella catena carboniosa più lunga i sostituenti sono *diversi*, vanno denominati in **ordine alfabetico** (i prefissi *di-*, *tri-*, *tetra-*, *sec-* e *terz-* non vanno considerati ai fini dell'ordine alfabetico):

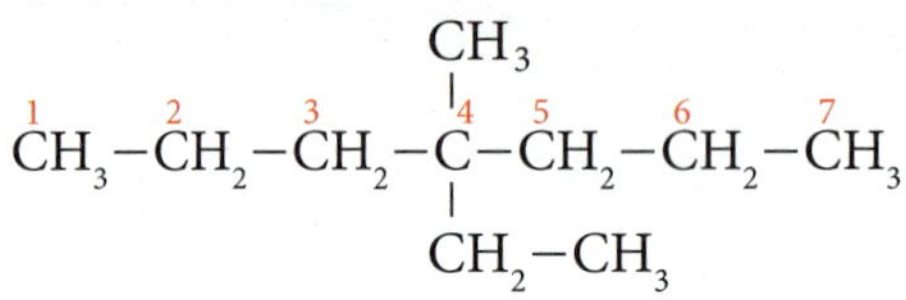
4-etil-4-metileptano

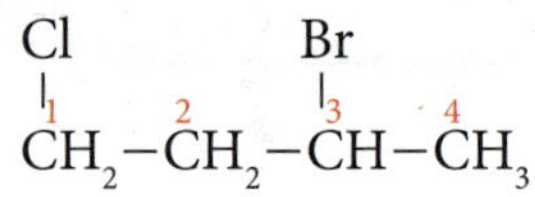
3-bromo-1-clorobutano

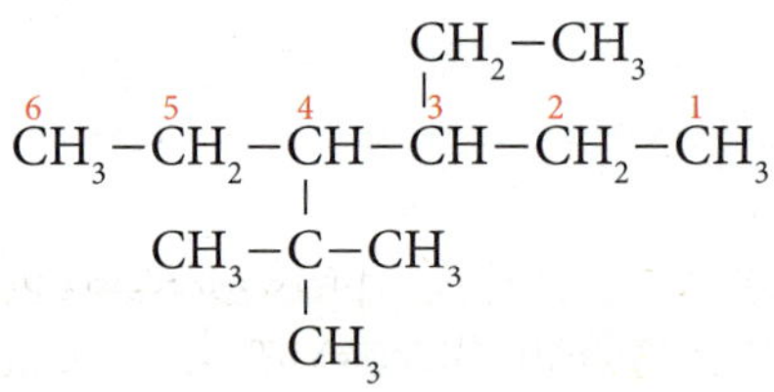
4-*terz*-butil-3-etilesano

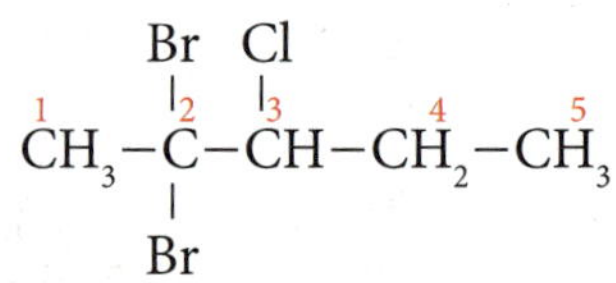
2,2-dibromo-3-cloropentano

f. se nel composto sono presenti *due catene carboniose* di *uguale lunghezza*, il nome corretto è quello corrispondente all'isomero con il maggiore numero di **sostituenti**. Il composto con la seguente formula razionale:

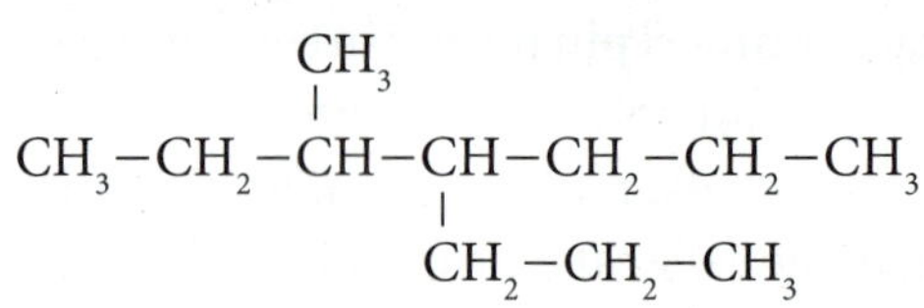

non è un eptano con *un sostituente* (4-*sec*-butileptano) ma è un eptano con *due sostituenti* (3-metil-4-propileptano):

non
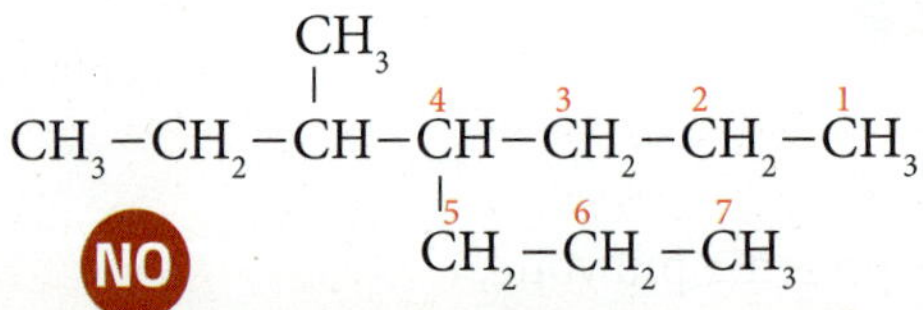

4-*sec*-butileptano

ma
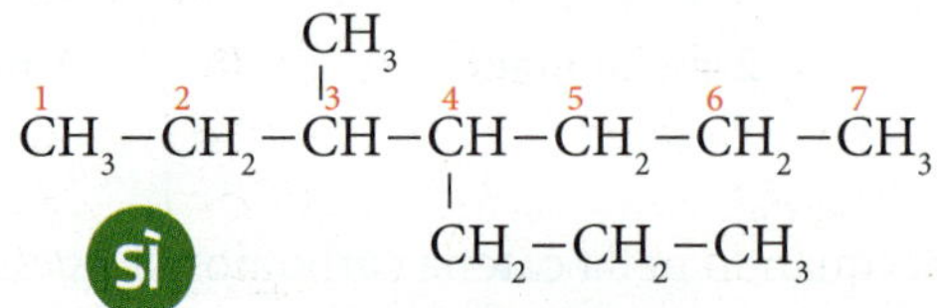

3-metil-4-propileptano

PROBLEMA MODELLO

Nominare gli alcani

Assegna il nome al seguente composto:

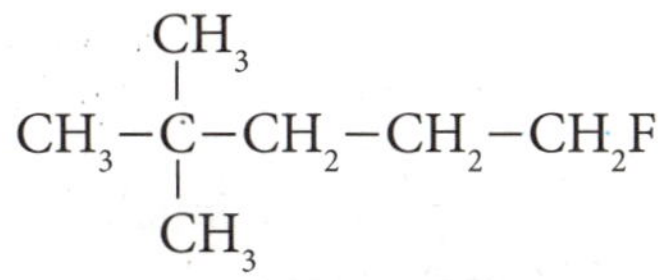

L'IDEA

Identifichiamo la catena carboniosa più lunga; questa è costituita da cinque atomi di carbonio e quindi il nome del composto corrisponde al **pentano**.

LA SOLUZIONE

Dovendo utilizzare i numeri più piccoli in corrispondenza dei sostituenti, la catena deve essere numerata da destra a sinistra; i sostituenti si trovano pertanto nelle posizioni 1 e 4:

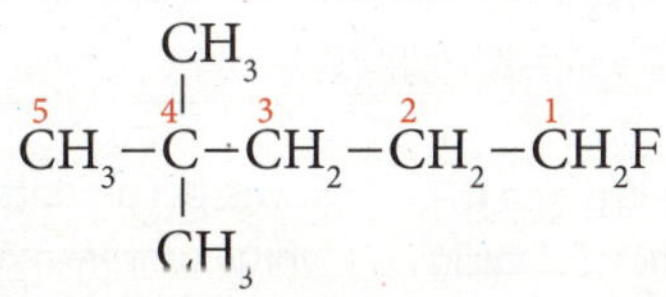

Essendo i sostituenti **diversi** (un atomo di fluoro e due gruppi metile), questi devono essere denominati in **ordine alfabetico** (prima l'atomo di fluoro e dopo i gruppi metile).
Per indicare la presenza di due gruppi metile nella stessa posizione (4), il numero si ripete due volte (separato da una virgola), mentre il nome del sostituente si riporta una volta utilizzando il prefisso *di-*.

LA CONCLUSIONE

Il nome del composto è quindi:
1-fluoro-4,4-dimetilpentano

PROBLEMA SIMILE

Assegna il nome ai seguenti composti:

a. 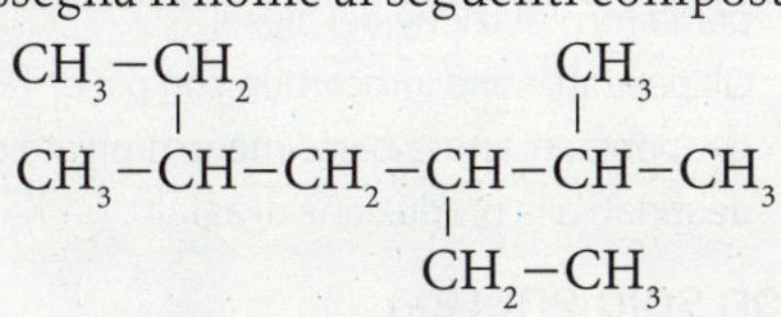

b. 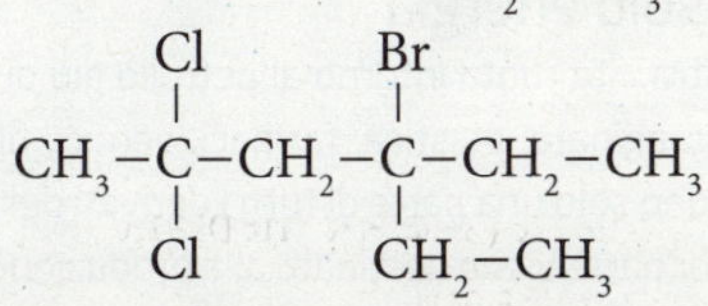

Per rappresentare la **formula razionale** di un alcano di cui si conosce il nome (per esempio, 3-isopropil-2-metilesano), si deve:

a. scrivere la catena carboniosa con un numero di atomi di carbonio (6) corrispondente al prefisso (*es-*) del nome del composto:

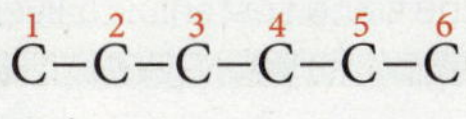

b. aggiungere i sostituenti (isopropile e metile) nelle posizioni (3 e 2) precisate nel nome del composto:

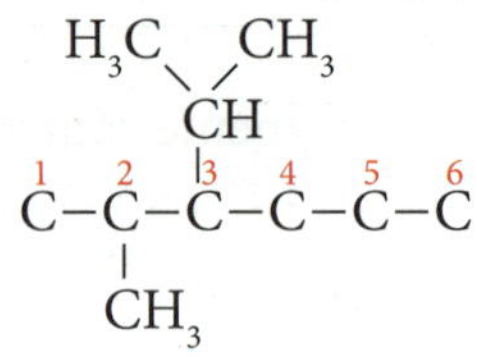

c. completare la formula razionale aggiungendo l'esatto numero di atomi di idrogeno per ogni atomo di carbonio (tenere presente che ciascun atomo di carbonio forma quattro legami):

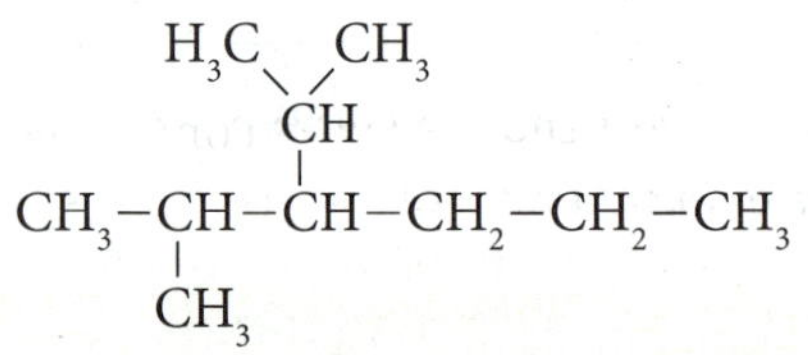

3-isopropil-2-metilesano

PER SAPERNE DI PIÙ

Petrolio: energia e industria

Era il 1859 quando lo statunitense Edwin Drake fece la prima trivellazione per l'estrazione del petrolio grezzo e diede così inizio all'era del **petrolio**. In questi 150 anni il petrolio è diventato la risorsa energetica principale dell'intero pianeta e ha permesso un rapido sviluppo delle tecnologie e della produzione industriale di beni di consumo oggi indispensabili.

La formazione del petrolio

Il petrolio deriva da resti biologici di piante e animali che, rimasti sepolti per centinaia di milioni di anni sotto sedimenti di diversa natura, subiscono una trasformazione chimico-fisica. Il petrolio deve il suo nome proprio al processo geochimico necessario per la sua formazione: dal latino *petra* (pietra) e *oleum* (olio).

La pressione, la temperatura e i lunghi tempi fanno sì che i sedimenti si trasformino in roccia e che la materia organica venga parzialmente decomposta grazie all'azione dei batteri, dando così origine a un giacimento petrolifero.

Il petrolio è un combustibile fossile ed è pertanto una risorsa non rinnovabile. L'economia e la politica legata al suo sfruttamento influenzano notevolmente gli equilibri geopolitici del pianeta. La distribuzione geografica dei giacimenti petroliferi nel mondo, infatti, è tutt'altro che uniforme. I Paesi che più necessitano di energia sono quelli che possiedono meno riserve energetiche e questo fa sì che i paesi consumatori dipendano dai paesi produttori.

La raffinazione

Il **petrolio grezzo** (detto anche **greggio**) non viene utilizzato tal quale, poiché è una miscela complessa di diverse sostanze che devono essere separate per essere utilizzate.
L'insieme della lavorazioni che il greggio subisce prima di poter essere destinato ai suoi usi specifici si chiama raffinazione. La raffineria è un'industria chimica in cui il petrolio viene frazionato nelle sue componenti e viene trattato per raggiungere le caratteristiche dei prodotti finiti che conosciamo (per esempio il diesel).
Il primo processo di raffinazione è la distillazione frazionata, che permette di separare i composti in base alla loro temperatura di ebollizione. I principali tagli o frazioni del petrolio, partendo dai più leggeri ai più pesanti, sono:

- Frazione gassosa: gas naturale (metano, etano), gas di petrolio liquefatto (GPL).
- Benzine: sono idrocarburi da quattro a 10 atomi di carbonio (temperatura di ebollizione: 30-200 °C) e rappresentano il taglio più pregiato del petrolio. Sono utilizzati come combustibili per l'autotrazione.
- Cherosene: sono idrocarburi da nove a 11 atomi di carbonio (temperatura di ebollizione: 150-250 °C) e sono destinati alla formulazione di combustibili per aerei.
- Gasoli: sono idrocarburi da 11 a 18 atomi di carbonio (temperatura di ebollizione: 250-350 °C) e vengono utilizzati per la formulazione del diesel.
- Oli pesanti: sono idrocarburi con più di 18 atomi di carbonio e rappresentano la parte meno pregiata del petrolio. Sono destinati alla produzione di asfalti.

Non solo energia

La nostra vita ruota intorno al petrolio più di quanto non possiamo immaginare: plastica, farmaci, vernici, fibre sintetiche, coloranti sono solo una parte di tutti i derivati del petrolio. Anche se la maggior parte viene destinato alla produzione di combustibili, circa il 10% del greggio viene utilizzato per produrre i «mattoni» (*building blocks*) dell'industria chimica, ovvero le molecole di base da cui vengono prodotti tantissimi beni di consumo. Il superamento della dipendenza dal petrolio, quindi, non è solo una sfida energetica ma culturale: il futuro della chimica è quello di cercare strade alternative per la produzione di *building blocks* e di *fuels* (combustibili) che siano sostenibili a livello economico e ambientale.

4 L'ISOMERIA CONFORMAZIONALE DEGLI ALCANI

Negli alcani i legami tra gli atomi di carbonio (ibridati sp^3) sono legami semplici per cui è possibile la rotazione di un atomo di carbonio (e degli atomi di idrogeno a esso legati) rispetto agli altri atomi di carbonio (figura 2).

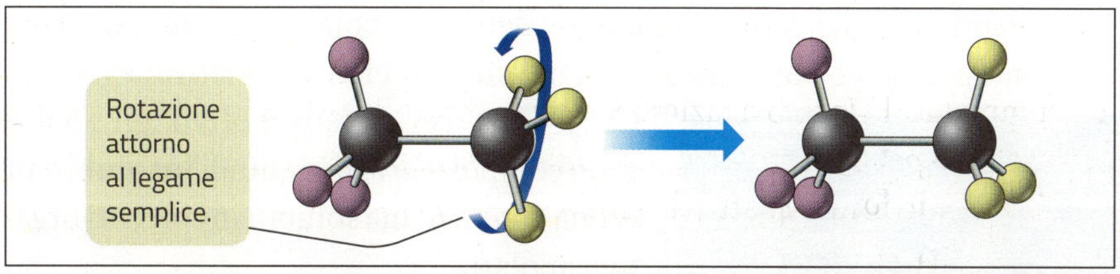

Figura 2 La rotazione attorno al legame principale Nella molecola dell'etano i due atomi di carbonio, legati con un legame semplice, possono ruotare liberamente l'uno rispetto all'altro.

Ne consegue che una molecola, pur conservando la stessa concatenazione di atomi di carbonio, assume diverse disposizioni (**conformazioni**) spaziali.

Si chiamano **isomeri conformazionali** o **conformeri** forme diverse della stessa molecola che si interconvertono per rotazione intorno a un legame semplice carbonio-carbonio.

I conformeri sono stereoisomeri con le stesse proprietà fisiche e chimiche che non possono essere separati perché si interconvertono molto velocemente. Si rappresentano con le *proiezioni di Newman* in cui gli atomi di carbonio si descrivono con una circonferenza e i legami carbonio-idrogeno con dei segmenti. I segmenti del carbonio anteriore partono dal centro della circonferenza, quelli del carbonio posteriore partono dalla circonferenza.

Prendiamo in esame le conformazioni *sfalsata* ed *eclissata* dell'etano (C_2H_6):

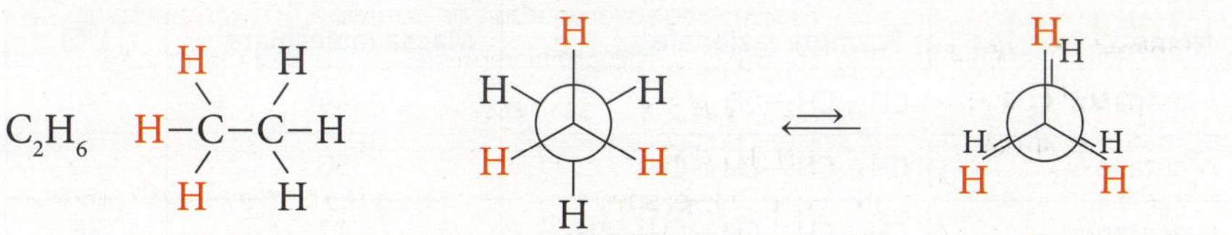

etano — conformazione sfalsata — conformazione eclissata

Nella conformazione sfalsata i legami carbonio-idrogeno dei due atomi di carbonio sono il più lontano possibile, in quella eclissata sono allineati. La conformazione sfalsata si può convertire in quella eclissata e viceversa ruotando di 60° un atomo di carbonio rispetto all'altro (figura 2).

Tra le due conformazioni esiste un numero molto elevato di altre conformazioni. La conformazione a minore contenuto energetico (e quindi più stabile) è quella sfalsata, per cui l'equilibrio (come evidenziato nella figura 3) è tutto spostato verso quest'ultima (per qualsiasi alcano, e non solo per l'etano).

Figura 3 Le conformazioni dell'etano Modelli molecolari della conformazione sfalsata ed eclissata dell'etano.

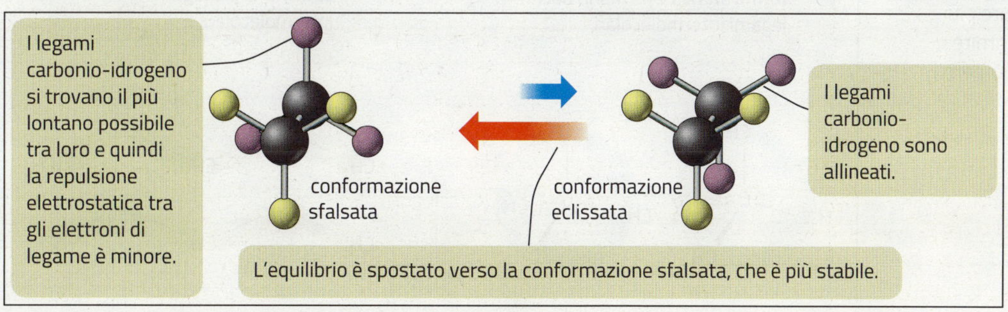

5 LE PROPRIETÀ FISICHE DEGLI ALCANI

A temperatura ambiente e a pressione ordinaria i primi quattro termini della serie degli alcani sono allo stato di gas, dal quinto al quindicesimo termine sono allo stato liquido, i termini superiori sono solidi.

I legami carbonio-carbonio sono covalenti omopolari e i legami carbonio-idrogeno sono poco polarizzati per la minima differenza di elettronegatività ($\Delta E_n = 0{,}3$). Per questo motivo, gli alcani sono composti *apolari* e quindi **insolubili** in acqua (figura **4**) ma solubili in solventi organici apolari.

Figura 4 L'insolubilità degli alcani Le tavole da surf sono rivestite da una miscela di alcani che sono insolubili in acqua e favoriscono l'adesione dei piedi alla tavola.

Dato che gli alcani sono costituiti da molecole apolari, le forze attrattive intermolecolari (*forze di London*) sono molto deboli e di conseguenza i *punti di ebollizione* sono bassi.

I punti di ebollizione negli alcani a *catena lineare* aumentano con l'aumentare della massa molecolare, mentre in quelli a *catena ramificata* con lo stesso numero di atomi di carbonio diminuiscono (tabella **4**) perché le molecole assumono una forma più compatta e quindi formano un minore numero di legami intermolecolari (figura **5**).

Tabella 4 **I punti di ebollizione di alcani a catena lineare e ramificata.**

Nome	Formula razionale	Massa molecolare	t_e (°C)
n-propano	$CH_3-CH_2-CH_3$	44	−45
n-butano	$CH_3-CH_2-CH_2-CH_3$	58	−1
n-pentano	$CH_3-CH_2-CH_2-CH_2-CH_3$	72	36
2,2-dimetilpropano	$C(CH_3)_4$: $CH_3-C(CH_3)_2-CH_3$	72	10

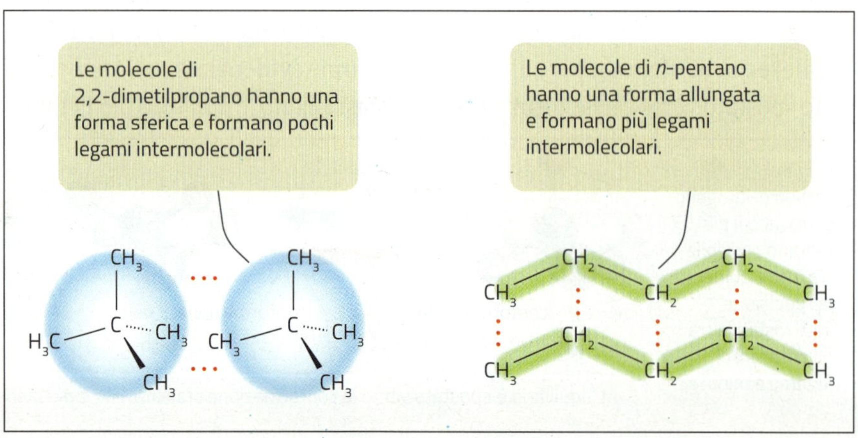

Figura 5 Le forze intermolecolari (forze di London) sono in maggior numero nel *n*-pentano rispetto al 2,2-dimetilpropano Il *n*-pentano quindi bolle a temperature più elevate perché si deve fornire maggiore energia per rompere i legami.

6 LE REAZIONI DEGLI ALCANI

Negli alcani i legami interatomici (carbonio-idrogeno e carbonio-carbonio) sono legami covalenti σ molto forti, per cui la loro scissione avviene difficilmente (figura **6**).

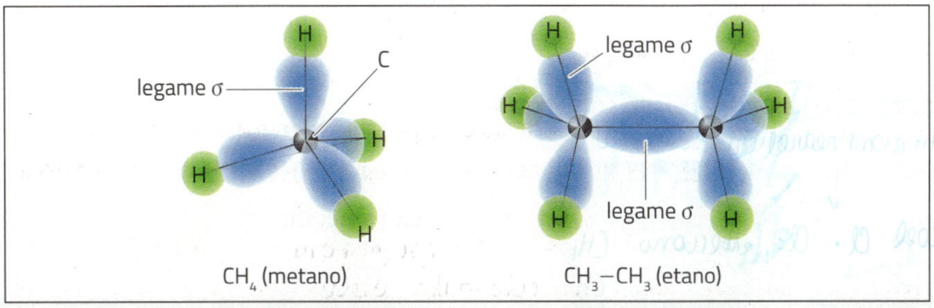

Figura 6 **Il legame carbonio-idrogeno nella molecola del metano e il legame carbonio-carbonio nella molecola dell'etano.**

Gli alcani sono quindi composti molto stabili e di conseguenza poco reattivi, da qui il nome paraffine (dal latino *parum affinis* = poco affini). Gli alcani reagiscono solo in particolari condizioni: per esempio, in eccesso di ossigeno o con alogeni sono possibili, rispettivamente, combustione (un tipo di ossidazione, figura **7**) e alogenazione.

Figura 7 **Il propano è un combustibile** Viene usato prevalentemente in bombole per usi domestici nelle aree non raggiunte da metanodotti o nei campeggi.

La reazione di combustione

La reazione di **combustione** è una reazione di ossido-riduzione fortemente esotermica che comporta la formazione di diossido di carbonio CO_2 e acqua. È rappresentata con la seguente equazione:

$$C_nH_{2n+2} + \frac{3n+1}{2}O_2 \longrightarrow n\,CO_2 + (n+1)H_2O \quad (-\Delta H)$$

La reazione di combustione del butano è la seguente:

$$C_4H_{10} + \frac{13}{2}O_2 \rightarrow 4CO_2 + 5H_2O \quad (-\Delta H)$$

Quando la reazione di combustione è condotta in difetto di ossigeno, l'alcano si ossida parzialmente e si produce monossido di carbonio CO, un gas velenoso inodore che è in grado di legarsi all'emoglobina al posto dell'ossigeno e causare la morte per anossia:

$$2CH_4 + 3O_2 \longrightarrow 2CO + 4H_2O$$

TI RICORDI?

Il ΔH (variazione di entalpia) corrisponde alla quantità di calore scambiato con l'ambiente. Il valore del ΔH in una reazione esotermica è negativo.

PER SAPERNE DI PIÙ

Il cracking

Il cracking è un processo usato nella raffinazione del petrolio per rompere le lunghe catene carboniose dei gasoli pesanti.

Si usano elevate temperature (cracking termico) e in molti casi catalizzatori a base di allumina (cracking catalitico). Le due reazioni principali che si verificano sono:

- la rottura dei legami carbonio-carbonio, con produzione di idrocarburi a più bassa massa molecolare;
- la deidrogenazione (eliminazione di H2) con formazione di alcheni e idrocarburi aromatici:

$$R{-}CH_2{-}CH_2{-}R \rightarrow R{-}CH{=}CH{-}R + H_2$$

Quest'ultima reazione è un'ossidazione del carbonio ed è uno dei principali processi industriale di produzione di idrocarburi insaturi.

CBr_4 TETRABROMURO DI CARBONIO

$Br_2 \rightarrow 2Br\cdot$

$CH_4 + Br\cdot \rightarrow CH_3\cdot + HBr$

$CH_3\cdot + Br\cdot \rightarrow CH_3Br$

$CH_3Br + Br\cdot \rightarrow CH_2Br\cdot + HBr$

$CH_2Br\cdot + Br\cdot \rightarrow CH_2Br_2$

La reazione di alogenazione

La reazione di **alogenazione** avviene in presenza di luce (radiazioni UV) o fornendo calore e porta alla formazione di un alogenuro alchilico e di un acido alogenidrico. La reazione è rappresentata dalla seguente equazione:

$$R - H + X_2 \xrightarrow{\text{luce o calore}} R - X + HX \quad (X_2 = F_2, Cl_2, Br_2)$$

La reazione di alogenazione del metano CH_4 con il cloro Cl_2 (reazione di clorurazione) si rappresenta con l'equazione:

sostituzione radicalica = sostituisco H dell'alcano con alogeno 7° gruppo

$$CH_3{-}H + Cl_2 \longrightarrow CH_3{-}Cl + HCl$$

clorometano

↓ scissione omologa $Cl\cdot$ $Cl\cdot$ attaccano $CH_4 + Cl\cdot \rightarrow CH_3\cdot + HCl$

$CH_3\cdot + Cl_2 \rightarrow Cl\cdot + CH_3Cl$

CHIMICA VERDE

Biodiesel: un combustibile da fonti rinnovabili

Il 10 agosto 1893 venne messo in funzione il primo modello di **motore diesel** progettato dall'omonimo ingegnere Rudolf Diesel (1858-1913). Per ricordare questa scoperta importante, il 10 agosto è stata dichiarata la «Giornata mondiale del biodiesel». A differenza dei motori a scoppio in cui l'accensione della miscela combustibile-comburente viene innescata da una scarica elettrica, il motore diesel è in grado di funzionare senza innesco. La particolarità di questa tecnologia è che sfrutta la compressione dei gas per raggiungere la temperatura di autoignizione: raggiunta questa temperatura, il combustibile inizia a bruciare spontaneamente in presenza di aria. Mentre i motori a scoppio funzionano a benzina, i motori diesel funzionano a **gasolio**, cioè sono necessari due carburanti che derivano da frazioni del petrolio.

Oli vegetali e *Green Chemistry*

I motori diesel muovono oggi centinaia di milioni di automobili, treni e navi nel mondo. Se tutti noi siamo a conoscenza dell'invenzione geniale di Diesel, in pochi sanno che il suo primo prototipo fu ideato per funzionare con olio di arachide. Nel 1912 l'ingegnere pronunciò queste parole: «L'uso degli oli vegetali come carburanti per i motori può sembrare insignificante oggi, ma tali oli, col passare del tempo, possono diventare altrettanto importanti quanto il petrolio e il carbone; la forza motrice potrà essere ottenuta col calore del Sole anche quando le riserve dei combustibili liquidi e solidi saranno esaurite».

Queste parole profetiche dimostrano come già un secolo fa si prospettasse il problema dell'esaurimento delle risorse energetiche.

Alla fine dell'Ottocento diversi scienziati avevano individuato nell'energia solare una fonte rinnovabile e inesauribile. Ma soltanto negli anni Novanta del secolo scorso questi principi sono confluiti nei punti chiave della **Chimica verde** (*Green Chemistry*). Questa nuova concezione della chimica si fonda sull'intento di sviluppare processi, tecnologie e prodotti che siano sostenibili a livello ambientale, energetico ed economico. La tutela degli esseri viventi, dell'ambiente e delle sue risorse hanno dato il via a moltissime ricerche scientifiche, tra cui appunto lo studio di combustibili alternativi alle fonti fossili.

Un biocarburante sostenibile

L'utilizzo degli oli vegetali è stato fortemente rivalutato negli ultimi anni.

Come biocombustibili, infatti, presentano diversi vantaggi:

1. permettono di ridurre la dipendenza dal petrolio;
2. sono una risorsa rinnovabile: si formano tramite il ciclo vitale delle piante;
3. la loro combustione riduce le emissioni di anidride carbonica perché derivano da fonti vegetali che nel successivo ciclo di crescita possono fissare il gas serra prodotto dalla combustione attraverso la fotosintesi;
4. riducono le emissioni di inquinanti;
5. sono liquidi a temperatura ambiente e facilmente disponibili;
6. hanno un elevato potere calorifico (energia prodotta dalla combustione per unità di massa, MJ/kg).

Nonostante le loro potenzialità, diversi studi hanno però dimostrato che gli oli vegetali non possono essere usati tal quali. A differenza del comune gasolio, infatti, essi hanno una viscosità molto elevata che provoca, soprattutto alle basse temperature, la formazione di depositi che causano guasti al sistema di iniezione del motore.

Biodiesel e sostenibilità

Il biodiesel è nato con l'intento di unire i vantaggi degli oli vegetali alla necessità di renderli utilizzabili per i motori diesel. Si è scoperto che, trattando gli oli vegetali con sostanze come l'alcol, è possibile ottenere molecole con caratteristiche chimico-fisiche simili a quelle del diesel, cioè un **biodiesel**.

Per riuscire a produrre un combustibile sostenibile non è però

L'alogenazione degli alcani avviene con un meccanismo di *sostituzione radicalica* (meccanismo che coinvolge la formazione di radicali), in cui un atomo di idrogeno dell'alcano è sostituito da un atomo di alogeno.
In eccesso di cloro, tutti gli atomi di idrogeno del metano possono essere sostituiti con formazione di derivati polialogenati:

A COLPO D'OCCHIO

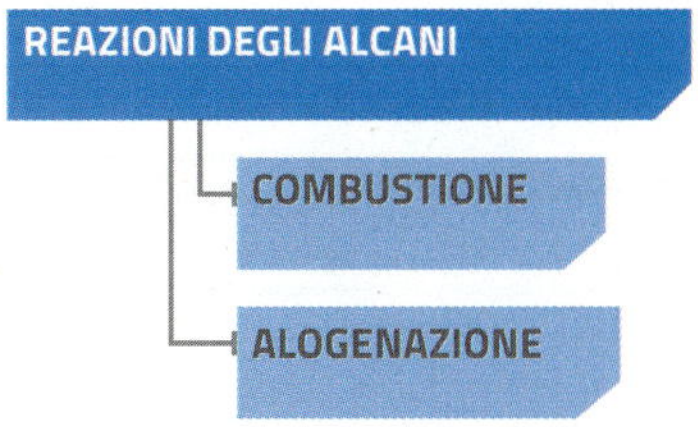

$CH_3Cl + Cl_2 \longrightarrow CH_2Cl_2 + HCl$ diclorometano

$CH_2Cl_2 + Cl_2 \longrightarrow CHCl_3 + HCl$ triclorometano o cloroformio

$CHCl_3 + Cl_2 \longrightarrow CCl_4 + HCl$ tetraclorometano o tetracloruro di carbonio

sufficiente che derivi da fonti rinnovabili. Nella produzione del biodiesel si è scelto di utilizzare oli vegetali esausti oppure oli non edibili: in questo modo non si entra in competizione con le coltivazioni destinate all'industria alimentare e si riesce a valorizzare un prodotto di scarto.

Il biodiesel può essere prodotto a partire da oli diversi: colza, palma, soia, noce di cocco, lino, canapa, girasole, arachide, anche se quelli più utilizzati sono i primi tre. A seconda del territorio ci può essere un olio più conveniente di un altro (figura).

Tenendo conto di questi fattori, la produzione del biodiesel diventa una via sostenibile in una specifica realtà geografica. Vi è però ancora tanto da fare per riuscire a mettere sul mercato biocombustibili che siano competitivi con i combustibili fossili. Ma attraverso la sinergia tra ricerca e politiche sostenibili, il futuro a cui guardava Diesel potrà diventare presto realtà. Si considera inoltre che il 10% del greggio viene utilizzato per produrre i «mattoni» (*building blocks*) dell'industria chimica, ovvero le molecole di base da cui vengono prodotti tantissimi beni di consumi. Il superamento della dipendenza dal petrolio, quindi, non è solo una sfida energetica ma culturale: il futuro della chimica è quello di cercare strade alternative per la produzione di *building blocks* e di *fuels* (combustibili) che siano sostenibili a livello economico e ambientale.

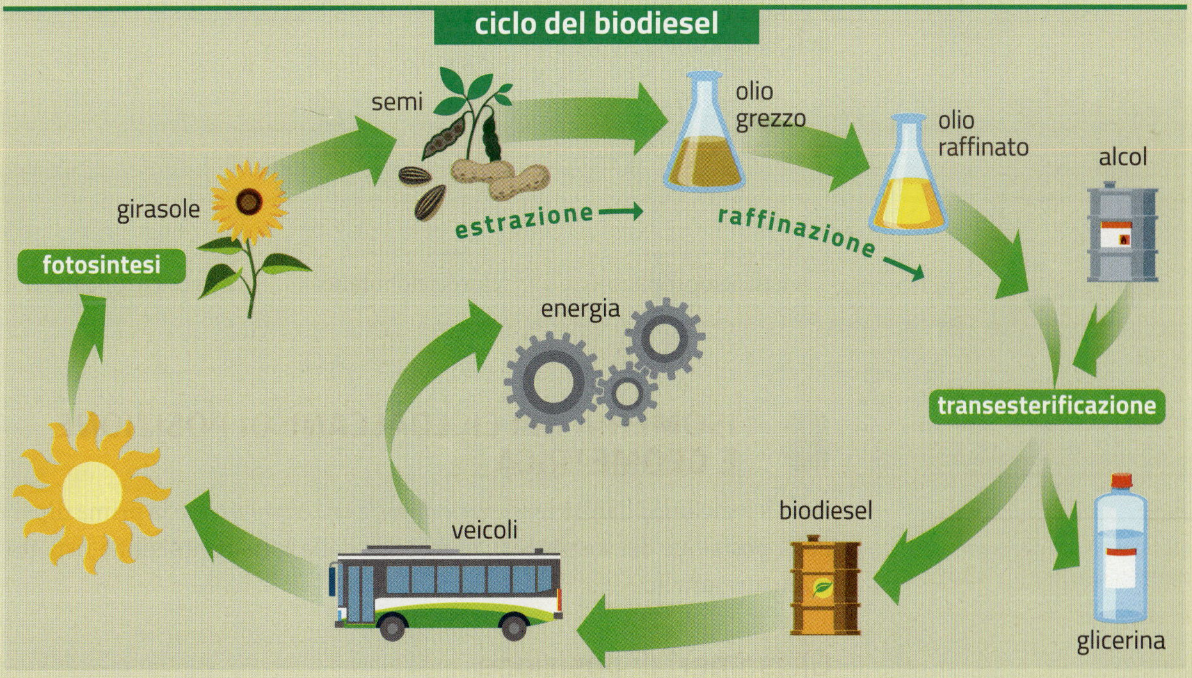

Figura Il ciclo del biodiesel.

7 LA FORMULA MOLECOLARE E LA NOMENCLATURA DEI CICLOALCANI

I cicloalcani sono idrocarburi alifatici a catena chiusa, ai quali corrisponde la **formula molecolare** generale (in cui il numero di atomi di carbonio, *n*, è ≥ 3):

$$C_nH_{2n}$$

Il **nome** dei cicloalcani secondo le regole IUPAC è costituito dal prefisso *ciclo-* e dal nome dell'*n-alcano* avente lo stesso numero di atomi di carbonio:

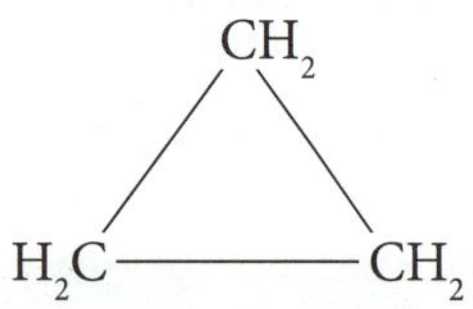

ciclopropano

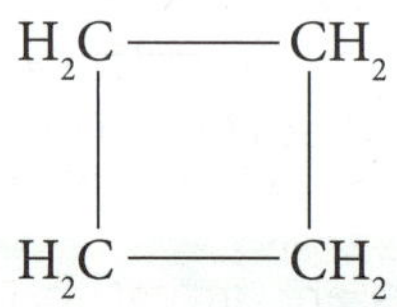

ciclobutano

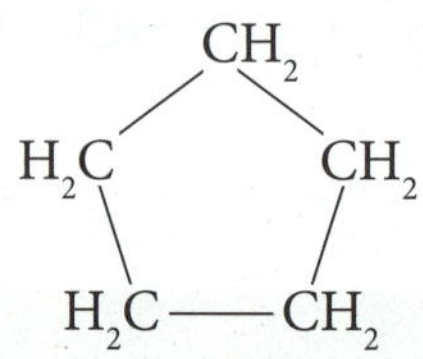

ciclopentano

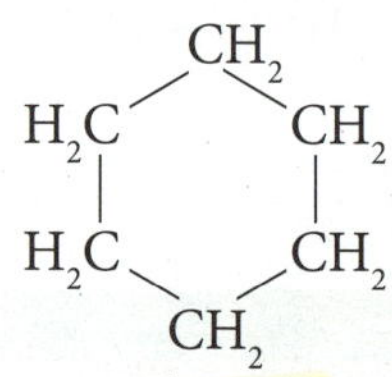

cicloesano

Le formule razionali, tuttavia, possono essere sostituite, per semplificare, dalle *formule topologiche* costituite da poligoni regolari i cui vertici corrispondono ai gruppi CH_2:

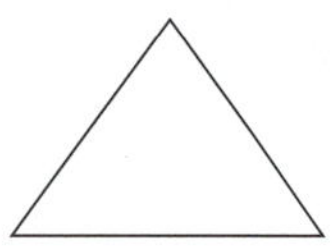
ciclopropano

ciclobutano

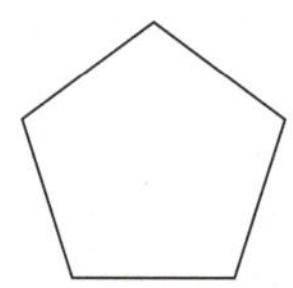
ciclopentano

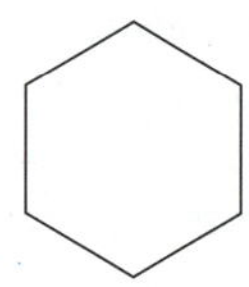
cicloesano

Nelle molecole dei cicloalcani gli atomi di idrogeno possono essere sostituiti con gruppi alchilici o alogeni. In tal caso il nome del sostituente *precede* quello del cicloalcano:

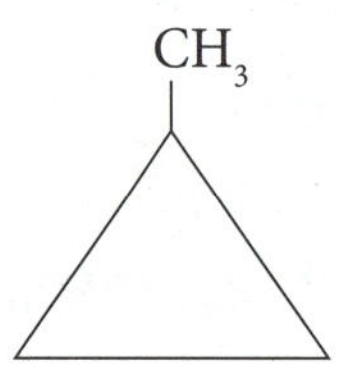

metilciclopropano

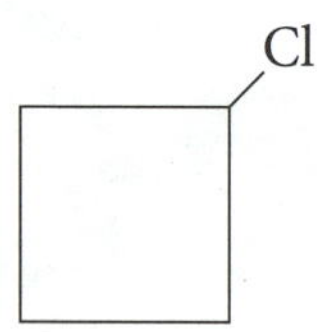

clorociclobutano

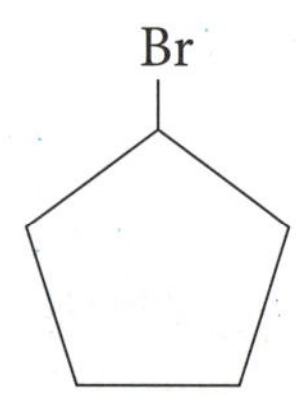

bromociclopentano

8 ISOMERIA NEI CICLOALCANI: DI POSIZIONE E GEOMETRICA

Nei cicloalcani si hanno le *isomerie di posizione* e *geometrica*: la prima dipende dalla posizione dei sostituenti, la seconda dalla loro disposizione rispetto al piano dell'anello.

Gli isomeri di posizione

Un cicloalcano con due o più sostituenti può presentare isomeria di posizione. In tal caso si devono numerare gli atomi di carbonio dell'anello partendo dall'atomo di carbonio che permette di utilizzare i *numeri più piccoli* in corrispondenza dei sostituenti. La numerazione deve sempre iniziare da un atomo di carbonio in cui è presente un *sostituente*:

a. se i sostituenti sono *uguali*, il nome deve essere preceduto dai prefissi *di-*, *tri-*, *tetra-*:

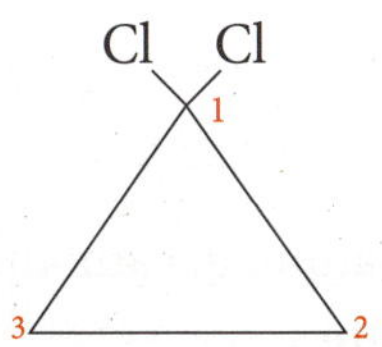

1,1-diclorociclopropano

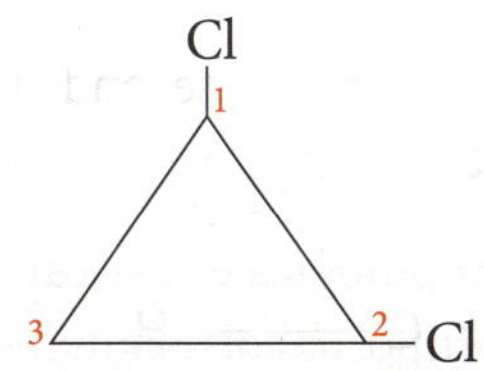

1,2-diclorociclopropano

b. se i sostituenti sono *diversi*, i nomi devono essere indicati in ordine alfabetico:

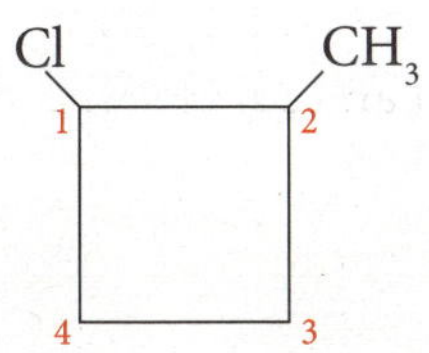

1-cloro-2-metilciclobutano

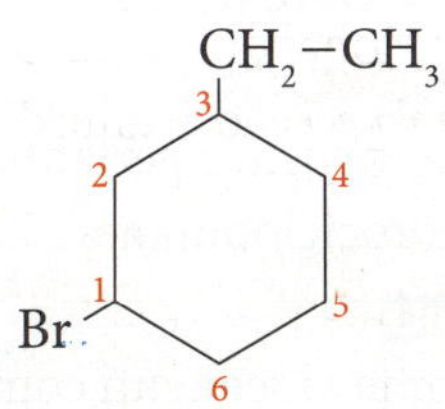

1-bromo-3-etilcicloesano

Gli isomeri geometrici

I cicloalcani con due sostituenti uguali presentano anche l'isomeria geometrica. Infatti, i sostituenti possono trovarsi dalla stessa parte (*cis*) o dalla parte opposta (*trans*) rispetto al piano dell'anello. Nell'1,2-dimetilciclopentano i due isomeri differiscono per la disposizione dei due gruppi metilici CH_3:

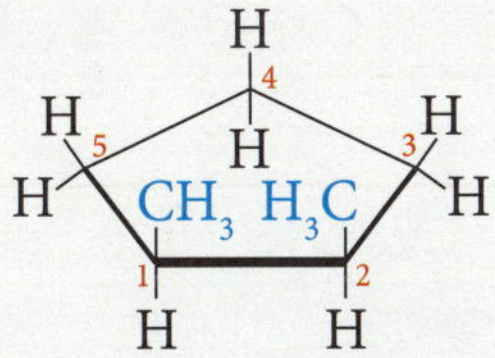

cis-1,2-dimetilciclopentano
(t_e = 99 °C)

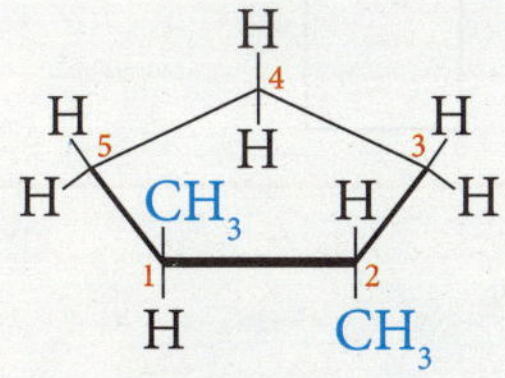

trans-1,2-dimetilciclopentano
(t_e = 92 °C)

I due isomeri *cis* e *trans* sono composti diversi, in quanto hanno proprietà fisiche (temperatura di ebollizione) e chimiche diverse e *non si possono interconvertire* l'uno nell'altro per rotazione intorno al legame semplice carbonio-carbonio (come fanno invece gli isomeri conformazionali degli alcani) perché la struttura ciclica lo impedisce. Gli isomeri geometrici hanno anche attività biologica diversa: una molecola con due gruppi attivi in *cis* interagirà con un enzima o un recettore cellulare in modo diverso rispetto all'isomero *trans*.

PROBLEMA MODELLO

Nominare i cicloalcani

Assegna il nome al seguente composto:

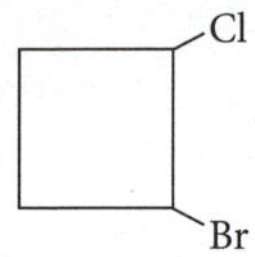

L'IDEA

La formula topologica è costituita da quattro atomi di carbonio e quindi il nome del composto corrisponde al **ciclobutano**.

LA SOLUZIONE

La numerazione dell'anello deve iniziare da un atomo di carbonio in cui è presente un **sostituente**, utilizzando i numeri più piccoli in corrispondenza dei sostituenti, e indicandoli in ordine alfabetico: quindi il bromo è in posizione 1 e il cloro in posizione 2.

LA CONCLUSIONE

Il nome del composto è pertanto il seguente:
1-bromo-2-clorociclobutano

PROBLEMA SIMILE

Assegna il nome ai seguenti composti:

a. 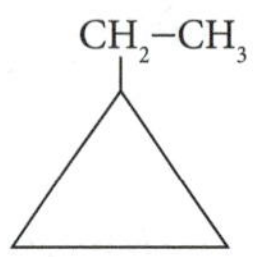

b. 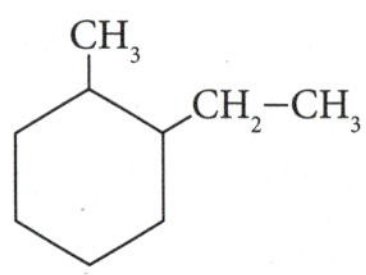

c. 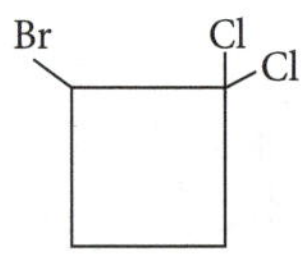

9 LE PROPRIETÀ FISICHE E LA CONFORMAZIONE DEI CICLOALCANI

Le proprietà fisiche

A temperatura ambiente e a pressione ordinaria, i primi due termini della serie (ciclopropano e ciclobutano) sono allo stato di gas, i termini fino al ciclodecano sono allo stato liquido, i termini successivi sono allo stato solido.
I cicloalcani sono composti *apolari* e quindi:

- **insolubili** in acqua (ma solubili in solventi organici apolari),
- con **bassi punti di ebollizione** (leggermente superiori a quelli degli alcani) che aumentano con l'aumentare della massa molecolare.

LE PAROLE

Si dice **apolare** (dal greco: *a* = alfa privativo = senza e *pólos* = perno) un composto chimico che, non presentando separazione di cariche elettriche, è idrofobico ovvero non ha affinità con l'acqua.

La conformazione: disposizione spaziale delle molecole

Gli atomi di carbonio dei cicloalcani sono ibridati sp^3 e quindi formano quattro legami covalenti σ che dovrebbero assumere disposizione tetraedrica con angoli di legame di 109,5°. Tuttavia, relativamente alla loro disposizione spaziale (conformazione), si deve precisare che:

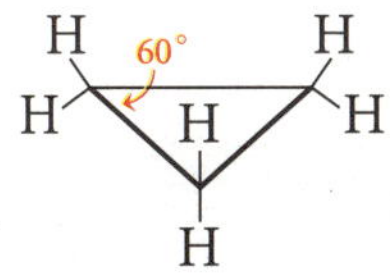

ciclopropano

a. il *ciclopropano*, avendo tre atomi di carbonio, assume una disposizione planare con formazione di angoli di legame di 60° e quindi molto minori dell'angolo tetraedrico di 109,5°.

b. il *ciclobutano* e il *ciclopentano* non hanno una conformazione planare, ma leggermente ripiegata. Gli atomi di carbonio si dispongono infatti nello spazio a formare angoli di legame rispettivamente di 88°, valore molto minore rispetto all'angolo tetraedrico, e 105°, valore circa uguale all'angolo tetraedrico:

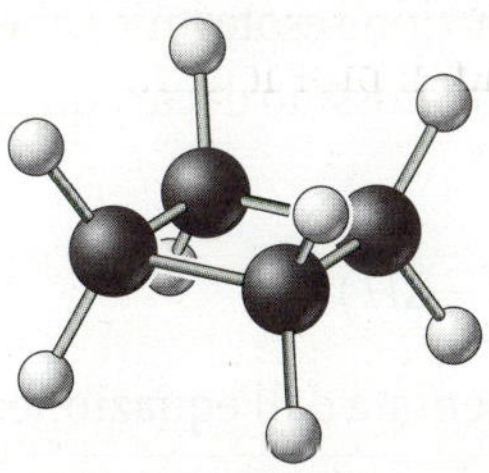

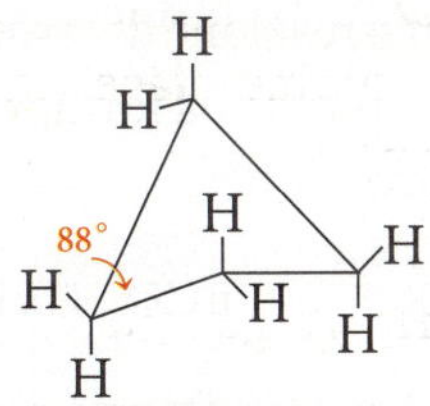

ciclobutano

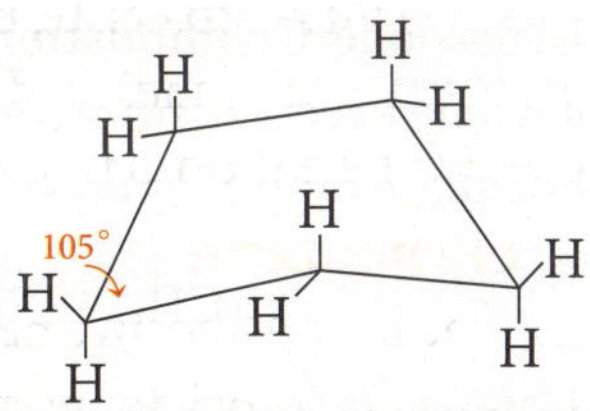

ciclopentano

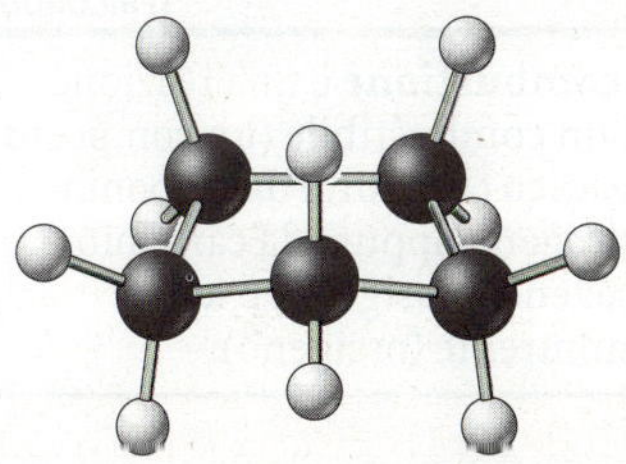

c. il *cicloesano* non ha una disposizione planare con angoli di 120°. Il ripiegamento consente infatti alla molecola di assumere due conformazioni spaziali differenti: **a sedia** e **a barca**, nelle quali gli atomi di carbonio formano angoli di legame di 109,5°, valore uguale all'angolo tetraedrico.

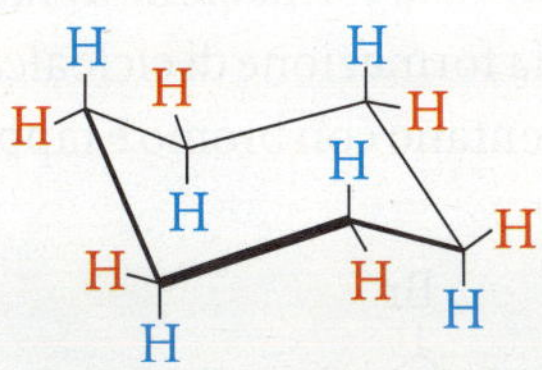

conformazione a sedia

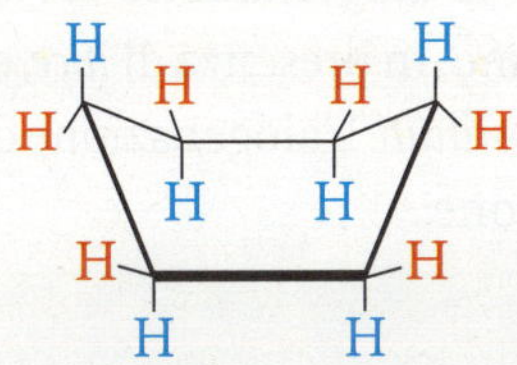

conformazione a barca

Nella conformazione a sedia gli atomi di idrogeno del cicloesano sono di due tipi: *assiali* ed *equatoriali*. Dei sei atomi assiali, tre si trovano al di sopra e tre al di sotto del piano dell'anello, mentre i sei atomi equatoriali si trovano tutti sul piano dell'anello (**figura 8**): in questo modo le repulsioni sono minime e la struttura è stabile.

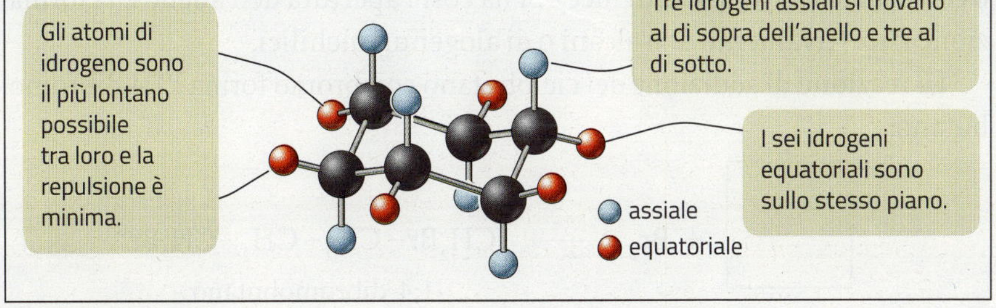

Figura 8 La conformazione a sedia del cicloesano È visibile la disposizione degli idrogeni assiali ed equatoriali.

10 LE REAZIONI DEI CICLOALCANI

I cicloalcani sono composti stabili e poco reattivi con comportamento chimico simile a quello degli alcani, per cui le principali reazioni sono di *combustione* e di *alogenazione*.

Una reattività più elevata si verifica solo nei primi due termini della serie (ciclopropano e ciclobutano) ed è da mettere in relazione con gli angoli di legame tra gli atomi di carbonio, i cui valori di 60° nel ciclopropano e di 88° nel ciclobutano sono ben lontani dal valore dell'angolo tetraedrico di 109,5°; di conseguenza gli orbitali ibridi sp^3 si sovrappongono solo parzialmente, formando legami con una elevata **tensione angolare**: ciò conferisce instabilità al ciclopropano e al ciclobutano i quali danno pertanto reazioni di addizione.

PER VEDERE LE REAZIONI
video *LabOr.*
Alcani e cicloalcani

La reazione di combustione

La reazione di **combustione**, una reazione di ossido-riduzione esotermica che avviene in eccesso di ossigeno e porta alla formazione di diossido di carbonio e acqua, è rappresentata dall'equazione:

$$(CH_2)_n + \frac{3}{2}nO_2 \longrightarrow nCO_2 + nH_2O\,(-\Delta H)$$

La reazione di combustione del ciclopentano è rappresentata dall'equazione:

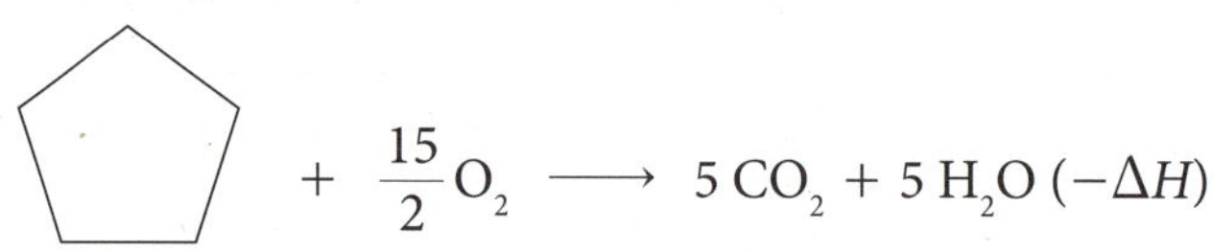

TI RICORDI?
La **combustione** è una reazione tra un combustibile (un composto organico costituito da carbonio e idrogeno oppure da carbonio, idrogeno e ossigeno) e un comburente (ossigeno).

A COLPO D'OCCHIO

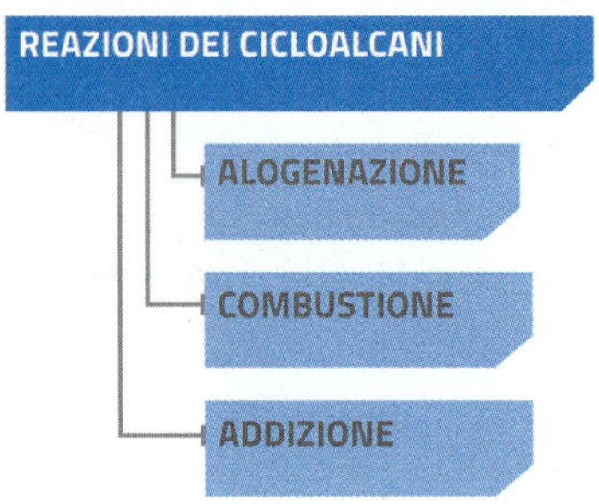

La reazione di alogenazione

La reazione di **alogenazione** avviene mediante la formazione di radicali con cloro o bromo, in presenza di *luce*, e porta alla formazione di cicloalcani alogenati *monosostituiti*. L'alogenazione del ciclopentano con bromo è rappresentata dall'equazione:

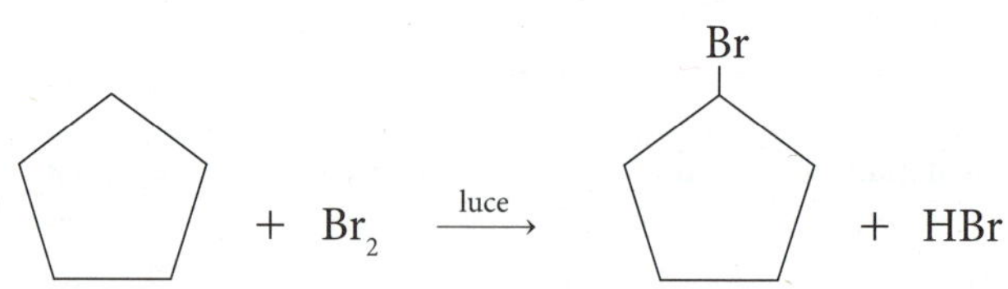

ciclopentano — bromociclopentano

La reazione di addizione

La reazione di **addizione** si verifica solo con il ciclopropano o il ciclobutano, che reagiscono con idrogeno molecolare (in presenza di un catalizzatore, Pt) o con bromo (in presenza di luce). Si ha così l'apertura dell'anello e la formazione rispettivamente di *n*-alcani o di alogenuri alchilici.

La reazione di addizione del ciclobutano con bromo forma l'1,4-dibromobutano:

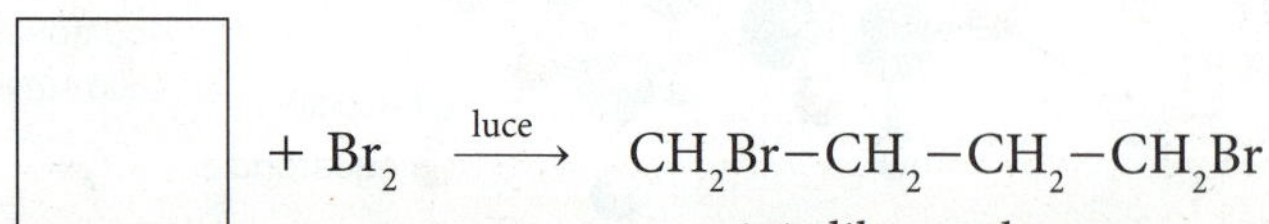

1,4-dibromobutano

TI RICORDI?
Il **catalizzatore** è una specie chimica che, aggiunta ai reagenti di una reazione chimica, aumenta la velocità di reazione, abbassando l'energia di attivazione.

11 NEGLI ALCHENI IL CARBONIO È IBRIDATO sp^2

Gli **alcheni** o **olefine** sono idrocarburi alifatici a catena aperta, insaturi per la presenza di un doppio legame carbonio-carbonio.

Negli alcheni, gli atomi di carbonio del doppio legame sono *ibridati* sp^2. L'atomo di carbonio al momento del legame con altri tre atomi, combina il suo orbitale *s* con due dei suoi orbitali *p* (ibridazione). Si formano tre orbitali ibridi sp^2 contenenti ciascuno un elettrone.

TI RICORDI?

La **forma degli orbitali atomici** è determinata dal numero quantico secondario *l*: per *l* = 0 l'orbitale è di tipo *s*, per *l* = 1 l'orbitale è di tipo *p*.

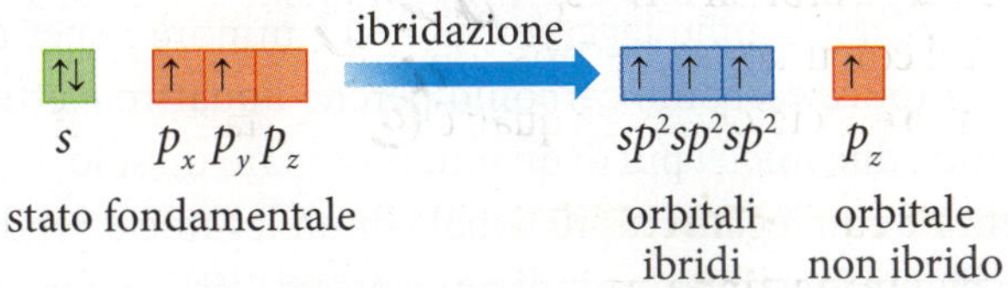

I tre orbitali ibridi sp^2 si dispongono sullo stesso piano e si orientano in direzione dei vertici di un triangolo equilatero (disposizione **planare triangolare**). Gli orbitali ibridi sp^2 formano angoli di 120° rispetto al nucleo che si trova al centro del triangolo. L'orbitale atomico non ibrido *p* contiene un elettrone e si dispone perpendicolarmente al piano dei tre orbitali ibridi sp^2 (figura 9)

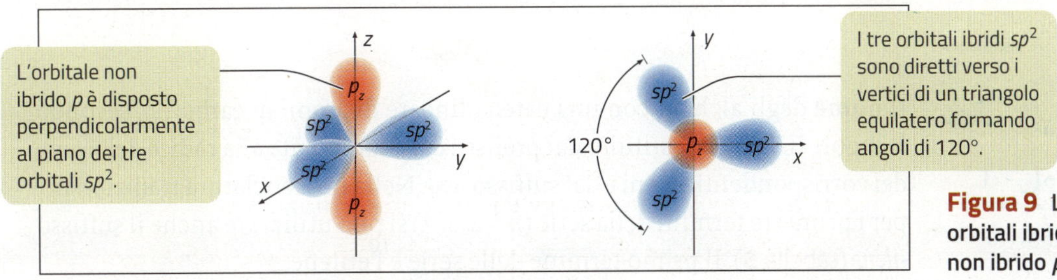

Figura 9 L'orientamento degli orbitali ibridi sp^2 e dell'orbitale non ibrido *p*.

Quando due atomi di carbonio ibridati sp^2 si legano tra loro, si ha la sovrapposizione frontale di due orbitali ibridi sp^2 di ciascun atomo con formazione di un *legame* σ, forte e stabile. Tra i due orbitali non ibridi *p* si ha una sovrapposizione laterale e la formazione di un *legame* π, debole e reattivo: i due atomi di carbonio risultano in tal modo legati da un doppio legame (uno σ e uno π).

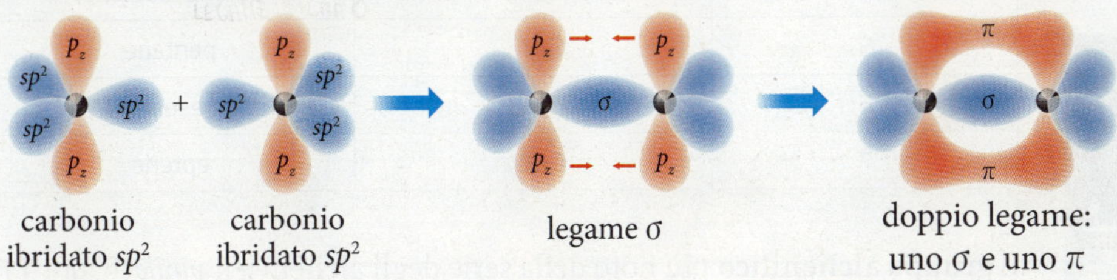

Il doppio legame tra due atomi di carbonio implica tre importanti conseguenze:

- la libera *rotazione non può avvenire*, a differenza di quanto accade nel legame semplice. La rotazione comporterebbe la rottura del legame π che richiederebbe più energia di quella disponibile a temperatura ambiente (figura **10**);

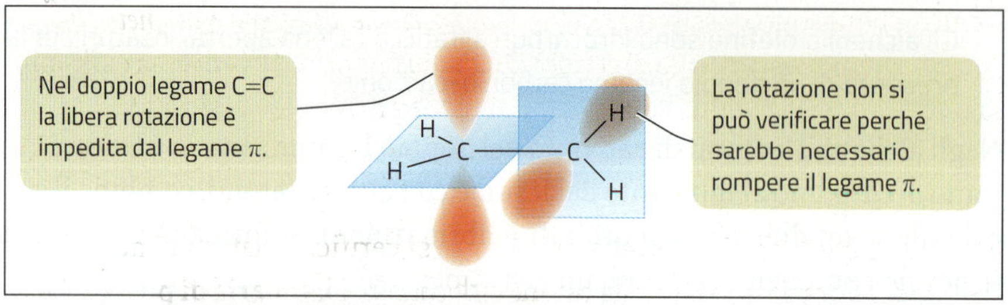

Figura 10 **Il doppio legame C=C e il legame π**

- la lunghezza del doppio legame (1,34 Å) è minore rispetto a quella del legame semplice carbonio-carbonio perché i quattro elettroni condivisi avvicinano i due nuclei più di quanto possa fare un solo doppietto;
- la presenza di un legame π più debole di un legame σ rende la molecola maggiormente instabile e quindi più reattiva.

12 LA FORMULA MOLECOLARE E LA NOMENCLATURA DEGLI ALCHENI

Agli alcheni corrisponde la **formula molecolare** generale (in cui il numero di atomi di carbonio, *n*, è ≥ 2):

$$C_nH_{2n}$$

Il **nome** degli alcheni con una catena lineare di atomi di carbonio, secondo le regole IUPAC, è costituito dal prefisso corrispondente alla radice del nome dei corrispondenti alcani e dal suffisso *-ene*. Nella nomenclatura tradizionale, per i primi tre termini della serie ($n = 2, 3, 4$) si può utilizzare anche il suffisso *-ilene* (tabella **5**). Il primo termine delle serie è l'etilene.

Tabella 5 **Gli alcheni** La formula molecolare e il nome dei primi sei termini della serie degli alcheni.

n	Formula molecolare	Nome
2	C_2H_4	etene (etilene)
3	C_3H_6	propene (propilene)
4	C_4H_8	butene (butilene)
5	C_5H_{10}	pentene
6	C_6H_{12}	esene
7	C_7H_{14}	eptene

Il **gruppo alchenilico** più noto della serie degli alcheni è il *vinile* (figura **11**), gruppo atomico con un atomo idrogeno in meno rispetto all'etilene.

$$-CH{=}CH_2$$

vinile

Gli alcheni a catena lineare costituiscono una *serie omologa.*

Figura 11 **Il radicale vinile** Con il cloruro di vinile ($CH_2{=}CHCl$) sono prodotti dischi musicali chiamati anche «vinili».

13 L'ISOMERIA NEGLI ALCHENI: DI POSIZIONE, DI CATENA E GEOMETRICA

Negli alcheni sono possibili le *isomerie di posizione, di catena* e *geometrica.*

I diversi tipi di isomeria dipendono dalla lunghezza della catena carboniosa e dalla posizione nella catena del doppio legame e dei sostituenti.

Gli isomeri di posizione

A partire dal terzo termine della serie ($n = 4$) si verifica, relativamente alla posizione del doppio legame nella catena carboniosa, l'**isomeria di posizione**: in tal caso il nome dell'alchene deve essere preceduto da un numero che indica la posizione del doppio legame, tenendo presente che la numerazione della catena carboniosa deve iniziare dall'estremità più vicina al doppio legame. Per l'esene (C_6H_{12}) esistono tre isomeri di posizione:

$\overset{1}{C}H_2{=}\overset{2}{C}H{-}\overset{3}{C}H_2{-}\overset{4}{C}H_2{-}\overset{5}{C}H_2{-}\overset{6}{C}H_3$
1-esene

$\overset{1}{C}H_3{-}\overset{2}{C}H{=}\overset{3}{C}H{-}\overset{4}{C}H_2{-}\overset{5}{C}H_2{-}\overset{6}{C}H_3$
2-esene

$\overset{1}{C}H_3{-}\overset{2}{C}H_2{-}\overset{3}{C}H{=}\overset{4}{C}H{-}\overset{5}{C}H_2{-}\overset{6}{C}H_3$
3-esene

Gli isomeri di catena

Quando il numero di atomi di carbonio è maggiore o uguale a quattro, è possibile l'**isomeria di catena**. In tal caso per assegnare il nome al composto si deve individuare la *catena carboniosa più lunga contenente il doppio legame* e si deve numerare la catena partendo dall'estremità che permette di utilizzare il numero più piccolo per la posizione del doppio legame:

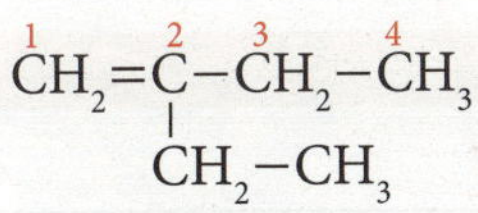
2-etil-1-butene

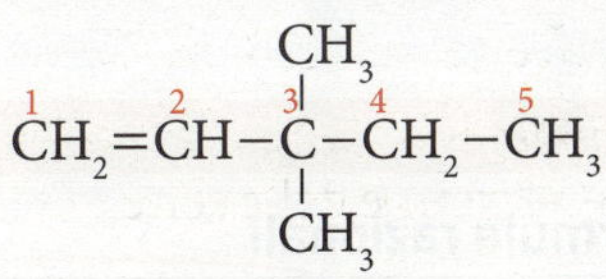
3,3-dimetil-1-pentene

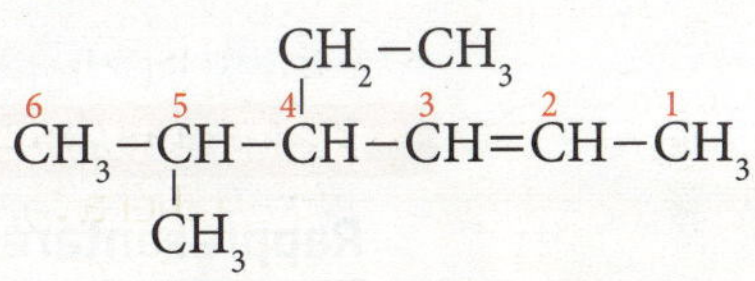
4-etil-5-metil-2-esene

Se il doppio legame è equidistante dalle due estremità della catena, la numerazione deve iniziare dall'estremità *più vicina al primo sostituente*:

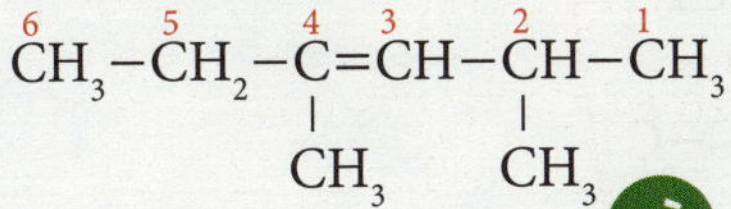
2,4-dimetil-3-esene SÌ

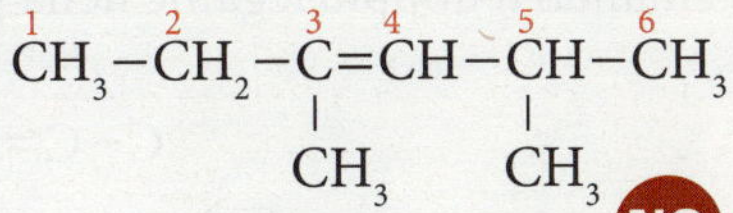
3,5-dimetil-3-esene NO

Gli isomeri geometrici

Gli atomi di carbonio del doppio legame non possono ruotare l'uno rispetto all'altro. Quando entrambi gli atomi di carbonio del doppio legame sono legati a due atomi o due gruppi atomici diversi dall'atomo di idrogeno (alcheni disostituiti) si ha l'**isomeria geometrica**. In tal caso i nomi dei due isomeri sono preceduti dai prefissi *cis-* o *trans-* a seconda che i due sostituenti si trovino dalla stessa parte o da parte opposta rispetto al doppio legame (figura **12**).

Figura 12 **I modelli molecolari degli isomeri geometrici del 2-butene** L'isomero *cis* ha i due gruppi metilici CH_3 dalla stessa parte, l'isomero *trans* da parte opposta.

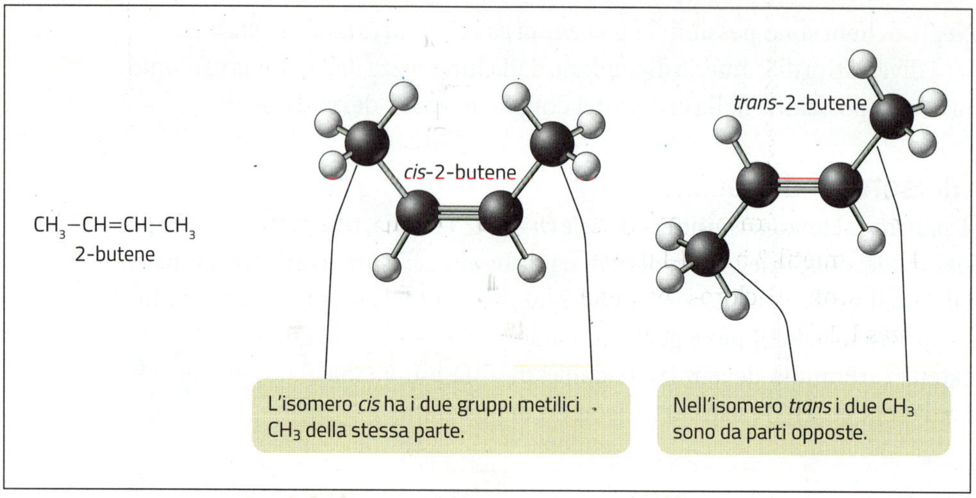

Gli isomeri geometrici del 2-pentene sono così rappresentati:

$CH_3-CH=CH-CH_2-CH_3$

2-pentene

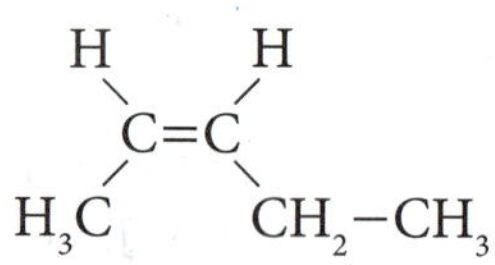

cis-2-pentene

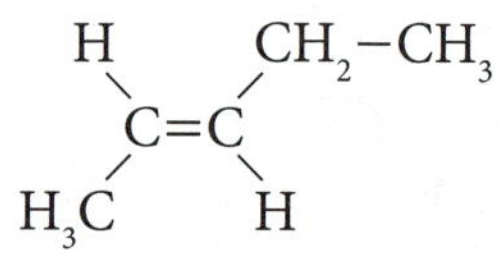

trans-2-pentene

Gli isomeri geometrici non sono interconvertibili spontaneamente e avendo proprietà fisiche e chimiche diverse possono essere separati l'uno dall'altro.

PROBLEMA MODELLO

Rappresentare le formule razionali

Rappresenta la formula razionale del seguente composto:

5,5-dicloro-4-metil-2-esene

LA SOLUZIONE

Il prefisso *es-* indica sei atomi di carbonio e la desinenza -ene un doppio legame; rappresentiamo quindi la catena carboniosa corrispondente sistemando il doppio legame nella posizione 2:

$$\overset{1}{C}-\overset{2}{C}=\overset{3}{C}-\overset{4}{C}-\overset{5}{C}-\overset{6}{C}$$

Aggiungiamo i **sostituenti**, i due atomi di cloro e il gruppo metile, rispettivamente nelle posizioni 5 e 4:

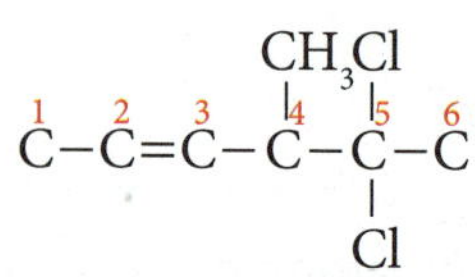

Completiamo la formula del composto aggiungendo l'esatto **numero di atomi di idrogeno**, tenendo presente che ogni atomo di carbonio forma **quattro legami**.

LA CONCLUSIONE

La formula razionale del composto è quindi:

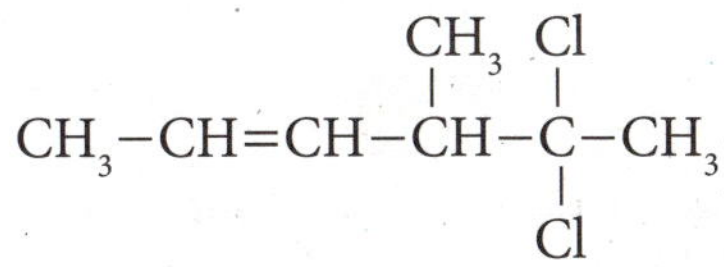

PROBLEMA SIMILE

Rappresenta le formule razionali dei seguenti composti:

a. 4-etil-5-metil-2-propil-1-esene
b. 4,4-dibromo-2-cloro-2-pentene
c. *trans*-1,2-dibromopropene

ACIDO DI LEWIS accetta elettroni

14 LE PROPRIETÀ FISICHE E LA REATTIVITÀ DEGLI ALCHENI

Proprietà fisiche

A temperatura ambiente e a pressione ordinaria i primi tre termini della serie degli alcheni sono allo stato di gas; dal quarto al sedicesimo termine gli alcheni sono allo stato liquido; i termini superiori sono allo stato solido.

Le molecole degli alcheni sono apolari, di conseguenza questi composti sono insolubili in acqua e hanno punti di ebollizione bassi, molto simili a quelli dei corrispondenti alcani, perché i legami intermolecolari (forze di London) sono molto deboli.

Reattività: combustione e addizione al doppio legame

Gli alcheni possono dare reazione di combustione, che è una reazione comune a tutti gli idrocarburi. La reattività specifica degli alcheni è legata alla presenza del doppio legame tra i due atomi di carbonio ibridati sp^2 (figura 13).

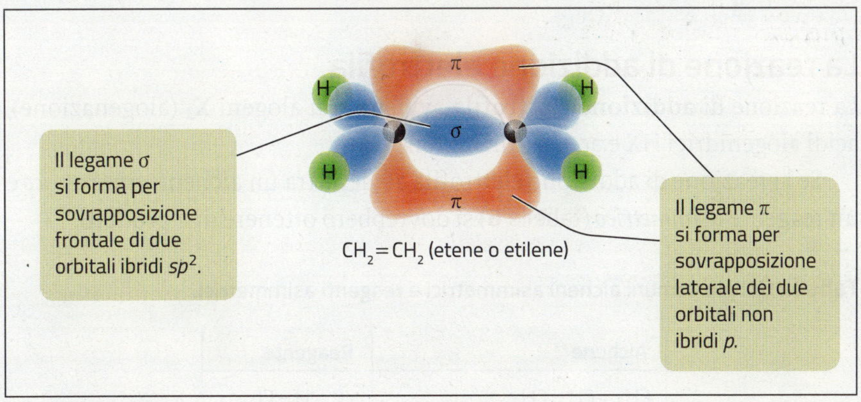

Figura 13 Il doppio legame nella molecola dell'etilene

Il doppio legame ha una elevata *densità elettronica* e rappresenta pertanto un ottimo punto di attacco per l'idrogeno molecolare e per gli agenti elettrofili. I due elettroni del legame π, debole e reattivo, reagendo con gli elettrofili danno origine a **reazioni di addizione.** addizione elettrofila

In queste reazioni, si rompe il legame π dell'alchene e il legame σ del reagente (X_2 o HX), ma si formano due legami σ che, essendo più forti del legame π, portano alla formazione di un prodotto saturo maggiormente stabile:

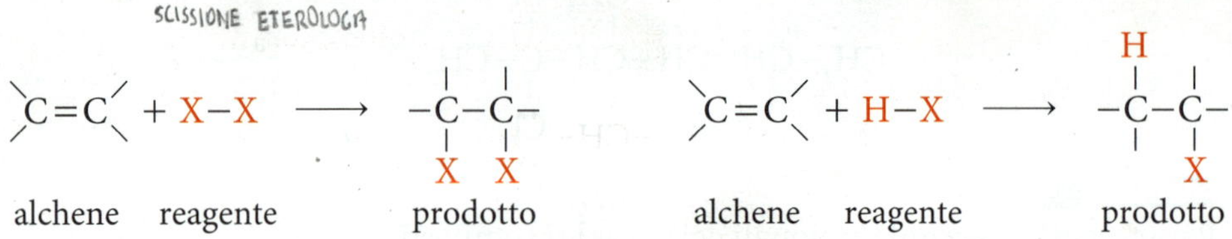

Le reazioni di addizione che danno gli alcheni sono quelle di idrogenazione (o riduzione catalitica), di addizione elettrofila e di polimerizzazione.

La reazione di idrogenazione

La reazione di **idrogenazione** o **riduzione catalitica** avviene con idrogeno molecolare (H_2) in presenza di un catalizzatore metallico (Ni, Pd, Pt) e forma il corrispondente alcano. Il catalizzatore favorisce la rottura del legame H−H.

L'addizione di idrogeno al carbonio ne determina la **riduzione**.

I due atomi di idrogeno si addizionano sullo stesso lato rispetto al piano del doppio legame; la riduzione ha quindi una stereochimica di tipo *sin*:

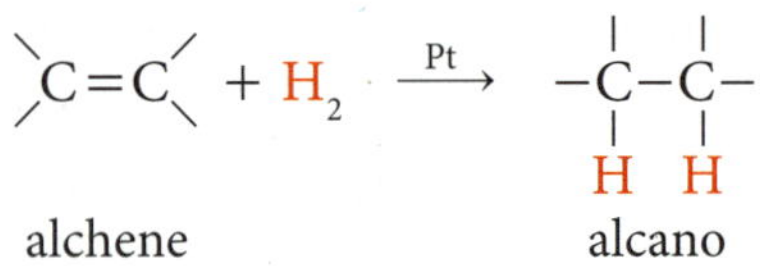

In una reazione di riduzione *aumenta* il numero di atomi di idrogeno nella molecola; per esempio, l'idrogenazione del propene fornisce propano:

$$\underset{\text{propene}}{CH_2{=}CH{-}CH_3} + H_2 \xrightarrow{Pt} \underset{\text{propano}}{CH_3{-}CH_2{-}CH_3}$$

La reazione di addizione elettrofila

La reazione di **addizione elettrofila** avviene con alogeni X_2 (alogenazione), acidi alogenidrici HX e acqua (idratazione).

Se la reazione di addizione elettrofila avviene tra un alchene *asimmetrico* e un reagente *asimmetrico* (tabella **6**) si dovrebbero ottenere due prodotti.

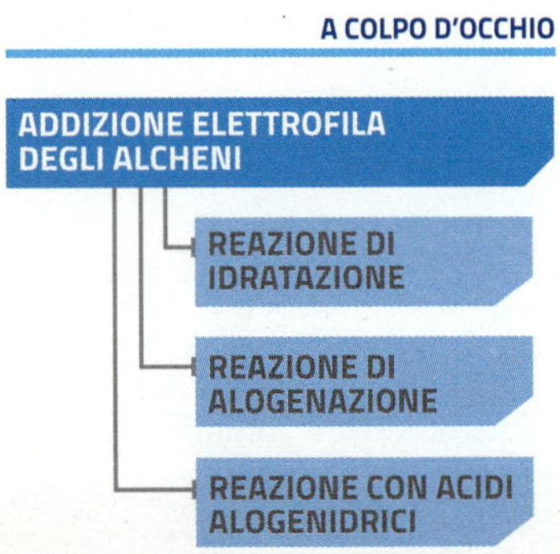

Tabella 6 I più comuni alcheni asimmetrici e reagenti asimmetrici.

Alchene	Reagente
$CH_2{=}CH{-}CH_3$	H−Cl
$CH_2{=}CH{-}CH_2{-}CH_3$	H−Br
$CH_2{=}CH{-}CH_2{-}CH_2{-}CH_3$	H−I
$CH_3{-}CH{=}CH{-}CH_2{-}CH_3$	H−OH

PER VEDERE LE REAZIONI
video *LabOr.*
Alcheni

Nella reazione di addizione tra il propene e il cloruro di idrogeno si dovrebbero formare due prodotti, il 2-cloropropano e l'1-cloropropano:

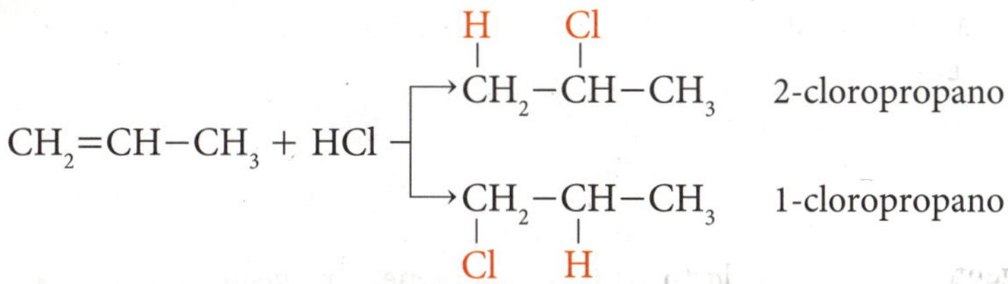

In effetti in questa reazione il prodotto che si forma è uno solo, il 2-cloropropano. Dall'osservazione sperimentale di un gran numero di reazioni di questo tipo, il chimico russo Vladimir Markovnikov enunciò la seguente regola empirica:

Nella **reazione di addizione** tra un alchene asimmetrico e un reagente asimmetrico, l'atomo di idrogeno del reagente si lega all'atomo di carbonio del doppio legame legato al maggior numero di atomi di idrogeno.

LE PAROLE

Il termine **empirico** (dal greco: *empeirikós* = ricavato dall'esperienza) indica un metodo o un risultato basato su dati sperimentali piuttosto che su un principio scientifico.

La regola di Markovnikov si giustifica analizzando il meccanismo di reazione che avviene in due stadi:

1. il *primo stadio* è l'addizione di un elettrofilo H^+ al doppio legame con formazione di un **carbocatione** e può avvenire in due modi generando cationi con diversa stabilità:

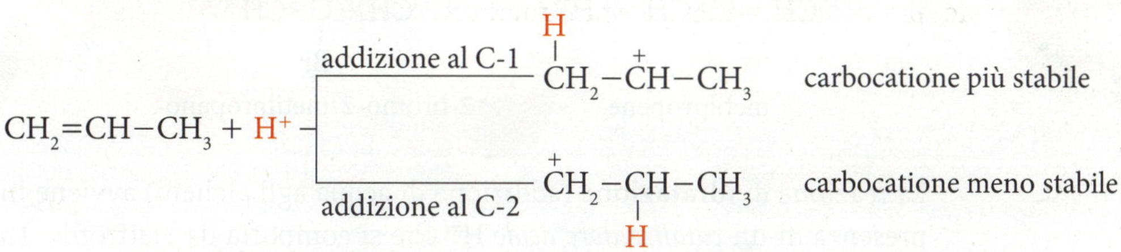

2. Nel *secondo stadio* lo ione cloruro, Cl^-, si legherà al carbocatione secondario $CH_3-\overset{+}{C}H-CH_3$ (più stabile del carbocatione primario $\overset{+}{C}H_2-CH_2-CH_3$) con formazione del 2-cloropropano:

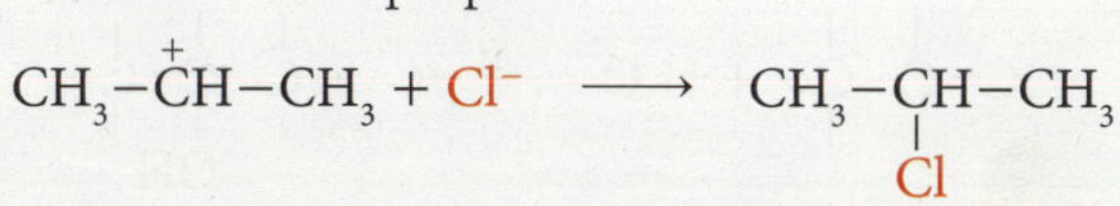

Di conseguenza, la regola di Markovnikov può essere espressa anche così:

La **reazione di addizione** tra un agente elettrofilo e il doppio legame di un alchene asimmetrico decorre in modo tale da portare alla formazione del carbocatione più stabile.

- La reazione di **alogenazione** consiste nell'aggiungere a un alchene la soluzione di un alogeno (Cl_2, Br_2) in un solvente inerte (tetraclorometano CCl_4). Il prodotto che si forma è un alogenuro alchilico, più precisamente un *dialogenuro vicinale* (ha due alogeni legati a due carboni adiacenti):

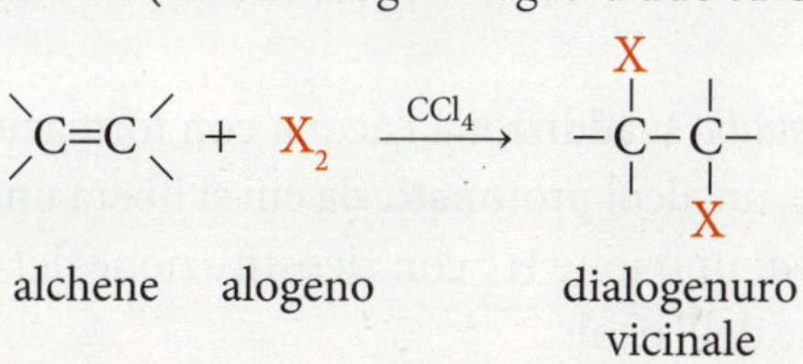

La reazione di alogenazione dell'1-butene con cloro (Cl_2) si rappresenta con l'equazione:

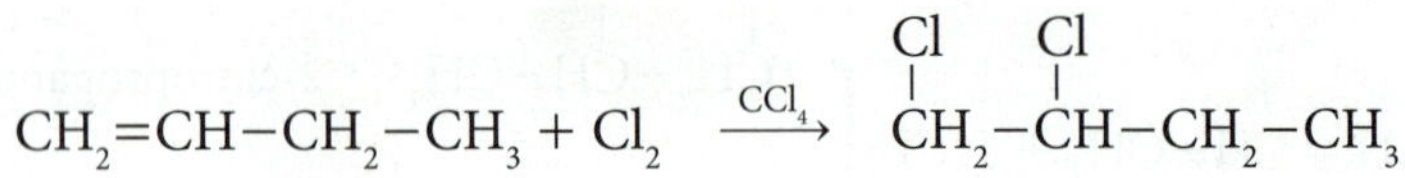

1-butene 1,2-diclorobutano

TI RICORDI?

Gli **acidi alogenidrici** sono composti molecolari formati dall'idrogeno e da un alogeno (n.o. = –1). In acqua si dissociano in uno ione idrogeno H^+ e uno ione negativo (Cl^-, Br^-).

- La reazione di **acidi alogenidrici** con un alchene asimmetrico avviene in accordo con la regola di Markovnikov e porta alla formazione di un solo prodotto, un alogenuro alchilico:

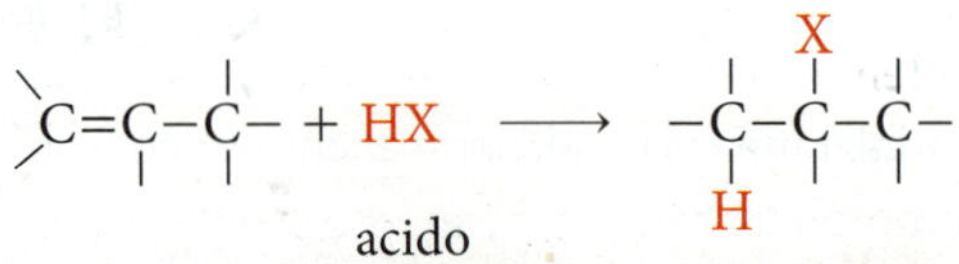

alchene acido alogenidrico alogenuro alchilico

La reazione di addizione del metilpropene con acido bromidrico HBr si rappresenta con l'equazione:

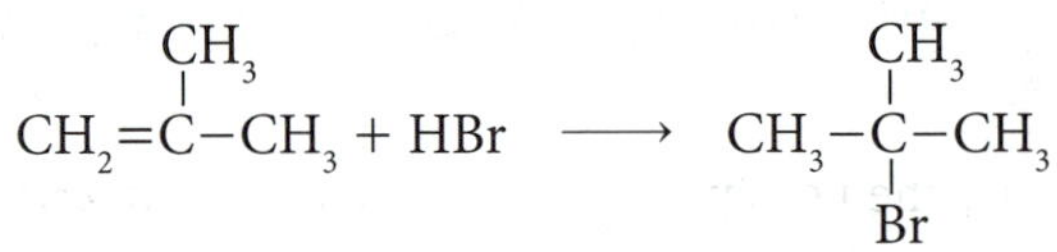

metilpropene 2-bromo-2-metilpropano

- La reazione di **idratazione** (addizione di acqua agli alcheni) avviene in presenza di un *catalizzatore acido* H^+ che si comporta da elettrofilo. La reazione, in accordo con la regola di Markovnikov, porta alla formazione di un alcol:

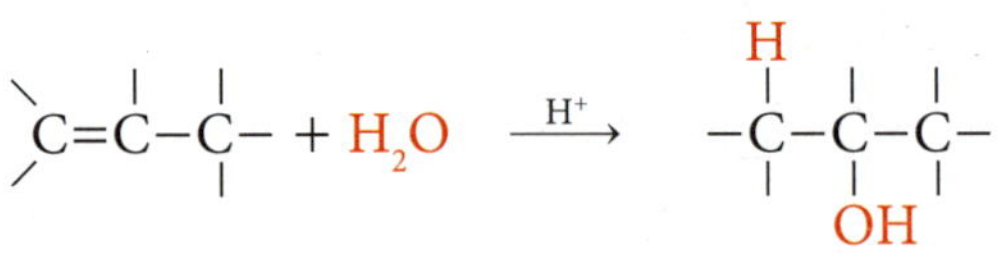

alchene alcol

La reazione di idratazione degli alcheni avviene in due stadi:

1. nel *primo stadio* si ha l'addizione dello ione H^+ al carbonio del doppio legame con formazione di un carbocatione:

alchene carbocatione

LE PAROLE

L'**acqua** si comporta da **nucleofilo** per la presenza dei doppietti elettronici liberi sull'atomo di ossigeno:

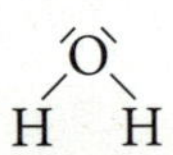

2. nel *secondo stadio* si addiziona l'acqua con formazione di un intermedio instabile, un alcol protonato, da cui si libera un atomo di idrogeno sotto forma di uno ione H^+ con ricostituzione del catalizzatore acido e formazione dell'alcol:

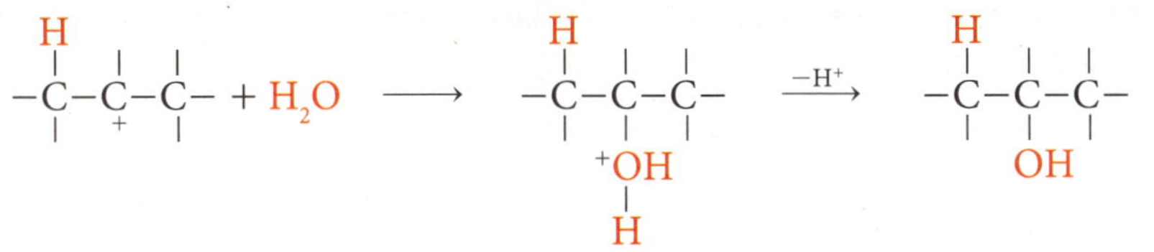

carbocatione alcol protonato alcol secondario

La reazione di idratazione dell'1-butene si rappresenta con l'equazione:

$$CH_2{=}CH{-}CH_2{-}CH_3 + H_2O \xrightarrow{H^+} CH_3{-}\underset{\displaystyle OH}{\underset{|}{C}H}{-}CH_2{-}CH_3$$

1-butene 2-butanolo

La reazione di polimerizzazione

La reazione di **polimerizzazione** decorre con un meccanismo di *addizione radicalica*, avviene in presenza di un iniziatore radicalico, nello specifico un perossido organico (RO–OR), e consiste nell'unione di piccole molecole (*monomeri*) per formare macromolecole (*polimeri*).

Una reazione di polimerizzazione importante è quella che partendo dall'etilene porta alla formazione del **polietilene**, un polimero trasparente, molto resistente e flessibile, che per queste caratteristiche è utilizzato in fogli per avvolgere alimenti e per imballaggi. La reazione è rappresentata dalla seguente equazione:

$$n(CH_2{=}CH_2) \xrightarrow{RO-OR} RO{+}CH_2{-}CH_2{+}_nOR$$

etilene polietilene

PROBLEMA MODELLO

Rappresentare le reazioni degli alcheni

Rappresenta le equazioni delle seguenti reazioni di addizione specificando il nome dei prodotti:

a. 2-butene e idrogeno (in presenza di platino);
b. 2-metil-1-butene e acqua (in ambiente acido).

L'IDEA

a. La reazione tra il 2-butene e l'idrogeno è una reazione di **idrogenazione**.
b. La reazione tra il 2-metil-1-butene e l'acqua è una reazione di **idratazione** tra un alchene asimmetrico e un reagente asimmetrico.

LA SOLUZIONE E LA CONCLUSIONE

I due atomi di idrogeno si addizionano ai due atomi di carbonio del doppio legame per cui si rompe il legame π e si formano due legami σ:

$$CH_3{-}CH{=}CH{-}CH_3 + H_2 \xrightarrow{Pt} CH_3{-}CH_2{-}CH_2{-}CH_3$$

La reazione porta alla sintesi del corrispondente alcano, nello specifico del butano.

In accordo con la regola di Markovnikov, lo ione idrogeno H^+ si addiziona all'atomo di carbonio-1 del doppio legame e l'acqua all'atomo di carbonio-2 con formazione di un alcol protonato:

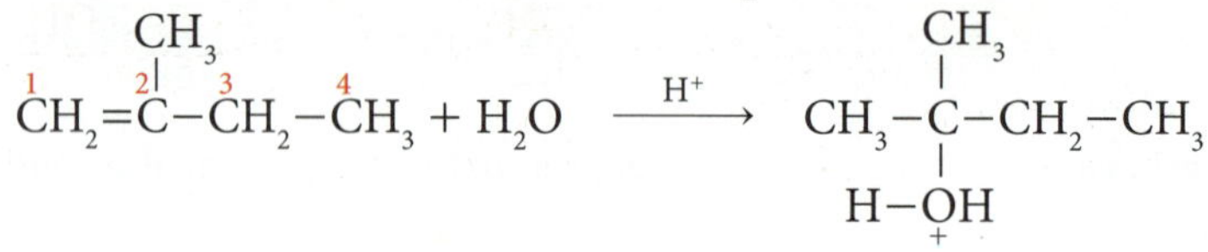

In seguito al distacco dall'acqua di un atomo di idrogeno sotto forma di ione H^+ si ha la sintesi di un alcol terziario, il 2-metil-2-butanolo:

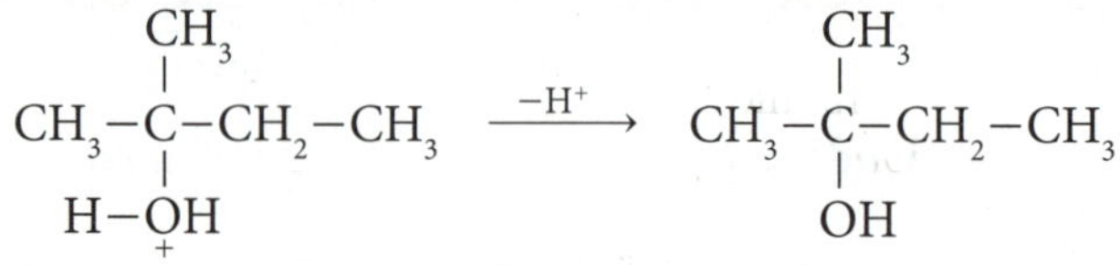

PROBLEMA SIMILE

Rappresenta le equazioni delle seguenti reazioni di addizione, specificando il nome dei prodotti:

a. 3,4-dimetil-1-pentene con cloro (in presenza di tetraclorometano);

b. 3-cloro-1-butene con acido cloridrico.

15 IL CARBONIO NEGLI ALCHINI È IBRIDATO *sp*

Gli **alchini** sono idrocarburi alifatici a catena aperta, insaturi per la presenza di un triplo legame carbonio-carbonio.

Negli alchini gli atomi di carbonio del triplo legame sono *ibridati sp*. L'atomo di carbonio al momento della combinazione con altri due atomi, combina l'orbitale *s* con un orbitale *p* (ibridazione). Si formano due orbitali atomici ibridi *sp* contenenti ciascuno un elettrone.

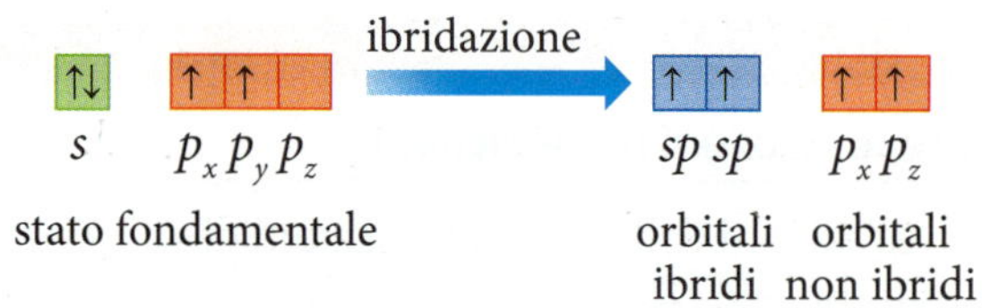

I due orbitali ibridi *sp* si dispongono sullo stesso piano e si orientano lungo la stessa retta ma in direzioni opposte (disposizione **lineare**) con formazione di un angolo di 180° rispetto al nucleo.

I due orbitali atomici non ibridi *p* aventi ciascuno un elettrone sono disposti perpendicolarmente tra loro ed entrambi sono perpendicolari al piano degli orbitali ibridi *sp* (figura 14).

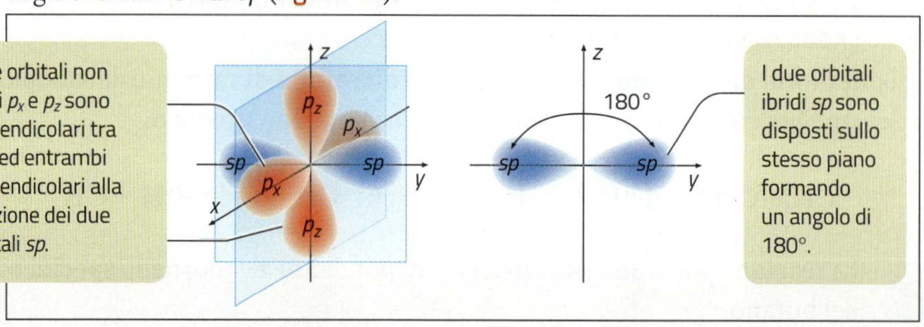

Figura 14 La disposizione degli orbitali ibridi *sp* e degli orbitali non ibridi p_x e p_z.

Quando due atomi di carbonio ibridati *sp* si uniscono tra loro, si ha la sovrapposizione *frontale* tra i due orbitali ibridi *sp* con formazione di *un legame* σ e la sovrapposizione *laterale* di quattro orbitali non ibridi *p* con formazione di *due legami* π. I due atomi di carbonio risultano in tal modo legati da un triplo legame (uno σ e due π).

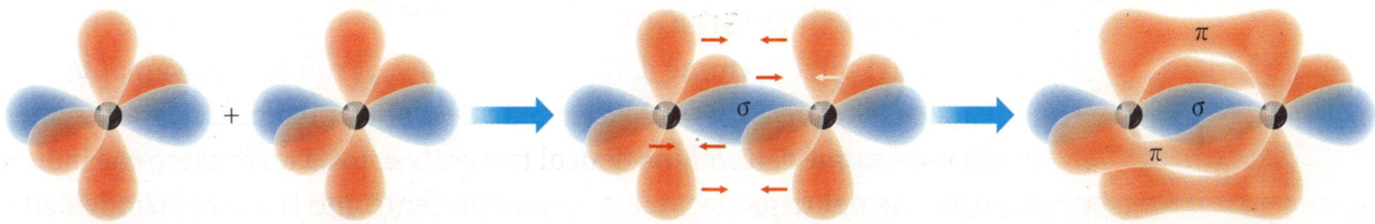

Un triplo legame tra due atomi di carbonio comporta tre conseguenze:

- la lunghezza del triplo legame carbonio-carbonio (1,20 Å) è minore di quella di un legame doppio (1,34 Å) perché i sei elettroni condivisi avvicinano i due nuclei più di quanto possano fare due doppietti elettronici;
- l'energia di legame risulta maggiore di quella di un doppio legame;
- la presenza di due legami π, più deboli del legame σ, rendono la molecola molto instabile e di conseguenza molto reattiva.

TI RICORDI?

L'**energia di legame** è l'energia che si deve fornire per rompere un legame o che si libera per formare un legame. Un valore elevato di energia di legame indica un legame forte.

16 LA FORMULA MOLECOLARE E LA NOMENCLATURA DEGLI ALCHINI

Agli alchini corrisponde la **formula molecolare** generale:

$$C_nH_{2n-2}$$

dove n (numero atomi di carbonio) ≥ 2.

Il **nome** degli alchini con una catena lineare di atomi di carbonio, secondo le regole IUPAC, è costituito dal prefisso corrispondente alla radice del nome degli alcani e dal suffisso *-ino* (tabella **7**).

Tabella 7 **Gli alchini** La formula molecolare e il nome dei primi sei termini della serie degli alchini.

n	Formula molecolare	Nome
2	C_2H_2	etino (acetilene)
3	C_3H_4	propino
4	C_4H_6	butino
5	C_5H_8	pentino
6	C_6H_{10}	esino
7	C_7H_{12}	eptino

PER CAPIRE MEGLIO
Video:
La nomenclatura degli idrocarburi alifatici

Analogalmente agli alcani e agli alcheni, anche gli alchini a catena lineare costituiscono una serie omologa.

Il primo termine della serie (l'etino) è noto con il nome comune di *acetilene* (figura **15**).

Figura 15 **L'acetilene** Viene usato nella saldatura ossiacetilenica.

17 ISOMERIA NEGLI ALCHINI: DI POSIZIONE E DI CATENA

Negli alchini si hanno le isomerie *di posizione* e *di catena*: a differenza degli alcheni, negli alchini non si verifica isomeria geometrica.

Gli isomeri di posizione

A partire dal terzo termine della serie ($n=4$) si verifica, relativamente alla posizione del triplo legame nella catena carboniosa, l'**isomeria di posizione**: in tal caso il nome dell'alchino deve essere preceduto da un numero che indica la posizione del triplo legame, tenendo presente che la numerazione della catena carboniosa deve iniziare dall'estremità più vicina al triplo legame. Per il pentino (C_5H_8) esistono due isomeri di posizione:

$$\overset{1}{C}H\equiv\overset{2}{C}-\overset{3}{C}H_2-\overset{4}{C}H_2-\overset{5}{C}H_3 \qquad \overset{1}{C}H_3-\overset{2}{C}\equiv\overset{3}{C}-\overset{4}{C}H_2-\overset{5}{C}H_3$$

1-pentino 2-pentino

Gli isomeri di catena

Quando il numero di atomi di carbonio è maggiore o uguale a cinque si verifica l'**isomeria di catena**. In tal caso per assegnare il nome al composto si deve identificare la *catena carboniosa più lunga contenente il triplo legame* e si deve numerare la catena partendo dall'estremità che permette di utilizzare il *numero più piccolo* per gli atomi di carbonio del triplo legame:

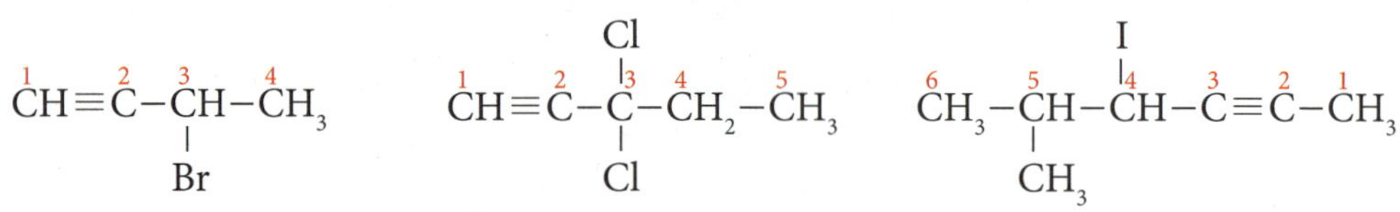

3-bromo-1-butino 3,3-dicloro-1-pentino 4-iodo-5-metil-2-esino

Se il triplo legame è equidistante dalle due estremità della catena, la numerazione deve iniziare dall'estremità più vicina al primo sostituente:

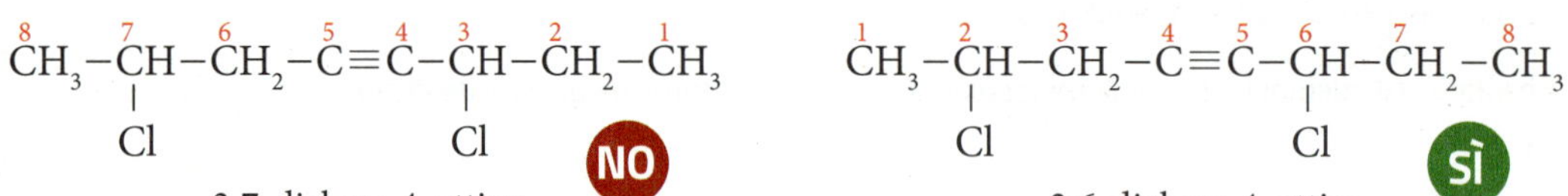

3,7-dicloro-4-ottino 2,6-dicloro-4-ottino

Negli alchini **non** si verifica l'isomeria geometrica perché i due atomi di carbonio del triplo legame sono legati a un solo sostituente (figura 16).

Figura 16 L'isomeria geometrica È possibile negli alcheni ma non negli alchini.

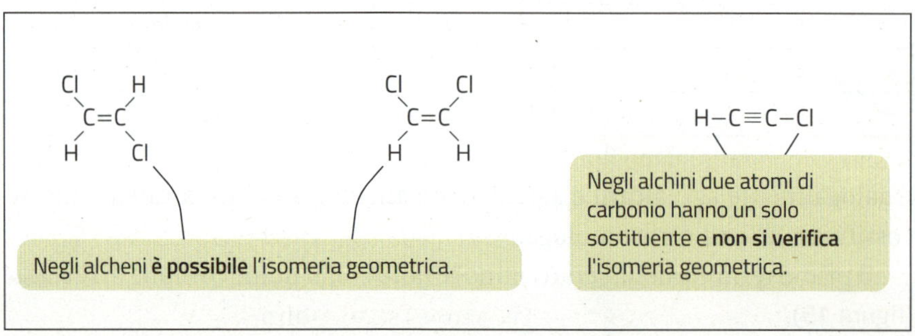

PROBLEMA MODELLO

Rappresentare gli isomeri

Rappresenta le formule razionali di tutti gli isomeri dell'alchino con formula molecolare C_6H_{10} e assegna il nome a ciascuno di essi.

L'IDEA

Negli alchini si verifica l'isomeria di posizione e l'isomeria di catena.
Gli **isomeri di posizione** sono composti con la stessa catena carboniosa, ma con diversa posizione del triplo legame.
Gli **isomeri di catena** sono composti con gli atomi di carbonio disposti in modo diverso nella catena carboniosa.

LA SOLUZIONE E LA CONCLUSIONE

Alla formula molecolare C_6H_{10} corrispondono tre isomeri di posizione rappresentati dalle seguenti formule razionali:

$$CH{\equiv}C{-}CH_2{-}CH_2{-}CH_2{-}CH_3$$

1-esino

$$CH_3{-}C{\equiv}C{-}CH_2{-}CH_2{-}CH_3$$

2-esino

$$CH_3{-}CH_2{-}C{\equiv}C{-}CH_2{-}CH_3$$

3-esino

Disponendo i gruppi metilici $-CH_3$ in posizione diversa all'interno della catena carboniosa sono possibili *quattro* isomeri di catena rappresentati dalle seguenti formule razionali:

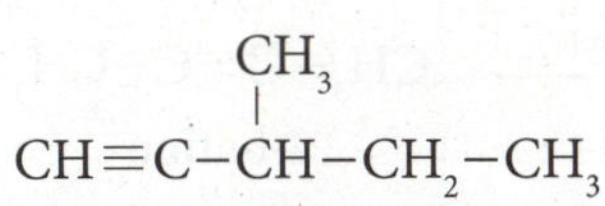

3-metil-1-pentino

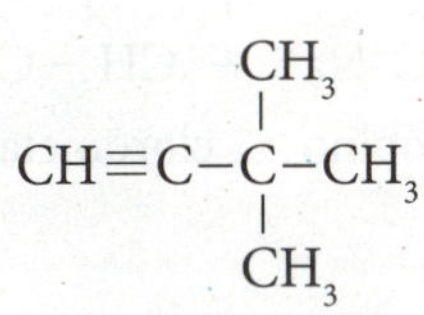

3,3-dimetil-1-butino

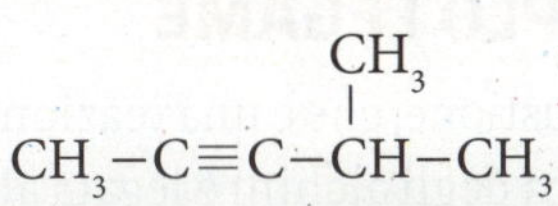

4-metil-2-pentino

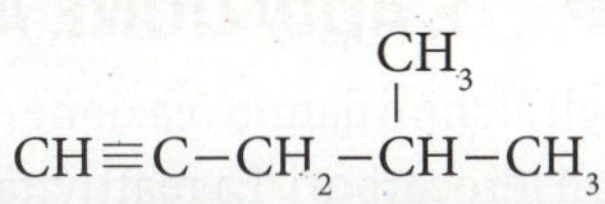

4-metil-1-pentino

PROBLEMA SIMILE

Rappresenta le formule razionali di tutti gli isomeri dell'alchino con formula molecolare C_5H_8 e assegna il nome a ciascuno di essi.

18 LE PROPRIETÀ FISICHE E CHIMICHE DEGLI ALCHINI

Le proprietà fisiche

A temperatura ambiente e a pressione ordinaria i primi tre termini della serie degli alchini sono allo stato di gas; dal quarto al sedicesimo termine gli alchini sono allo stato liquido; i termini superiori sono allo stato solido.

Gli alchini, essendo costituiti da molecole apolari, sono insolubili in acqua e hanno punti di ebollizione bassi (molto simili a quelli degli alcheni), poiché i legami intermolecolari (forze di London) sono molto deboli.

TI RICORDI?

Il **punto di ebollizione** è la temperatura alla quale la tensione di vapore di un liquido è uguale al valore della pressione atmosferica.

Le proprietà chimiche

Negli alchini con *triplo legame terminale*, il legame carbonio-idrogeno è debolmente *polarizzato* per la rilevante forza di attrazione che il carbonio ibridato *sp* esercita sugli elettroni di legame:

$$R-C{\equiv}\overset{\delta-}{C}-\overset{\delta+}{H}$$

TI RICORDI?

Una **base forte**, secondo Brønsted e Lowry, è una molecola o ione con una elevata tendenza ad accettare un protone H^+.

In presenza di una base forte (sodioammide $NaNH_2$ in ammoniaca liquida), a causa di tale polarizzazione, si ha la rottura eterolitica del legame carbonio-idrogeno. Di conseguenza, *gli alchini hanno un comportamento acido*: l'idrogeno si allontana sotto forma di uno ione H^+ mentre il carbanione che si forma $R-C{\equiv}C^-$ (ione acetiluro) si lega con lo ione positivo metallico Na^+ della base per dare origine a un sale detto **acetiluro** (composto organometallico):

$$\underset{\text{alchino terminale}}{R-C{\equiv}\overset{\delta-}{C}-\overset{\delta+}{H}} + Na^+NH_2^- \xrightarrow{NH_{3(l)}} \underset{\text{acetiluro di sodio}}{R-C{\equiv}C^-Na^+} + NH_3$$

LE PAROLE

Un composto **organometallico** è un composto organico in cui è presente un legame carbonio-metallo.

Questo comportamento acido non è presente negli alcheni e negli alcani perché la forza di attrazione che il carbonio ibridato, rispettivamente sp^2 e sp^3, esercita sugli elettroni di legame è molto minore. Gli acetiluri, che si formano in conseguenza dell'acidità degli alchini, possono venire alchilati, ovvero fatti reagire con alogenuri alchilici primari per preparare alchini a catena carboniosa più lunga. La reazione che porta alla formazione del 2-butino è:

$$\underset{\text{acetiluro di sodio del propino}}{CH_3-C{\equiv}C^-Na^+} + \underset{\text{clorometano}}{CH_3-Cl} \xrightarrow{NH_{3(l)}} \underset{\text{2-butino}}{CH_3-C{\equiv}C-CH_3} + NaCl$$

19 LE REAZIONI DEGLI ALCHINI: COMBUSTIONE E ADDIZIONE AL TRIPLO LEGAME

Anche gli alchini danno reazione di combustione, che è una reazione comune a tutti gli idrocarburi. La reattività specifica degli alchini è legata alla presenza del triplo legame tra i due atomi di carbonio ibridati *sp*. Il triplo legame ha un'elevata *densità elettronica* e rappresenta pertanto un ottimo punto di attacco per l'idrogeno molecolare H_2 (idrogenazione) e per agenti elettrofili che utilizzando gli elettroni dei due legami π, deboli e reattivi, danno origine a **reazioni di addizione** (figura **17**).

La reazione avviene in due stadi:

a. nel *primo stadio* si rompe uno dei due legami π con formazione di un doppio legame carbonio-carbonio;
b. nel *secondo stadio* si ha la rottura dell'altro legame π con formazione di un legame semplice carbonio-carbonio.

Per effetto della rottura dei due legami π si ha la formazione di *quattro legami* σ che, essendo più forti, danno origine a un prodotto saturo più stabile.

$$-C{\equiv}C- \longrightarrow \;\rangle C{=}C\langle\; \longrightarrow -\overset{|}{\underset{|}{C}}-\overset{|}{\underset{|}{C}}-$$

Le reazioni di addizione che danno gli alchini sono quella di idrogenazione (o riduzione catalitica) e di addizione elettrofila.

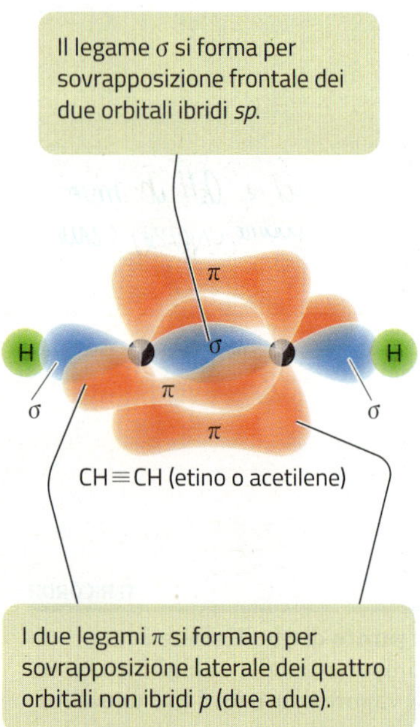

Figura 17 Il triplo legame nella molecola dell'etino o acetilene.

La reazione di idrogenazione

La reazione di **idrogenazione** o **riduzione catalitica** avviene con idrogeno molecolare H_2.

a. In presenza di un *catalizzatore metallico* (Pd, Ni, Pt) si ha l'idrogenazione completa dell'alchino e quindi la formazione del corrispondente alcano:

$$\underset{\text{alchino}}{R-C\equiv C-R'} + 2\,H_2 \xrightarrow{\text{Pd, Ni, Pt}} \underset{\text{alcano}}{R-CH_2-CH_2-R'}$$

Per esempio, la reazione di idrogenazione del 2-butino, catalizzata dal platino, ha come prodotto finale il butano:

$$\underset{\text{2-butino}}{CH_3-C\equiv C-CH_3} + 2\,H_2 \xrightarrow{\text{Pt}} \underset{\text{butano}}{CH_3-CH_2-CH_2-CH_3}$$

b. In presenza di un catalizzatore di palladio e carbonato di calcio (*catalizzatore di Lindlar*) si ha l'addizione di una sola mole di idrogeno e formazione di un *cis*-alchene, poiché l'idrogenazione decorre con stereochimica *sin*. Ne è un esempio la reazione di idrogenazione del 2-butino, che fornisce il *cis*-2-butene:

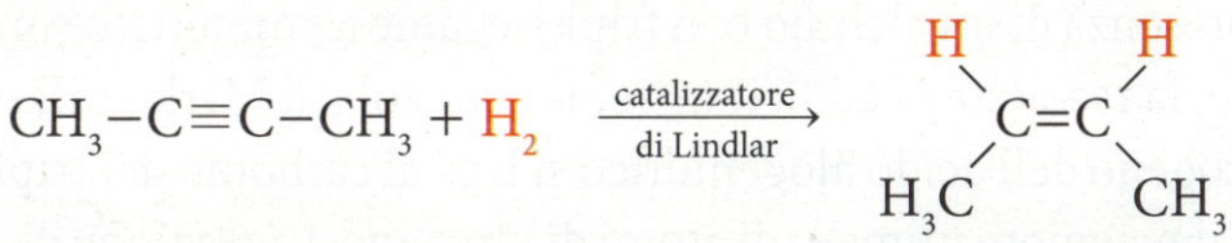

2-butino *cis*-2-butene

A COLPO D'OCCHIO

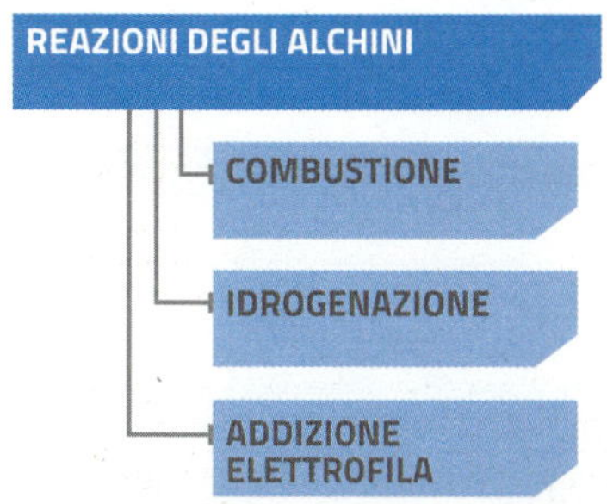

A COLPO D'OCCHIO

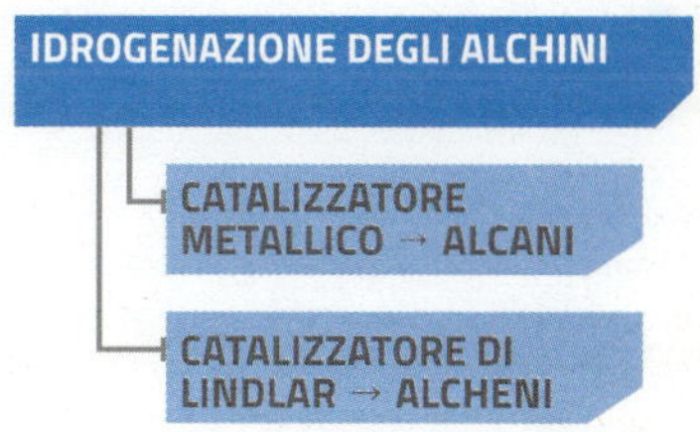

La reazione di addizione elettrofila

La reazione di **addizione elettrofila** avviene con alogeni (alogenazione), acidi alogenidrici e acqua (idratazione).

1. La reazione di **alogenazione** consiste nell'aggiungere a un alchino una soluzione costituita da un alogeno (Cl_2, Br_2) in un solvente inerte (CCl_4). La reazione porta alla formazione di prodotti diversi a seconda che l'alchino reagisca con una o due moli di alogeno.
   a. con una mole di alogeno, si ha la formazione di un alchene disostituito con configurazione *trans*, in quanto l'addizione decorre con stereochimica *anti*:

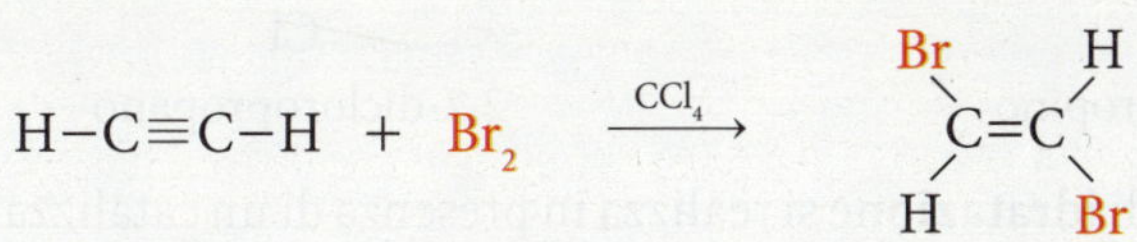

etino *trans*-1,2-dibromoetene

   b. con due moli di alogeno la reazione decorre in due stadi.
      - nel primo stadio si ha la formazione di un *trans*-alchene:

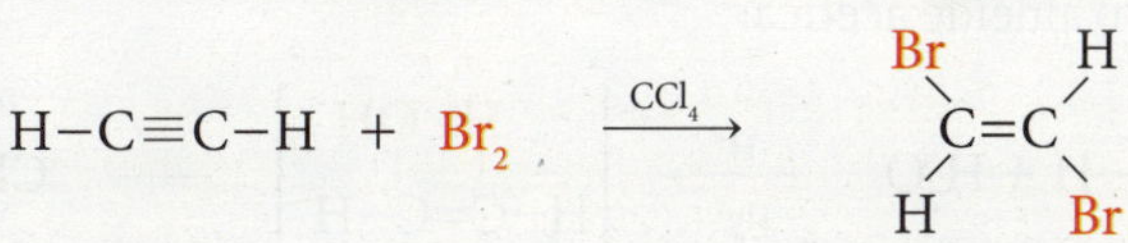

etino *trans*-1,2-dibromoetene

A COLPO D'OCCHIO

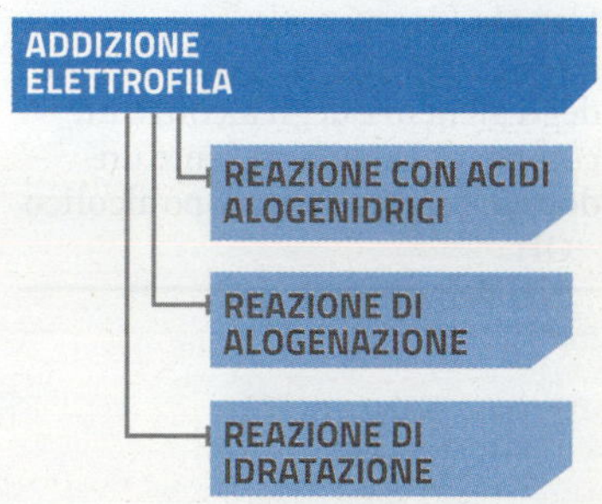

- nel secondo stadio si ha la formazione di un alcano tetrasostituito:

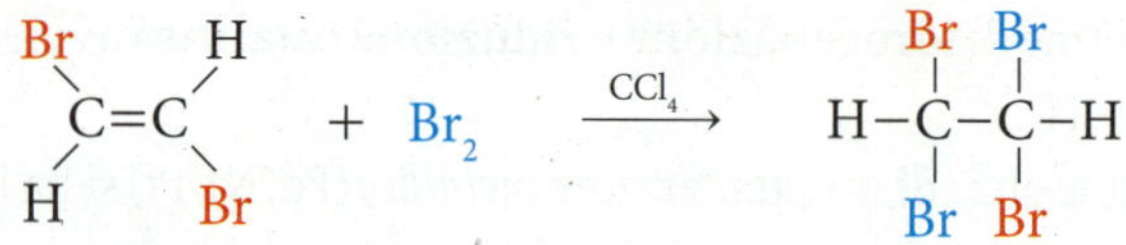

trans-1,2-dibromoetene 1,1,2,2-tetrabromoetano

2. La reazione con **acidi alogenidrici** (HCl e HBr) porta alla formazione di prodotti diversi a seconda che l'alchino reagisca con una o due moli di acido:
   a. con una mole di acido si ha la formazione di un alchene monosostituito:

$$CH{\equiv}CH + HCl \longrightarrow CH_2{=}CHCl$$

etino 1-cloroetene

   b. con due moli di acido la reazione decorre in due stadi e si ha la formazione di un alcano disostituito:

primo stadio $CH{\equiv}CH + HCl \longrightarrow CH_2{=}CHCl$ 1-cloroetene

secondo stadio $CH_2{=}CHCl + HCl \longrightarrow CH_3{-}CHCl_2$ 1,1-dicloroetano

In presenza di un alchino con triplo legame asimmetrico e monosostituito, la reazione di addizione segue la regola di Markovnikov, per cui l'idrogeno dell'acido alogenidrico si lega al carbonio del triplo legame con il maggiore numero di atomi di idrogeno. La reazione di addizione elettrofila di un alchino con una mole di acido alogenidrico porta alla formazione di un alchene monosostituito:

$$CH_3{-}C{\equiv}CH + HCl \longrightarrow CH_3{-}C(Cl){=}CH_2$$

propino 2-cloropropene

La reazione di addizione elettrofila di un alchino con due moli di acido alogenidrico porta alla formazione di un alcano disostituito:

$$CH_3{-}C{\equiv}CH + 2\ HCl \longrightarrow CH_3{-}CCl_2{-}CH_3$$

propino 2,2-dicloropropano

3. La reazione di **idratazione** si realizza in presenza di un catalizzatore acido H^+ e dello ione Hg^{2+}: si forma prima un intermedio instabile, un **alcol vinilico** o **enolo** che successivamente si interconverte in un isomero più stabile.
   a. L'idratazione dell'etino o acetilene porta alla formazione di un'*aldeide*, l'etanale o aldeide acetica:

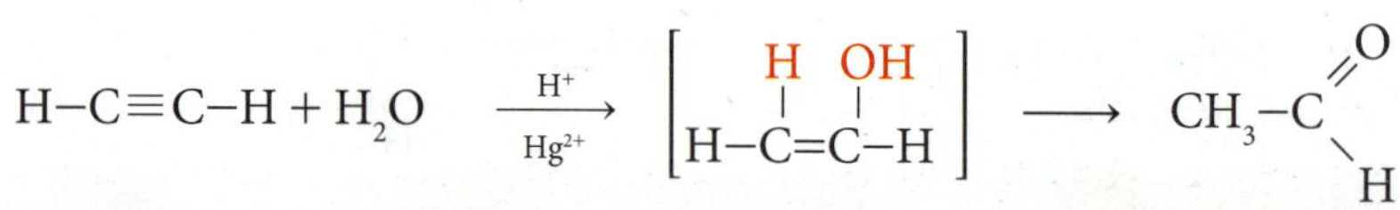

etino enolo etanale

PER SAPERNE DI PIÙ

L'**enolo** (da *-ene* e *-olo*, rispettivamente suffissi del nome degli alcheni e degli alcoli) è un composto in cui è presente un doppio legame e il gruppo alcolico –OH.

la somma di H_2O si forma attraverso passaggio enolo

A COLPO D'OCCHIO

IDRATAZIONE
- ETINO → ETANALE
- ALCHINO CON TRIPLO LEGAME TERMINALE → CHETONE

b. L'idratazione di un alchino con triplo legame terminale decorre secondo la regola di Markovnikov e si ha la formazione di un *chetone*.

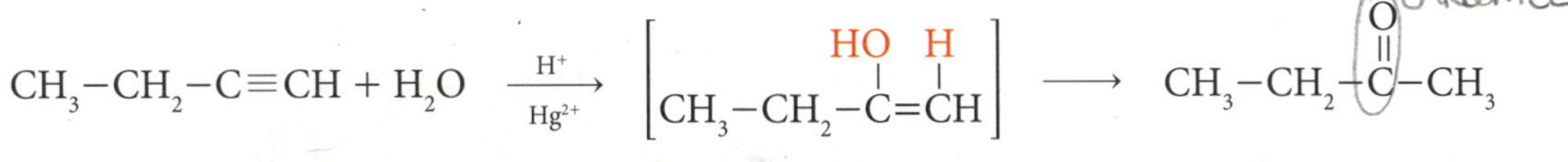

1-butino enolo butanone

PER SAPERNE DI PIÙ

Aldeidi e **chetoni** hanno lo stesso gruppo funzionale, il gruppo carbonile >CO: nelle aldeidi è in posizione terminale, nei chetoni all'interno della molecola.

20 IL BENZENE È UN ANELLO DI ELETTRONI DELOCALIZZATI

Gli **idrocarburi aromatici**, o **areni**, sono una classe di composti organici costituiti da almeno un anello a sei atomi di carbonio.

Negli idrocarburi aromatici, gli atomi di carbonio ibridati sp^2 sono legati da legami covalenti omopolari e da un **legame a elettroni delocalizzati**. Il termine *aromatico*, utilizzato in passato per indicare l'odore molto intenso di alcuni di questi composti, oggi è sinonimo di *elevata stabilità*.

Il termine più semplice di questa serie è il benzene che ha **formula molecolare C_6H_6**. La formula di struttura del benzene si rappresenta con un esagono regolare in cui vengono omessi i simboli degli atomi di carbonio e degli atomi di idrogeno, con all'interno un anello, per indicare gli elettroni delocalizzati.

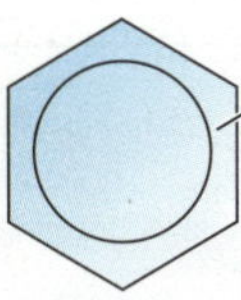

A temperatura ambiente, gli areni, a seconda dalla loro massa molecolare, possono essere liquidi o solidi e generalmente hanno una densità inferiore a quella dell'acqua.

Gli areni sono molecole apolari e di conseguenza insolubili in acqua, ma solubili in solventi organici apolari. I punti di ebollizione degli idrocarburi aromatici sono elevati perché l'alta simmetria la planarità delle molecole rende più forti i legami intermolecolari. La temperatura di ebollizione aumenta con la massa molecolare. Molti composti aromatici sono utilizzati come vernici e coloranti (figura **18**).

Figura 18 **Il benzene** A partire dal benzene, l'industria chimica produce alcuni coloranti e vernici.

21 GLI IDROCARBURI AROMATICI MONOCICLICI SONO ANELLI BENZENICI CON UNO O PIÙ SOSTITUENTI

Gli idrocarburi aromatici **monociclici** sono costituiti da un anello benzenico e da uno o più atomi o gruppi atomici legati all'anello.

Il **nome** degli idrocarburi aromatici monociclici si basa sia su regole sistematiche sia sull'uso di nomi comuni.

a. Per i **derivati monosostituiti**, composti formati da un anello benzenico e da un atomo o gruppo atomico legato all'anello, il nome secondo le regole

IUPAC è costituito dal nome del *sostituente* a cui si fa seguire il termine *benzene* in modo da formare una sola parola. Per alcuni derivati monosostituiti si usa più frequentemente il nome comune.

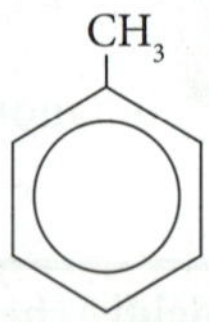
toluene (metilbenzene)

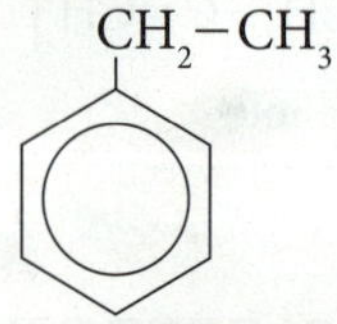
etilbenzene

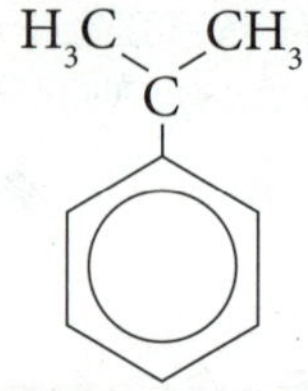
cumene (isopropilbenzene)

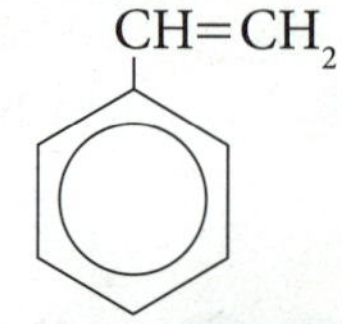
stirene (vinilbenzene)

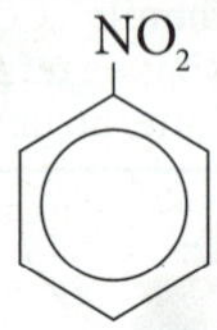
nitrobenzene

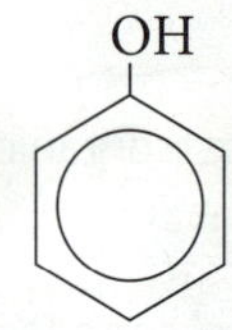
fenolo (idrossibenzene)

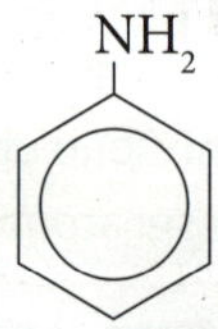
anilina (amminobenzene)

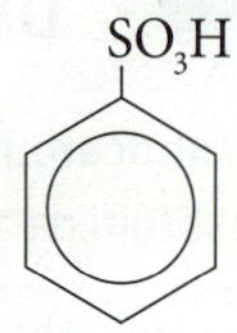
acido benzen solfonico

b. Per i **derivati bisostituiti** (composti formati da un anello benzenico e da due atomi o gruppi atomici legati all'anello) si deve tener presente che si verifica l'isomeria di posizione (sono possibili tre isomeri) per cui occorre indicare la posizione dei due sostituenti. La posizione 1 si assegna al sostituente indicato con il simbolo X (figura **19**). La posizione del secondo sostituente è indicata con il prefisso *orto-* (posizione 2 e 6), *meta-* (posizione 3 e 5), *para-* (posizione 4), rappresentati rispettivamente con i simboli *o-*, *m-*, *p-*.

LE PAROLE

Il termine **orto** (dal greco: *orthós* = diritto) è un prefisso usato nell'anello benzenico per indicare la posizione del sostituente adiacente al primo.

LE PAROLE

Il termine **meta** (dal greco: *metá* = in mezzo) è un prefisso usato nell'anello benzenico per indicare la posizione intermedia di un sostituente.

LE PAROLE

Il termine **para** (dal greco: *pará* = contro) è un prefisso usato nell'anello benzenico per indicare la posizione opposta di un sostituente rispetto al primo.

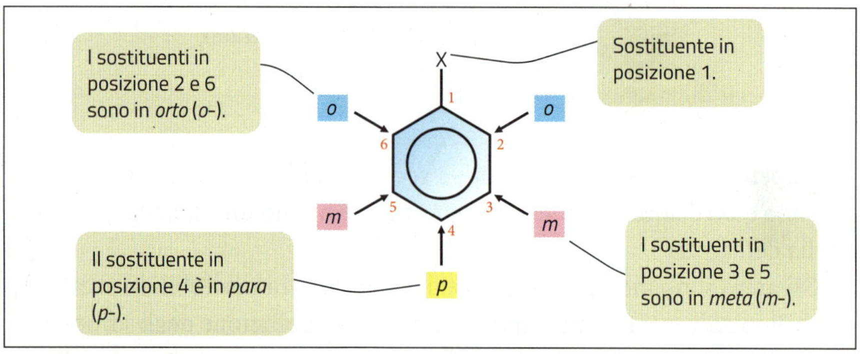

Figura 19 Le posizioni dei sostituenti per i derivati del benzene bisostituiti.

I dimetilbenzene sono chiamati comunemente *xileni*.

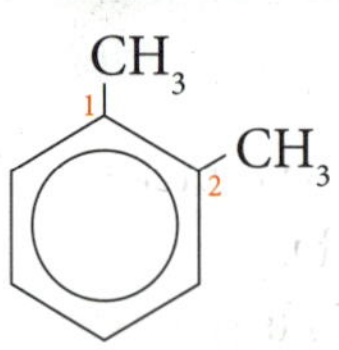
o-xilene

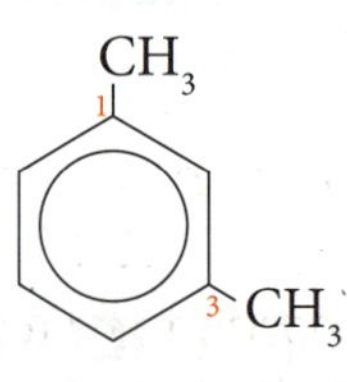
m-xilene

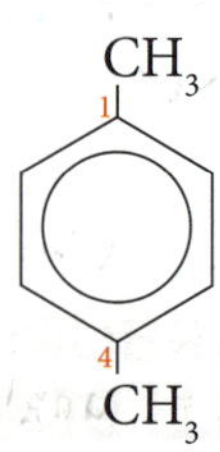
p-xilene

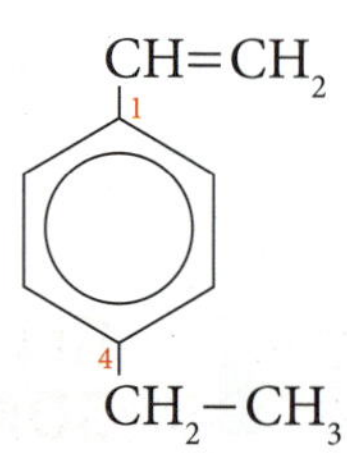
p-etilstirene

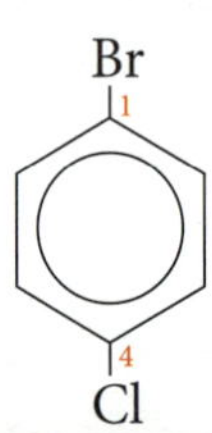
p-cloro-bromobenzene

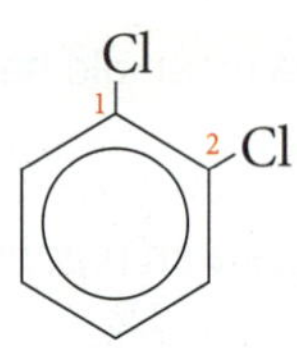
o-diclorobenzene

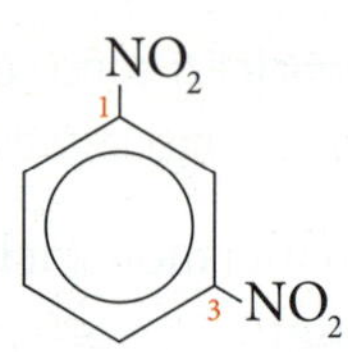
m-dinitrobenzene

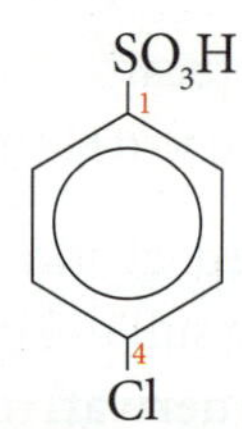
acido *p*-clorobenzensolfonico

c. Nei derivati **polisostituiti** (composti formati da un anello benzenico e da più di due atomi o gruppi atomici legati all'anello), le posizioni dei sostituenti sono indicate numerando gli atomi di carbonio dell'anello in modo da utilizzare i numeri **più piccoli** possibile. Se i sostituenti, presenti nell'anello, sono diversi, questi devono essere denominati in ordine alfabetico.

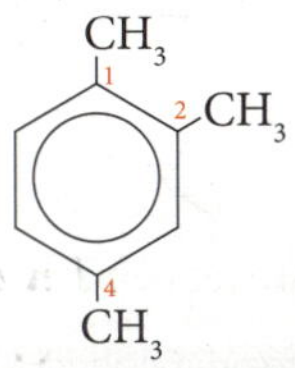
2,4-dimetiltoluene

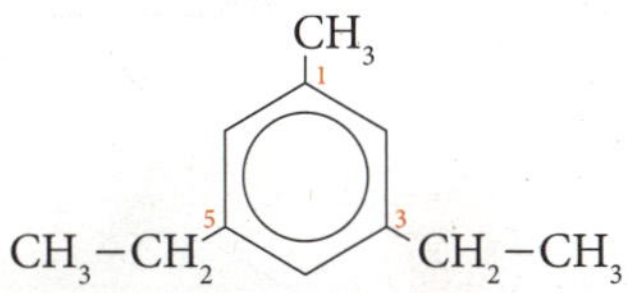
3,5-dietiltoluene

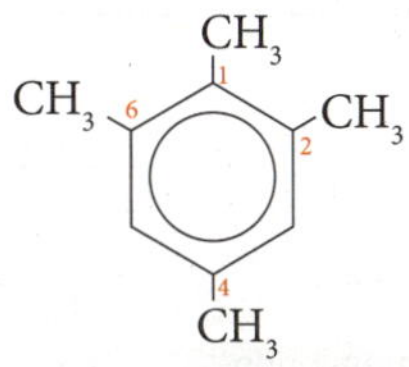
2,4,6-trimetiltoluene

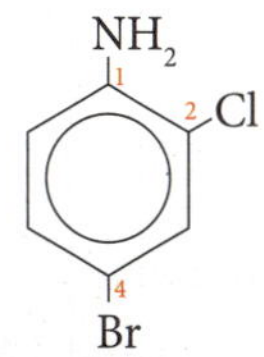
4-bromo-2-cloroanilina

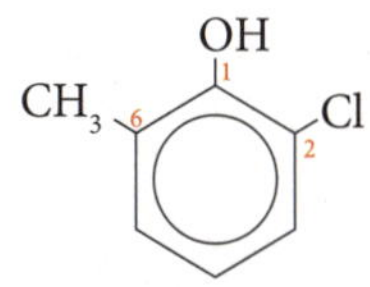
2-cloro-6-metilfenolo

I gruppi arilici

I gruppi arilici o radicali arilici (simbolo **Ar**) sono gruppi atomici che presentano un atomo di idrogeno in meno rispetto alla molecola dell'idrocarburo aromatico da cui derivano. I gruppi arilici più noti hanno nomi comuni e sono il radicale *fenile* e il radicale *benzile* che derivano per sottrazione di un atomo di idrogeno rispettivamente dal benzene e dal toluene (tabella **8**).

Tabella 8 I simboli usati per i gruppi arilici.

Fenile	C_6H_5-	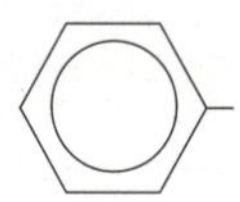
Benzile	$C_6H_5-CH_2-$	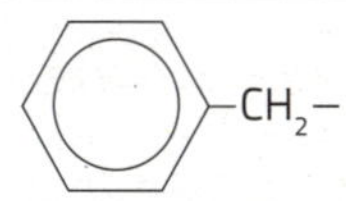

22 LA MOLECOLA DEL BENZENE È UN IBRIDO DI RISONANZA

Il benzene a temperatura ambiente si presenta sotto forma di un liquido incolore e volatile. È un composto apolare e quindi insolubile in acqua. La formula molecolare (C_6H_6) può far pensare a una struttura altamente *insatura*. In realtà, il benzene è notevolmente *stabile* e non dà reazioni di addizione con l'idrogeno e gli alogeni (come invece gli alcheni o gli alchini).

Sulla base di queste evidenze sperimentali, Friedrich Kekulé (1865) ipotizzò che il benzene esistesse sotto forma di un anello esatomico rappresentato da due strutture in *equilibrio* tra loro. In tali strutture gli atomi di carbonio erano legati alternativamente da legami semplici e doppi:

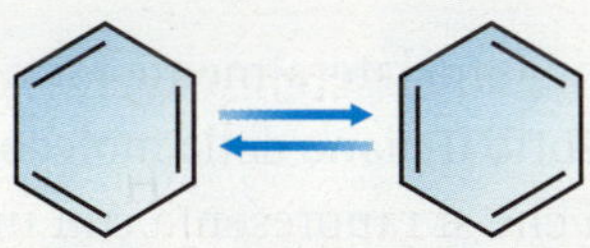

L'elevata velocità con cui i doppi legami cambiavano posizione non permetteva al benzene di subire le reazioni di addizione, tipiche degli idrocarburi insaturi.

Successivamente, i dati sperimentali dimostrarono che tutti i legami carbonio-carbonio hanno la **stessa lunghezza** (di 1,39 Å, intermedia tra quella di un legame semplice e quella di un legame doppio). Si dovette quindi ammettere che le due formule di struttura proposte da Kekulé erano solo due *formule limite*:

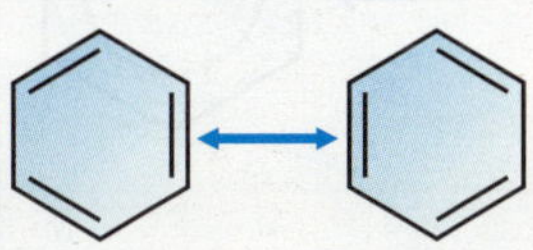

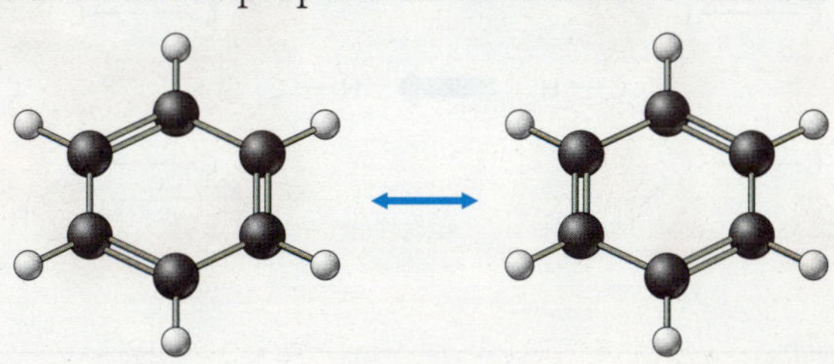

TI RICORDI?

Le **formule limite** sono formule di struttura di una stessa molecola che differiscono solo per la posizione di alcuni legami.

TI RICORDI?

L'**ibrido di risonanza** è una molecola la cui struttura reale è intermedia tra due o più strutture di Lewis (strutture limite).

La vera formula di struttura del benzene è quindi un **ibrido di risonanza**, giustificato dal modello orbitalico. Nel benzene gli atomi di carbonio sono ibridati sp^2: gli orbitali ibridi assumono una disposizione planare formando angoli di 120° (figura **20**).

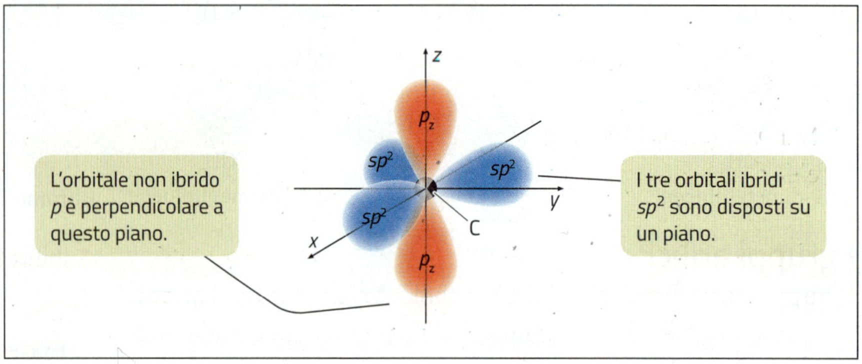

Figura 20 **L'ibridazione sp^2 del carbonio nel benzene.**

I tre orbitali ibridi sp^2 di ciascun atomo di carbonio formano tre legami covalenti σ, due con atomi di carbonio adiacenti e uno con un atomo di idrogeno (figura **21**).

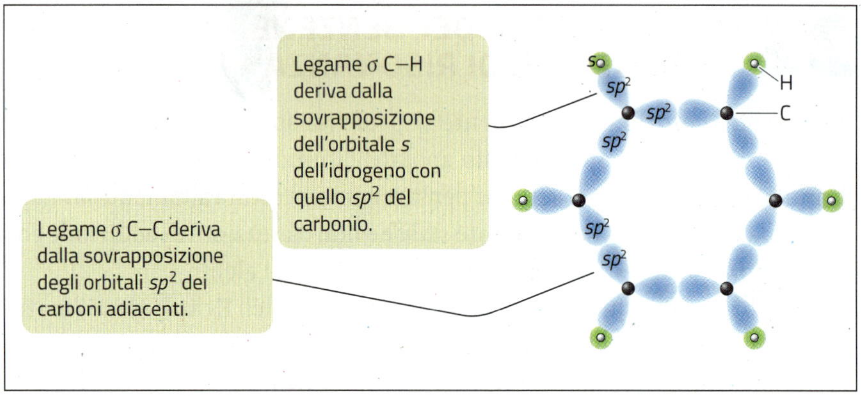

Figura 21 **I legami σ nel benzene** I sei legami σ carbonio-idrogeno derivano dalla sovrapposizione di un orbitale ibrido sp^2 del carbonio con l'orbitale *s* dell'atomo di idrogeno.

I sei orbitali *p* si sovrappongono lateralmente formando un'unica nube elettronica, disposta sopra e sotto il piano della molecola a costituire un **legame a elettroni delocalizzati** che si rappresenta con un anello all'interno della molecola (figura **22**).

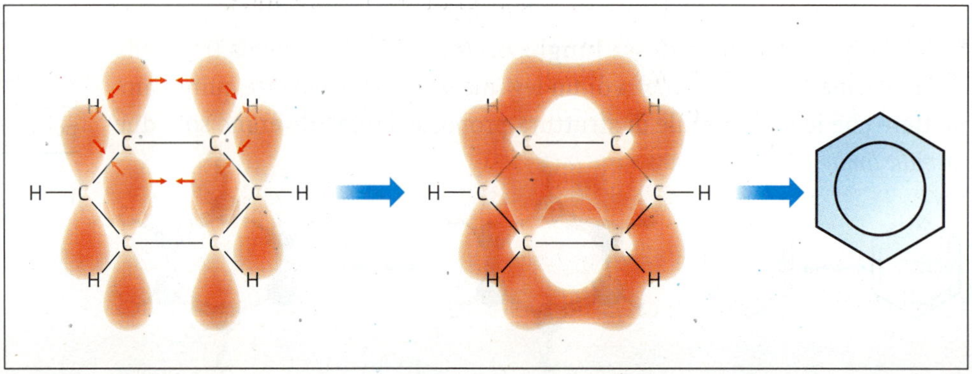

Figura 22 **La sovrapposizione degli orbitali non ibridi *p*** I sei orbitali non ibridi *p* si sovrappongono lateralmente formando un'unica nube elettronica rappresentata con un anello all'interno della molecola.

23 IL BENZENE DÀ REAZIONI DI SOSTITUZIONE ELETTROFILA

elettrofilo si va e mette al posto di H

Dato che l'anello benzenico è stabile e ricco di elettroni π, la reazione più comune alla quale va incontro è la **sostituzione elettrofila**, con uno o più atomi di idrogeno dell'anello che vengono sostituiti con altri atomi o gruppi atomici.

La reazione di sostituzione elettrofila avviene con un meccanismo a due stadi.

a. Nel *primo stadio*, un atomo o gruppo atomico che si comporta da agente elettrofilo (X^+), in presenza di un catalizzatore, si lega a un atomo di carbonio dell'anello aromatico, utilizzando due dei sei elettroni delocalizzati; in tal modo il carbonio assume ibridazione sp^3, si forma un carbocatione (ione arenio) con la carica positiva delocalizzata in posizione *orto-* e *para-*, con perdita dell'aromaticità:

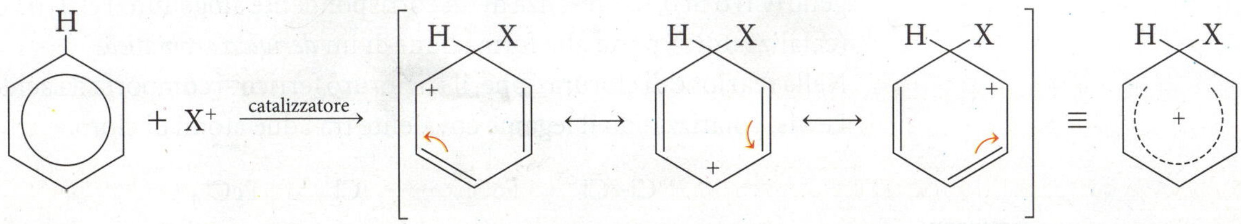

Le strutture limite dei carbocationi possono essere anche indicate con una sola struttura, in cui i due doppietti elettronici delocalizzati sono rappresentati con trattini.

b. Nel *secondo stadio*, si ha che l'atomo di idrogeno legato al carbonio ibridato sp^3 viene allontanato sotto forma di ione H^+; i due elettroni rientrano nell'anello ricostituendo l'aromaticità e si ha la formazione di un derivato del benzene:

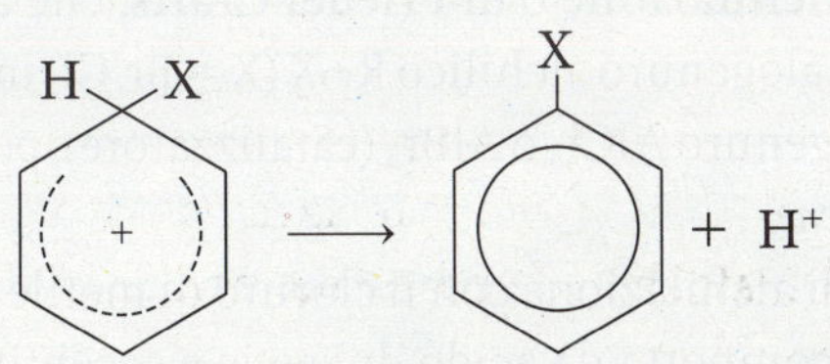

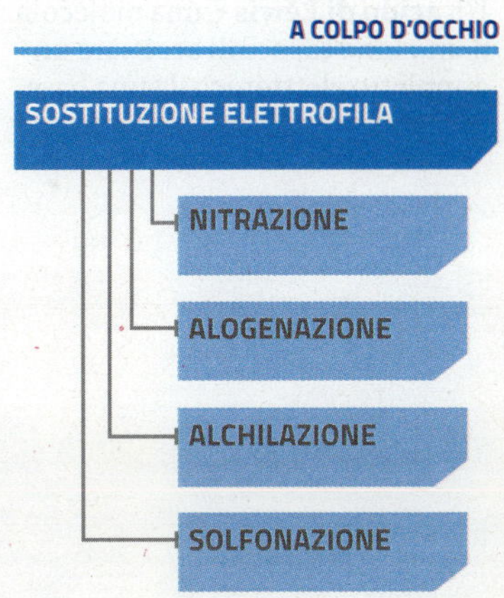

Le principali reazioni di sostituzione elettrofila sono la nitrazione, l'alogenazione, l'alchilazione e la solfonazione.

a. La reazione di **nitrazione**, che consiste nel trattare il benzene con una soluzione di acido solforico (catalizzatore) e di acido nitrico, porta alla formazione del *nitrobenzene*.

Il meccanismo di reazione prevede che l'acido solforico si comporti da acido di Brønsted-Lowry e ceda un protone H^+ all'acido nitrico, che si comporta da base. L'acido nitrico protonato $H_2NO_3^+$ libera acqua e dà origine allo ione nitronio NO_2^+.

TI RICORDI?

Un **acido di Brønsted-Lowry** è una molecola o uno ione capace di cedere un protone a una base.

$$\underset{\text{protone}}{H^+} + \underset{\text{acido nitrico}}{H{-}\overline{\underline{O}}{-}NO_2} \rightarrow \underset{\text{acido nitrico protonato}}{H{-}\overset{\overset{H}{|}}{\underset{+}{O}}{-}NO_2} \rightarrow H_2O + \underset{\text{ione nitronio}}{NO_2^{\;+}}$$

Lo ione nitronio è l'elettrofilo forte che attacca il benzene dando origine al nitrobenzene.

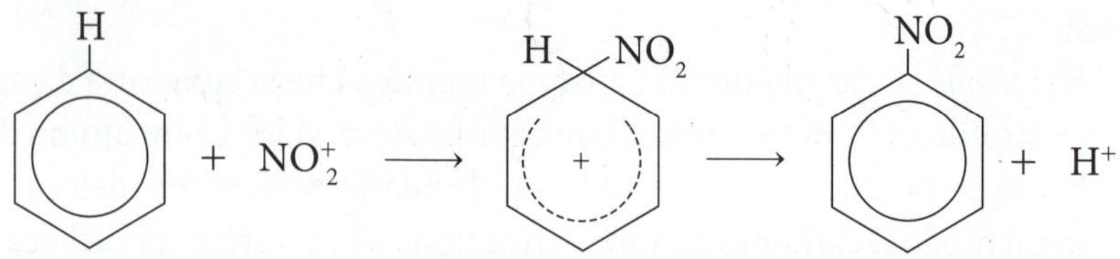

nitrobenzene

b. La reazione di **alogenazione**, che avviene trattando il benzene con un alogeno (Cl_2 o Br_2), in presenza di un corrispondente alogenuro $FeCl_3$ o $FeBr_3$ (catalizzatore), porta alla formazione di un *derivato aromatico*.
Nella reazione di clorurazione, il tricloruro ferrico si comporta da acido di Lewis, polarizzando il legame covalente tra i due atomi di cloro.

$$Cl{-}Cl + FeCl_3 \longrightarrow Cl^+ + FeCl_4^-$$

TI RICORDI?

Un **acido di Lewis** è una molecola o uno ione capace di accettare un doppietto elettronico da una base.

Lo ione Cl^+ che si forma è l'elettrofilo forte che attacca il benzene, dando origine al clorobenzene.

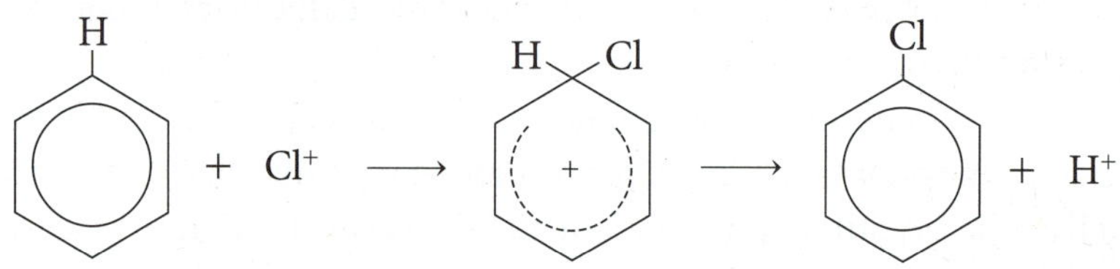

clorobenzene

c. La reazione di **alchilazione** o di **Friedel-Crafts**, che avviene trattando il benzene con un alogenuro alchilico R–X (X = Br, Cl) in presenza di un corrispondente alogenuro $AlCl_3$ o $AlBr_3$ (catalizzatore), porta alla formazione di un *alchilbenzene*.
Nella reazione di alchilazione con il cloruro di metile CH_3Cl, il tricloruro di alluminio si comporta da acido di Lewis e accentua la polarizzazione del legame carbonio-cloro:

$$CH_3{-}Cl + AlCl_3 \rightarrow CH_3^+ + AlCl_4^-$$

Il carbocatione metile CH_3^+ che si forma è l'elettrofilo forte che attacca il benzene dando origine al toluene.

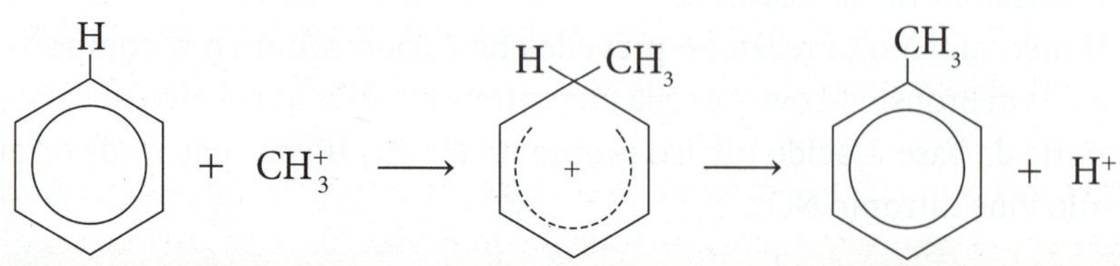

toluene

d. La reazione di **solfonazione** avviene trattando il benzene con acido solforico fumante (acido solforico H_2SO_4, contenente triossido di zolfo, SO_3). Il triossido di zolfo si comporta da elettrofilo forte e attaccando il benzene forma acido benzensolfonico:

$H_2SO_4 + SO_3 \rightarrow HSO_4^- + HSO_3^+$

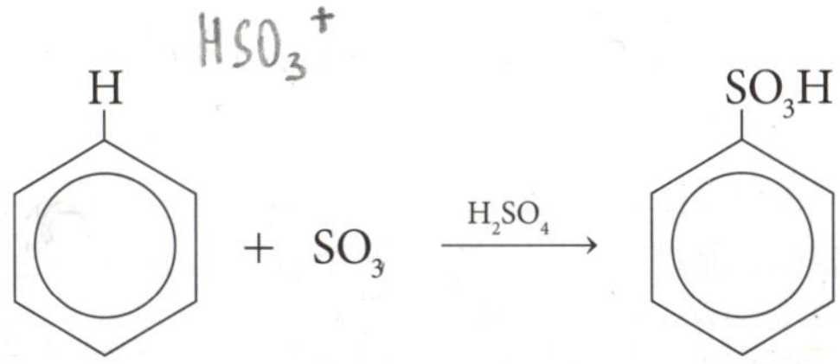

acido benzensolfonico

La reattività del benzene monosostituito

Quando una reazione di sostituzione elettrofila avviene su un benzene monosostituito, la *reattività* di quest'ultimo dipende dal tipo di sostituente già presente nell'anello. I sostituenti, infatti, si distinguono in attivanti e disattivanti a seconda che aumentino o diminuiscano la velocità della reazione.

I sostituenti **attivanti** sono gruppi alchilici o gruppi atomici con un doppietto elettronico libero sull'atomo direttamente legato all'anello benzenico.

Data la disponibilità di elettroni, i sostituenti attivanti sono *elettron-donatori* e per questo aumentano la reattività del benzene monosostituito.

I sostituenti **disattivanti** sono atomi di alogeni o gruppi atomici con una parziale o totale carica positiva sull'atomo direttamente legato all'anello benzenico.

Data la loro tendenza ad attrarre elettroni, i sostituenti disattivanti sono *elettron-attrattori* e quindi diminuiscono la reattività del benzene monosostituito (tabella **9**).

Tabella 9 I più comuni sostituenti attivanti e disattivanti.

Attivanti	Disattivanti
$-NH_2$	$-NO_2$
$-OH$	$-CHO$
$-OCH_3$	$-COOH$
$-CH_3$	$-SO_3H$
$-CH_2-CH_3$	$-F, -Cl, -Br, -I$

L'orientazione del secondo sostituente

Il tipo di sostituente presente sull'anello benzenico, all'atto del legame di un secondo sostituente, determina la **posizione** che quest'ultimo assumerà nell'anello. Infatti, è la maggiore o minore disponibilità di elettroni a definire il prodotto della disostituzione (*orto*, *meta* e *para*) e risultati sperimentali evidenziano che i sostituenti attivanti e gli alogeni orientano il secondo sostituente verso le posizioni **orto**, **para**; i sostituenti disattivanti (tranne gli alogeni) orientano il secondo sostituente verso la posizione **meta** (tabella **10**).

Gli *alogeni sono disattivanti* perché fortemente elettronegativi e di conseguenza elettron-attrattori, mentre la presenza di doppietti elettronici disponibili li rende orto, para-orientanti.

Tabella 10 I più comuni sostituenti (X = primo sostituente) e i loro effetti orientanti.

Primo sostituente	Secondo sostituente
$-NH_2$ $-OH$ $-CH_3$ $-CH_2-CH_3$ $-F, -Cl, -Br, -I$	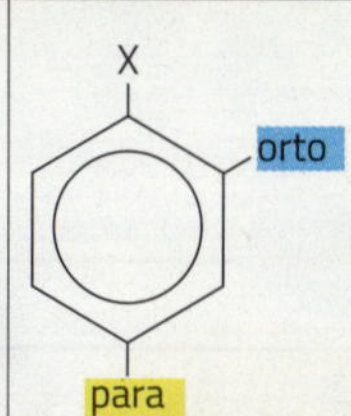
$-NO_2$ $-CHO$ $-COOH$ $-SO_3H$	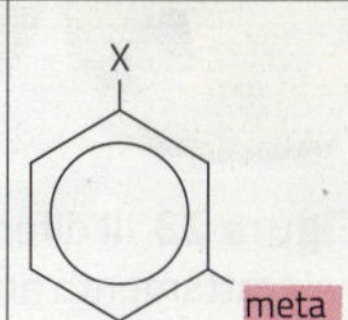

PROBLEMA MODELLO

Rappresentare le reazioni di sintesi dei derivati del benzene

Rappresenta le reazioni di sostituzione elettrofila che portano alla sintesi del *m*-bromonitrobenzene.

L'IDEA

Il *m*-bromonitrobenzene si può sintetizzare mediante due reazioni successive di sostituzione elettrofila tenendo presente gli effetti attivante o disattivante e orientante del primo sostituente presente nell'anello. Nello specifico entrambi i sostituenti sono disattivanti, ma solo il gruppo nitro ($-NO_2$) è meta orientante, quindi occorre effettuare prima una reazione di nitrazione e poi di alogenazione.

LA SOLUZIONE E LA CONCLUSIONE

a. La reazione di **nitrazione** porta alla formazione del nitrobenzene:

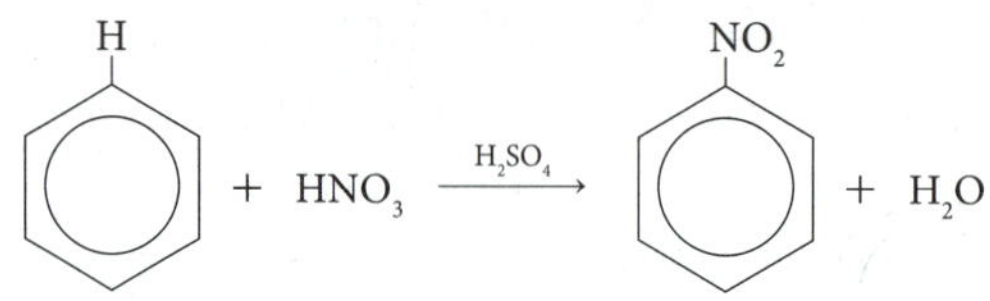

b. La reazione di **alogenazione** porta alla sintesi del *m*-bromonitrobenzene:

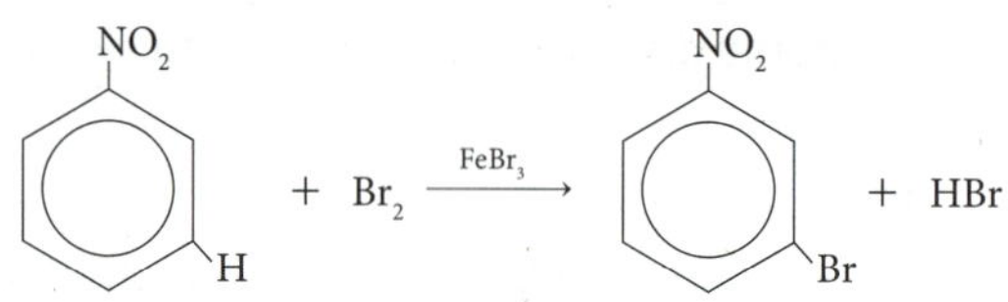

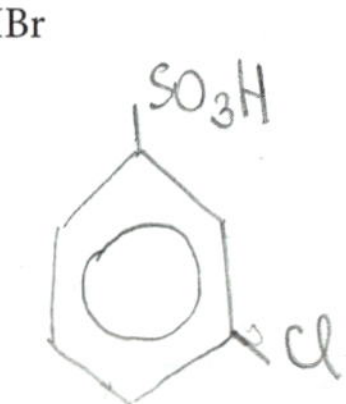

PROBLEMA SIMILE

Progetta, partendo dal benzene, la sintesi dell'acido *m*-clorobenzensolfonico.

24 GLI IDROCARBURI AROMATICI POLICICLICI SONO UN INSIEME DI ANELLI

Gli idrocarburi aromatici **policiclici** sono costituiti da due o più anelli benzenici.

Si distinguono in concatenati e condensati, a seconda del modo in cui gli anelli benzenici sono legati tra loro:

a. gli areni policiclici **concatenati** sono costituiti da due o più anelli benzenici uniti da un legame semplice carbonio-carbonio; il più comune è il *difenile* (figura **23**):

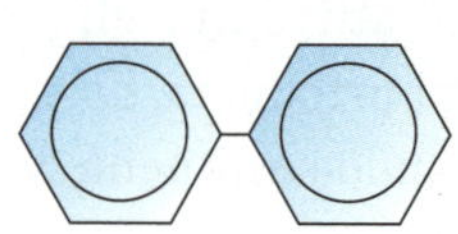

difenile

Figura 23 **Il difenile** È usato nel trattamento antimuffa degli agrumi.

b. gli areni policiclici **condensati** sono costituiti da due o più anelli benzenici e ogni coppia di anelli ha due atomi di carbonio in comune: il più comune è il *naftalene*, commercialmente noto anche come naftalina (formula molecolare $C_{10}H_8$), che a temperatura ambiente passa dallo stato solido allo stato di vapore (sublimazione):

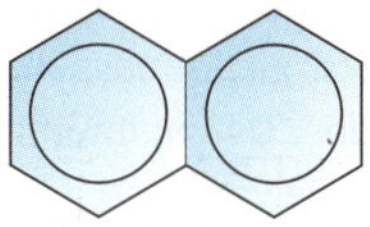

naftalene

Altri idrocarburi policiclici condensati sono l'antracene $C_{14}H_{10}$, il fenantrene $C_{14}H_{10}$, la cui struttura, saturata, è presente in molte molecole biologiche (colesterolo, ormoni steroidei, acidi biliari), e il benzo[a]pirene $C_{20}H_{12}$, presente nel fumo delle sigarette e avente effetti cancerogeni.

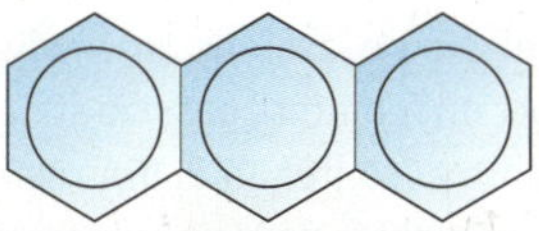

antracene

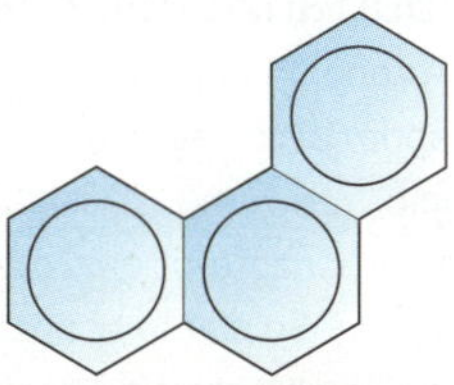

fenantrene

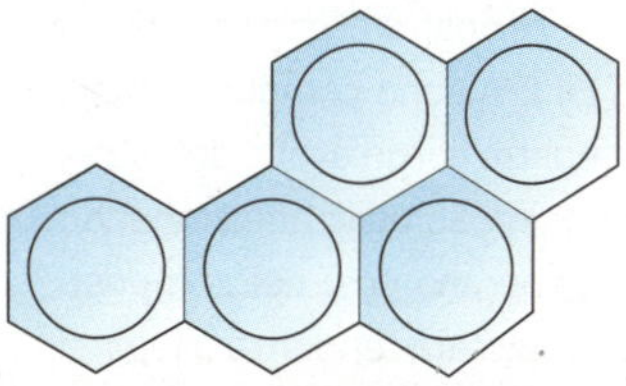

benzo[a]pirene

LA NOSTRA SALUTE

Come si formano gli idrocarburi policiclici aromatici

Nel 1775 il medico britannico Percivall Pott scoprì la prima correlazione tra l'esposizione alla fuliggine e il cancro allo scroto. A quell'epoca, molti bambini lavoravano come spazzacamini e, dopo circa dieci anni di lavoro, molti di loro sviluppavano questo tipo di tumore. Pott si rese conto che il continuo contatto con la fuliggine e la scarsa igiene del tempo provocavano un accumulo delle ceneri sulla cute. Fu la prima scoperta di una malattia professionale e venne chiamato «cancro degli spazzacamini». Nonostante gli studi di Pott, questo tipo di cancro continuò a essere considerato una malattia venerea e soltanto negli anni Trenta del secolo scorso si iniziarono a isolare i composti chimici responsabili di questo tumore.

L'azione cancerogena della fuliggine è dovuta al benzo[a]pirene, una molecola prodotta dalla combustione incompleta del carbone.

Il benzo[a]pirene (figura A) appartiene a un particolare gruppo di composti organici, tristemente noti per la loro tossicità e la loro cancerogenicità: gli idrocarburi policiclici aromatici.

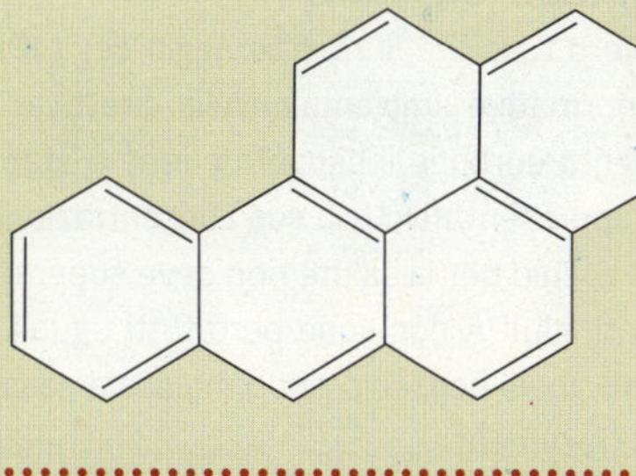

Figura A Il benzo[a]pirene.

Gli **idrocarburi policiclici aromatici** (**IPA**) sono una vasta classe di composti organici caratterizzata dalla presenza di più anelli benzenici condensati tra loro. Sono molecole ad elevato peso molecolare formate da un numero di anelli variabile da 2 a 7. Gli IPA sono presenti nell'ambiente sotto forma di miscele complesse, contenenti oltre un centinaio di composti differenti. A causa della loro estrema varietà, negli anni Ottanta la *United States Environment Protection Agency* (EPA) e la *World Health Organization* (WHO) hanno identificato 16 IPA rappresentativi e definiti «inquinanti prioritari».

L'azione cancerogena

Un composto si dice cancerogeno quando è in grado di interagire con il DNA, compromettendone la struttura e provocando un'alterazione genetica. Gli IPA di per sé non sono agenti cancerogeni, ma lo diventano nel momento in cui il nostro organismo tenta di metabolizzarli. A livello chimico gli IPA sono composti stabili e lipofili: per cercare di eliminarli, il nostro corpo attiva delle trasformazioni metaboliche per renderli idrosolubili, addizionando acqua alla struttura aromatica. Si generano così dei composti idrati (epossidi e dioli) che hanno una spiccata tendenza a legarsi con le molecole del DNA, alterando il patrimonio genetico delle cellule e aumentando, quindi, la probabilità di cancerogenesi.

Gli IPA vengono prodotti da processi di combustione

Le fonti di IPA sono sia antropiche sia naturali. In natura si trovano nel carbone e nel petrolio e, attraverso la raffinazione, si accumulano nelle frazioni pesanti come il bitume. Altre sorgenti naturali sono le emissioni prodotte da incendi di boschi e le eruzioni vulcaniche, anche se il loro contributo è di piccola entità. Al di là della fonte specifica, gli IPA si formano dalla combustione incompleta di materiale organico, come carbone, legno, derivati del petrolio, cibi e rifiuti. Le potenziali sorgenti antropiche sono quindi molteplici: processi industriali, lavorazioni di combustibili fossili, inceneritori, riscaldamento domestico, emissione veicolare, asfalto della copertura stradale, fumo di sigaretta, alimenti affumicati o cucinati alla griglia (figura B). A causa di queste numerose fonti, gli IPA sono considerati composti ubiquitari, cioè sono presenti in tutti i comparti ambientali (aria, acqua, suolo e alimenti).

Un problema ambientale

A causa della loro tossicità, il monitoraggio degli IPA deve seguire diverse normative ambientali. Nella direttiva 2004/107/CE del parlamento europeo il benzo[a]pirene è stato proposto come *marker* rappresentativo e la sua concentrazione massima come soglia di rischio per la salute non deve superare 1 ng/m^3. Come inquinanti, gli IPA non sono però tutti uguali. Quelli con meno di quattro anelli benzenici sono molecole gassose e vengono degradati facilmente.

Gli IPA con più di quattro anelli, invece, tendono a condensare rapidamente e ad adsorbirsi sulla superficie di particelle solide come la fuliggine, le ceneri e il particolato atmosferico. Poiché queste particelle hanno dimensioni tali da poter essere respirate, gli IPA possono penetrare nei polmoni mediante la respirazione. Una volta immessi nell'atmosfera, il loro destino può essere diverso: se il particolato si deposita su coltivazioni destinate all'alimentazione (per esempio grano, frutta e verdura), gli IPA possono essere assunti tramite il cibo per ingestione. La contaminazione alimentare è strettamente legata all'inquinamento, poiché gli IPA sono inquinanti sia atmosferici sia acquatici. Possono entrare a contatto con gli alimenti anche attraverso l'assorbimento da suoli contaminati (patate) o da acque contaminate (molluschi, pesci e crostacei).

L'importanza della prevenzione

Gli IPA sono un importante problema sanitario. I rischi per la salute sono però legati anche al nostro comportamento. Per esempio, chi fuma 20 sigarette al giorno assume in media 105 ng di benzo[a]pirene, mentre per un fumatore passivo sono circa 40 ng. Se siamo esposti soltanto ai contenuti di IPA residuali nell'ambiente e negli alimenti non abbiamo rischi rilevanti per la nostra salute. È una nostra responsabilità, invece, cercare di limitare tutte le possibili esposizione superflue, consumando con moderazione prodotti affumicati o grigliati e, soprattutto, rinunciando a fumare, per la nostra salute e quella degli altri.

Figura B **Le fonti di IPA** Nella cottura allo spiedo e alla griglia, se l'alimento è a contatto diretto con la fiamma, si possono formare idrocarburi policiclici aromatici (IPA).

25 I COMPOSTI AROMATICI ETEROCICLICI SONO COSTITUITI DA ANELLI CONTENENTI ETEROATOMI

I composti aromatici **eterociclici** sono composti il cui anello è costituito da atomi di carbonio e da uno o più eteroatomi, cioè atomi diversi dal carbonio.

Gli aromatici eterociclici più diffusi (figura **24**) sono gli anelli *pentatomici* ed *esatomici*, costituiti rispettivamente da cinque atomi e da sei atomi.

Negli eterociclici aromatici, gli **eteroatomi** più comuni sono l'azoto e l'ossigeno. L'azoto è presente nella piridina e nel pirrolo, l'ossigeno nel furano:

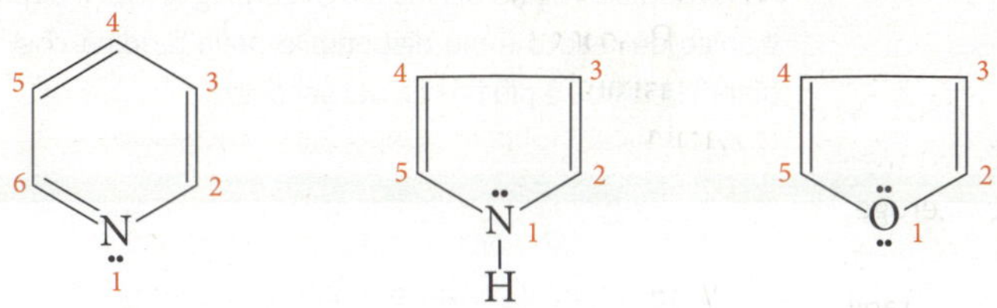

piridina pirrolo furano

Figura 24 **Le antocianine** I colori di molti fiori rossi e blu sono dovuti alle antocianine, composti aromatici eterociclici.

LE PAROLE

Il termine **eteroatomo** (dal greco: *héteros* = diverso) è utilizzato per indicare in un composto un atomo diverso dal carbonio.

Nella **piridina**, eterociclico esatomico, l'atomo di azoto ibridato sp^2 ha un elettrone nell'orbitale non ibrido p perpendicolare al piano dell'anello (figura **25**). All'interno dell'anello vi sono sei elettroni delocalizzati: un elettrone deriva dall'orbitale p dell'azoto, mentre gli altri elettroni derivano dai cinque atomi di carbonio (figura **25**).

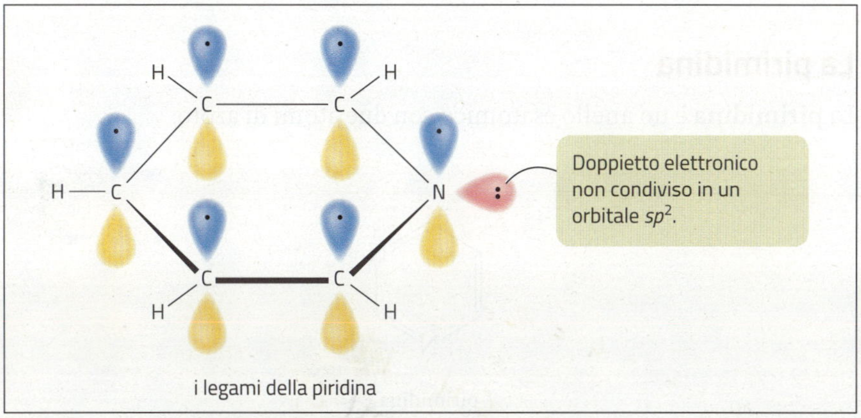

Figura 25 **L'anello della piridina ha sei elettroni delocalizzati.**

La piridina è quindi un ibrido di risonanza e può essere così rappresentata:

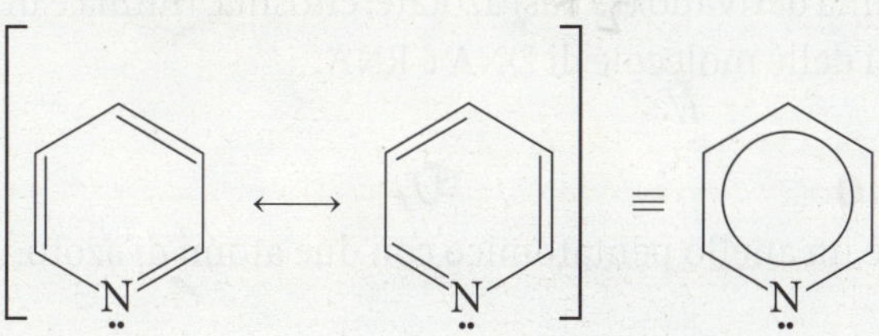

Nel **pirrolo** e nel **furano**, eterociclici pentatomici, l'atomo di azoto e l'atomo di ossigeno, ibridati sp^2, hanno due elettroni nell'orbitale non ibridato p. Essendo i due anelli costituiti da quattro atomi di carbonio che possono fornire quattro elettroni, l'atomo di azoto (nel pirrolo) e l'atomo di ossigeno (nel furano) devono contribuire con due elettroni al sistema dei sei elettroni delocalizzati.

TI RICORDI?

Il **pirrolo** è un composto eterociclico azotato presente nella struttura delle porfirine. Tra queste le più note sono l'eme e la clorofilla costituite da quattro anelli pirrolici, coordinati rispettivamente dallo ione ferro e magnesio.

TI RICORDI?

Il **furano** è un composto che costituisce la struttura base di alcuni monosaccaridi (pentosi ed esosi) in forma semiacetalica.

PER SAPERNE DI PIÙ

Le condizioni di aromaticità

Le condizioni necessarie affinché un composto organico sia aromatico sono tre:

- struttura ciclica;
- complanarità degli atomi del ciclo e di quelli ad essi direttamente legati;
- rispetto della regola di Hückel, che prevede la presenza di un numero di elettroni de localizzati pari a $4n + 2$, con n = numero naturale.

n	Numero di elettroni delocalizzati	Esempi
1	6	benzene, piridina, pirrolo, furano
2	10	naftalene
3	14	antracene, fenantrene

Al contrario di quanto avviene per la piridina, nel pirrolo l'atomo di azoto cede il doppietto elettronico al sistema p per consentire il rispetto della regola di Hückel. Di conseguenza, il doppietto elettronico dell'azoto è più disponibile nella piridina che nel pirrolo, quindi la prima è più basica del secondo.

26 GLI AROMATICI ETEROCICLICI SVOLGONO UN IMPORTANTE RUOLO BIOLOGICO

Composti aromatici molto diffusi e con un rilevante ruolo biologico sono la *pirimidina*, l'*imidazolo* e la *purina*.

La pirimidina

La **pirimidina** è un anello esatomico con due atomi di azoto:

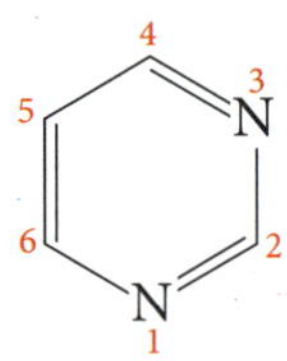

pirimidina

Dalla pirimidina derivano tre basi azotate: citosina, timina e uracile, presenti nei nucleotidi delle molecole di DNA e RNA.

L'imidazolo

L'**imidazolo** è un anello pentatomico con due atomi di azoto:

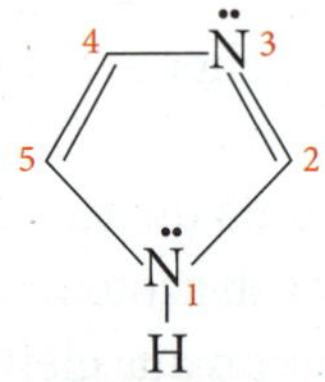

imidazolo

Il doppietto elettronico dell'N-3 non entra far parte dei sei elettroni delocalizzati e quindi può essere condiviso (base di Lewis), rendendo basica la molecola (figura 26).

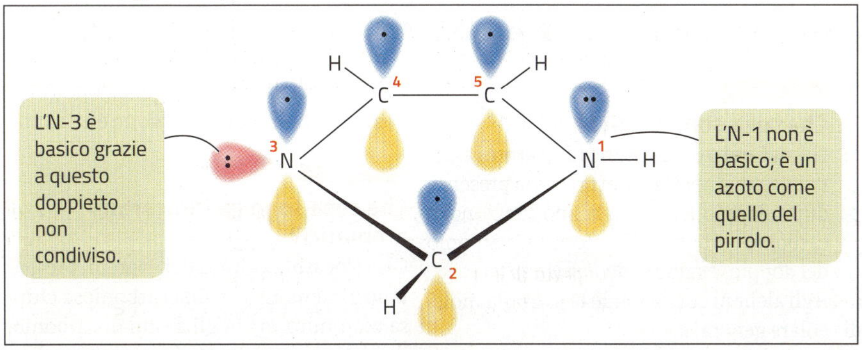

Figura 26 L'imidazolo Nell'anello dell'imidazolo il doppietto dell'azoto in posizione 3 non fa parte degli elettroni delocalizzati.

Il sistema dell'imidazolo si trova nell'amminoacido **istidina**, con un ruolo importante nelle reazioni catalizzate da enzimi.

Per *decarbossilazione* (perdita di una molecola CO_2) dell'istidina si forma l'**istamina** che viene liberata nei tessuti in seguito a ipersensibilità allergica o nella risposta infiammatoria. Per alleviare i sintomi delle allergie sono stati sviluppati molti antistaminici, farmaci che contrastano gli effetti dell'istamina.

TI RICORDI?

L'**acido urico** rappresenta la forma di eliminazione dell'azoto delle purine contenute negli acidi nucleici e, negli animali uricotelici come uccelli e rettili, anche dell'azoto degli amminoacidi contenuti nelle proteine.

La purina

La **purina** è un eterociclico costituito da due anelli condensati: un anello esatomico pirimidinico e un anello pentatomico imidazolico:

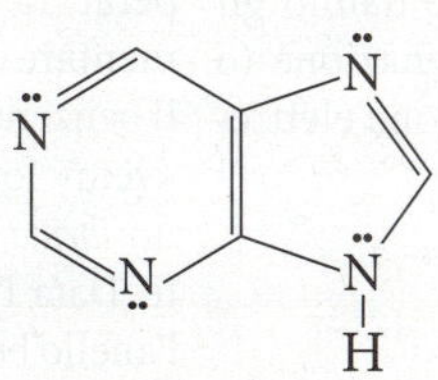

purina

TI RICORDI?

Un **coenzima** è una molecola organica non proteica necessaria per l'attività catalitica di un enzima; funziona da trasportatore di gruppi atomici (coenzima A) o di atomi di idrogeno (NAD, FAD, NADP).

Il sistema della purina si trova nell'acido urico, prodotto dal catabolismo azotato, nella caffeina del caffè e delle bevande a base di cola e nella teina del tè (figura 27).

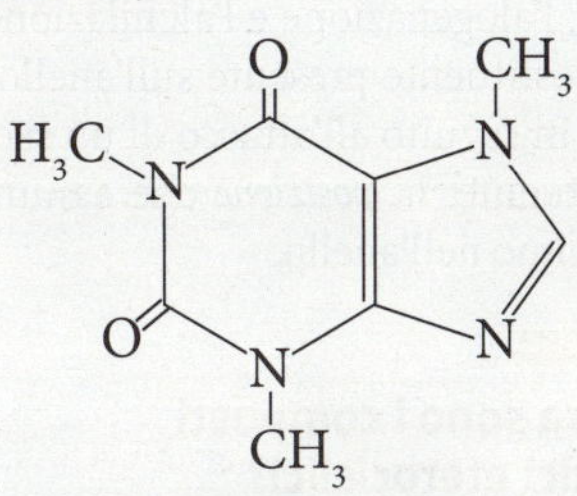

caffeina/teina

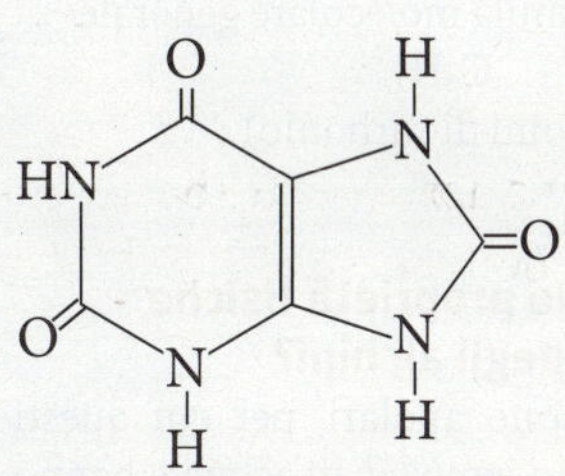

acido urico

PER CAPIRE MEGLIO
Animazione:
Aromaticità

Anche le basi azotate dell'adenina e della guanina, presenti nei nucleotidi delle molecole del DNA e dell'RNA, sono derivati della purina.

La nicotinammide (derivato dalla piridina) e l'adenina (derivato della purina) sono presenti nella **nicotinammide-adenin-dinucleotide (NAD)**, un coenzima che svolge un ruolo fondamentale nelle reazioni cataboliche dell'ossidazione del glucosio.

Figura 27 La teina Gli anelli purinici si trovano nella teina.

FACCIAMO IL PUNTO

LO SAI? RIPASSA CON LO SMARTPHONE

Che cosa sono gli alcani?

Gli alcani, o paraffine, sono idrocarburi alifatici a catena aperta, saturi per la presenza di legami semplici carbonio-carbonio. Gli atomi di carbonio dei singoli legami sono *ibridati* sp^2.
Tutti gli atomi di carbonio degli alcani sono *ibridati* sp^3. I quattro orbitali ibridi sp^3 si orientano in direzione dei vertici di un tetraedro (*disposizione tetraedrica*) con formazione di angoli di legame di 109,5° rispetto al nucleo che si trova al centro del tetraedro. Agli alcani corrisponde la formula molecolare generale:

$$C_nH_{2n} + 2$$

n = numero di atomi di carbonio

Quali sono le proprietà fisiche e chimiche degli alcani?

Gli alcani sono composti apolari e quindi insolubili in acqua e con *punti di ebollizione* bassi. I punti di ebollizione negli alcani a *catena lineare* aumentano con l'aumentare della massa molecolare, mentre in quelli a *catena ramificata* con lo stesso numero di atomi di carbonio, diminuiscono.
Gli alcani danno origine a reazioni di combustione e di alogenazione.

Che cosa sono i cicloalcani?

I cicloalcani sono idrocarburi alifatici a catena chiusa, saturi per la presenza di legami semplici carbonio-carbonio. Ai cicloalcani corrisponde la **formula molecolare** generale:

$$C_nH_{2n}$$

n (numero di atomi di carbonio) > 3

Quali sono le proprietà fisiche e chimiche degli cicloalcani?

I cicloalcani sono composti *apolari* e quindi insolubili in acqua e con bassi *punti di ebollizione* che aumentano con l'aumentare della massa molecolare.
I cicloalcani sono composti stabili e poco reattivi e, come per gli alcani, le principali reazioni dei cicloalcani sono quelle di combustione e di alogenazione. Una reattività più elevata si verifica solo nei primi due termini della serie, il *ciclopropano* e il *ciclo butano*.

Che cosa sono gli alcheni?

Gli **alcheni** o olefine sono idrocarburi alifatici a catena aperta, insaturi per la presenza di un doppio legame (gruppo funzionale) carbonio-carbonio. Gli atomi di carbonio del doppio legame sono *ibridati* sp^2
Agli alcheni corrisponde la formula molecolare generale:

$$C_nH_{2n}$$

n (numero atomi di carbonio) > 2

Quali sono le proprietà fisiche e chimiche degli alcheni?

Gli alcheni sono apolari e di conseguenza questi composti sono *insolubili* in acqua e hanno *punti di ebollizione* bassi. La reattività degli alcheni è legata alla presenza del *doppio legame* tra i due atomi di carbonio ibridati sp^2, che rappresenta un ottimo punto di attacco per agenti elettrofili, dando origine a reazioni di addizione.
Le **reazioni di addizione** che danno gli alcheni sono quelle di idrogenazione (o riduzione catalitica), di addizione elettrofila e di polimerizzazione.

Che cosa sono gli alchini?

Gli alchini sono idrocarburi alifatici a catena aperta, insaturi per la presenza di un triplo legame (gruppo funzionale) carbonio-carbonio. Gli atomi di carbonio del triplo legame sono *ibridati sp*. Agli alchini corrisponde la formula molecolare generale:

$$C_nH_{2n-2}$$

n (numero atomi di carbonio) > 2

Quali sono le proprietà fisiche e chimiche degli alchini?

Gli alchini sono apolari, per cui questi composti sono *insolubili* in acqua e hanno *punti di ebollizione* bassi.
Negli alchini con *triplo legame terminale*, il legame carbonio-idrogeno è debolmente *polarizzato*, per cui in presenza di una base forte, l'atomo di idrogeno si stacca sotto forma di ioni H^+ (*comportamento acido*) con formazione di un sale detto **acetiluro**.
La reattività degli alchini è legata alla presenza del triplo legame tra i due atomi di carbonio ibridati *sp* che dà origine a **reazioni di addizione**: idrogenazione (o riduzione catalitica) e addizione elettrofila.

Che cosa sono gli idrocarburi aromatici?

Gli idrocarburi aromatici, o areni, presentano almeno una catena carboniosa chiusa esatomica in cui gli atomi di carbonio, ibridati sp^2, sono legati da legami covalenti omopolari e da un *legame a elettroni delocalizzati*. Il termine più semplice di questa serie di composti è il benzene C_6H_6.
Gli idrocarburi aromatici **monociclici** sono costituiti da un anello benzenico, gli idrocarburi aromatici **policiclici** da due o più anelli.

Quali sono le proprietà fisiche e chimiche degli idrocarburi aromatici?

Gli idrocarburi aromatici sono composti apolari e quindi *insolubili* in acqua, la temperatura di ebollizione aumenta con l'aumentare della massa molecolare.
Il benzene è notevolmente *stabile* poiché la «vera» formula di struttura del benzene è un *ibrido di risonanza* di due formule limite. Data l'elevata stabilità che caratterizza l'anello benzenico, la reazione più comune del benzene è quella di **sostituzione elettrofila**, con uno o più atomi di idrogeno dell'anello che vengono sostituiti con altri atomi o gruppi atomici. Le principali reazioni di sostituzione elettrofila sono la nitrazione, l'alogenazione e l'alchilazione. Il tipo di sostituente presente sull'anello influenza, in seguito all'attacco di un secondo sostituente, la *posizione* che assumerà quest'ultimo nell'anello.

Che cosa sono i composti aromatici eterociclici?

I composti aromatici eterociclici sono composti il cui anello è costituito da atomi di carbonio e da uno o più eteroatomi, cioè atomi diversi dal carbonio. Gli aromatici eterociclici più diffusi sono gli anelli pentatomici ed esatomici, costituiti rispettivamente da cinque atomi e da sei atomi, mentre gli eteroatomi sono generalmente azoto (come in piridina e pirrolo) o ossigeno (come nel furano).

ESERCIZI

ZTE ONLINE
Mettiti alla prova
con 20 esercizi interattivi

VERIFICA LE TUE CONOSCENZE

GLI ALCANI

1 Qual è il nome IUPAC del seguente composto?

$CH_3-CH-CH_3$
$\quad\quad\;\, |$
$\quad\quad CH_2-CH_3$

Ⓐ 2-etilpropano
Ⓑ 1-isopropiletano
Ⓒ 2-metilbutano
Ⓓ 3-metilbutano

2 Quale tra le seguenti formule molecolari rappresenta un alcano?

Ⓐ $C_4H_{10}O$
Ⓑ C_4H_9OH
Ⓒ C_4H_{10}
Ⓓ C_4H_8

3 Indica il corretto ordine crescente del punto di ebollizione per i seguenti composti 1) 2-metilbutano, 2) *n*-pentano, 3) *n*-esano, 4) 2,2-dimetilpropano

Ⓐ $2 < 3 < 1 < 4$
Ⓑ $4 < 1 < 3 < 2$
Ⓒ $1 < 4 < 3 < 2$
Ⓓ $4 < 1 < 2 < 3$

4 I prodotti di una reazione di combustione completa di un alcano sono

Ⓐ CO_2 e H_2
Ⓑ CO e H_2O
Ⓒ CO_2 e H_2O
Ⓓ CO e H_2

5 Quale delle seguenti affermazioni riguardanti il metano NON è corretta?

Ⓐ l'atomo di carbonio è ibridato sp^3
Ⓑ è una molecola polare
Ⓒ è insolubile in acqua
Ⓓ ha una disposizione tetraedrica

6 Nella reazione di combustione dell'eptano il coefficiente stechiometrico dell'ossigeno è

Ⓐ 11
Ⓑ 7
Ⓒ 9
Ⓓ 14

7 Quale dei seguenti alcani è costituito per il 79,80% da carbonio?

Ⓐ etano
Ⓑ propano
Ⓒ butano
Ⓓ pentano

I CICLOALCANI

8 Il ciclopropano è un composto

Ⓐ allo stato liquido
Ⓑ con elevato punto di ebollizione
Ⓒ apolare
Ⓓ insolubile in solventi organici

9 La reazione di alogenazione del cicloesano con bromo (Br_2) porta alla formazione del

Ⓐ 1,2-dibromocicloesano
Ⓑ 1,2-dibromoesano
Ⓒ bromocicloesano
Ⓓ 1,1-dibromocicloesano

10 Nel cicloesano gli atomi di carbonio formano angoli di legame di

Ⓐ 109,5°
Ⓑ 120°
Ⓒ 104,5°
Ⓓ 90°

11 In quale dei seguenti composti NON si verifica isomeria geometrica?

Ⓐ 1,1-diclorocicloesano
Ⓑ 1,2-diclorocicloesano
Ⓒ 1,3-diclorocicloesano
Ⓓ 1,4-diclorocicloesano

12 Quale delle seguenti formule molecolari rappresenta un cicloalcano?

Ⓐ C_6H_{12}
Ⓑ C_6H_{10}
Ⓒ C_6H_{14}
Ⓓ C_6H_6

GLI ALCHENI

13 Quale dei seguenti composti NON presenta isomeria geometrica?

Ⓐ $CH_3-CH_2-CH=CH-CH_2-CH_3$

Ⓑ
$\quad\quad\quad\quad\;\; CH_3$
$\quad\quad\quad\quad\;\; |$
$CH_3-CCl=C-CH_3$

Ⓒ $CH_3-CCl=CCl-CH_3$
Ⓓ $CH_3-CH_2-CBr=CBr-CH_3$

14 **Quanti sono gli isomeri NON ciclici con formula molecolare C_4H_8?**

Ⓐ 2 Ⓒ 4

Ⓑ 3 Ⓓ 6

15 **La reazione del pentene con idrogeno molecolare è di**

Ⓐ riduzione catalitica

Ⓑ addizione nucleofila

Ⓒ sostituzione nucleofila

Ⓓ sostituzione elettrofila

16 **Dalla reazione di idratazione del metilpropene in presenza di un catalizzatore acido, si ottiene**

Ⓐ un alcol secondario

Ⓑ un'aldeide

Ⓒ un alcol terziario

Ⓓ un chetone

17 **Quale delle seguenti affermazioni riguardanti gli alcheni NON è corretta?**

Ⓐ sono molecole apolari

Ⓑ hanno punti di ebollizione bassi

Ⓒ sono insolubili in acqua

Ⓓ danno reazioni di addizione nucleofila

18 **L'alchene che attraverso la reazione di idratazione origina un alcol primario è**

Ⓐ propene Ⓒ etilene

Ⓑ 1-butene Ⓓ 1-pentene

19 **Il composto che si forma nella reazione di alogenazione tra l'1-esene e il cloro è**

Ⓐ 1,1-dicloroesano Ⓒ 2,2-dicloroesano

Ⓑ 1,2-dicloroesano Ⓓ 1,6-dicloroesano

GLI ALCHINI

20 **Indica il nome corretto del seguente composto**

$CH_2Cl{-}CHBr{-}C{\equiv}C{-}CH_3$

Ⓐ 4-bromo-5-cloro-2-pentino

Ⓑ 3-bromo-2-cloro-4-pentino

Ⓒ 5-cloro-4-bromo-2-pentino

Ⓓ 2-pentino-4-bromo-5-cloro

21 **Quanti sono gli isomeri di posizione dell'alchino lineare di formula molecolare C_6H_{10}?**

Ⓐ 2 Ⓒ 4

Ⓑ 3 Ⓓ 5

22 **Quale delle seguenti affermazioni riguardanti gli alchini NON è corretta?**

Ⓐ sono insolubili in solventi organici

Ⓑ hanno punti di ebollizione bassi

Ⓒ gli atomi di carbonio del triplo legame sono ibridati *sp*

Ⓓ hanno un comportamento chimico acido

23 **Dalla reazione di idrogenazione del 2-pentino in presenza del catalizzatore di Lindlar si ottiene il**

Ⓐ 2-pentene Ⓒ pentano

Ⓑ *cis*-2-pentene Ⓓ *trans*-2-pentene

24 **La reazione di addizione elettrofila fra un alchino e due moli di un acido alogenidrico porta alla formazione di un**

Ⓐ alchene monosostituito

Ⓑ alchene disostituito

Ⓒ alcano monosostituito

Ⓓ alcano disostituito

25 **Quale tra le seguenti formule molecolari rappresenta un alchino?**

Ⓐ C_6H_{10} Ⓒ C_6H_6

Ⓑ C_6H_{12} Ⓓ C_6H_{14}

26 **In seguito all'idratazione dell'1-pentino (in presenza di catalizzatore acido e dello ione mercurico) si ottiene un**

Ⓐ chetone Ⓒ enolo

Ⓑ etere Ⓓ alchene

GLI IDROCARBURI AROMATICI

27 **Quale delle seguenti affermazioni riguardanti il benzene NON è corretta?**

Ⓐ è una molecola apolare

Ⓑ è insolubile in acqua

Ⓒ è un liquido incolore e volatile

Ⓓ gli atomi di carbonio sono ibridati *sp*

28 **La reazione del benzene con acido nitrico in presenza di acido solforico è di**

Ⓐ sostituzione radicalica
Ⓑ sostituzione elettrofila
Ⓒ sostituzione nucleofila
Ⓓ addizione elettrofila

29 **Quale tra i seguenti gruppi funzionali è *meta*-orientante?**

Ⓐ $-CHO$
Ⓑ $-OH$
Ⓒ $-NH_2$
Ⓓ $-Cl$

30 **Quale tra i seguenti idrocarburi aromatici è policiclico?**

Ⓐ toluene
Ⓑ stirene
Ⓒ naftalene
Ⓓ xilene

31 **La reazione tra il benzene e il cloruro di etile in presenza di cloruro di alluminio porta alla formazione di un**

Ⓐ alchilbenzene
Ⓑ alogenuro alchilico monosostituito
Ⓒ derivato alogenato del benzene
Ⓓ cicloalcano monosostituito

32 **Quale tra i seguenti sostituenti rende l'anello benzenico disattivante?**

Ⓐ $-CH_3$
Ⓑ $-Cl$
Ⓒ $-OH$
Ⓓ $-NH_2$

33 **Quale tra i seguenti composti non dà la reazione di sostituzione elettrofila aromatica?**

Ⓐ 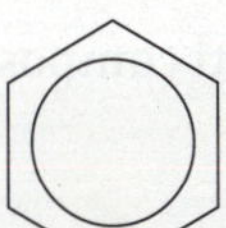
Ⓑ 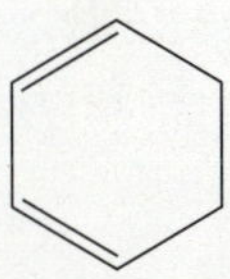
Ⓒ 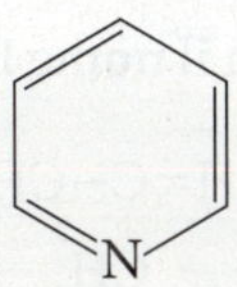

Ⓓ 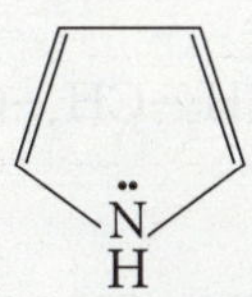

34 **Indica qual è la formula corretta della pirimidina**

Ⓐ 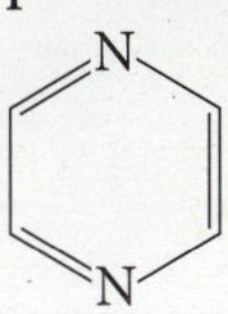

Ⓑ 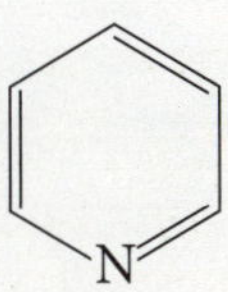

Ⓒ 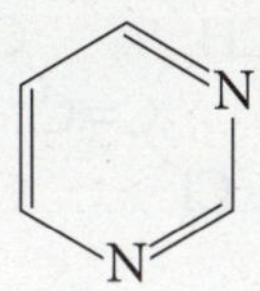

Ⓓ 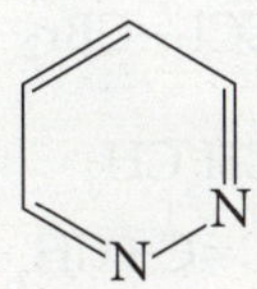

35 **Nel pirrolo, un composto eterociclico pentatomico, l'eteroatomo è un atomo di**

Ⓐ azoto ibridato sp^2
Ⓑ ossigeno ibridato sp^3
Ⓒ ossigeno ibridato sp^2
Ⓓ azoto ibridato sp^3

VERIFICA LE TUE ABILITÀ

36 **Rappresenta le formule razionali dei seguenti composti.**

a. 2-metilpentano
b. 2,3-dimetilbutano
c. 4-etil-2,2-dimetilesano
d. 3-bromo-2-metilpentano
e. 1,1,3,3-tetracloropentano
f. 2-cloro-3-isopropileptano
g. 4-*sec*-butil-2,7-dimetilottano
h. 4-isobutil-4-metileptano
i. 1,2,5 tricloro 2,3 dimetilpentano

37 **Assegna il nome IUPAC ai seguenti composti.**

a. $CH_3-CH_2-C(CH_3)_2-CH_3$ (C con CH_3 sopra e CH_3 sotto)

b. $CH_3-CH_2-CH_2-CH_2I$

c. $CH_2Cl-CH_2-CH_2-CH(CH_3)-CH_3$

d. $CH_3-CBr(CH_3)-CH_3$

e. $CH_3-CH_2-CH(CH_2-CH_3)-CH_3$

f. $CH_3-CH_2-CH_2-C(CH_3)(CH(CH_3)-CH_2-CH_3)-CH_2-CH_2-CH_3$

38 **Rappresenta la formula razionale dei seguenti composti e assegna il nome IUPAC corretto.**

a. 1-metilbutano
b. 2-etilbutano
c. 2,3-dibromopropano
d. 3-bromo-2-propilpentano

39 **Rappresenta le formule razionali di tutti gli isomeri (il numero è indicato tra parentesi) dei seguenti composti e assegna a ciascuno di essi il nome IUPAC.**

a. $C_3H_6F_2$ (4)
b. $C_2H_2ClBr_3$ (3)

40 **Disponi i seguenti alcani in ordine crescente di punto di ebollizione.**

a. 2-metilesano
b. *n*-eptano
c. 3,3-dimetilpentano
d. *n*-esano
e. 2-metileptano

41 **Rappresenta le equazioni delle seguenti reazioni specificando il nome dei prodotti.**

a. combustione dell'esano
b. mono-clorurazione del butano

42 **Rappresenta le formule razionali dei seguenti composti.**

a. 1-bromo-3-etilcicloesano
b. 1,2-difluorociclopropano
c. 1,1,3-trimetilciclopentano
d. 1-etil-3-metilciclobutano
e. *trans*-1,2-diclorociclopentano

43 **Assegna il nome IUPAC ai seguenti composti.**

a.
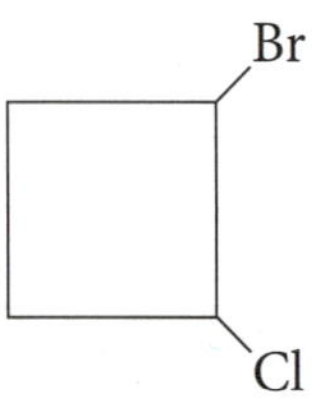

b.
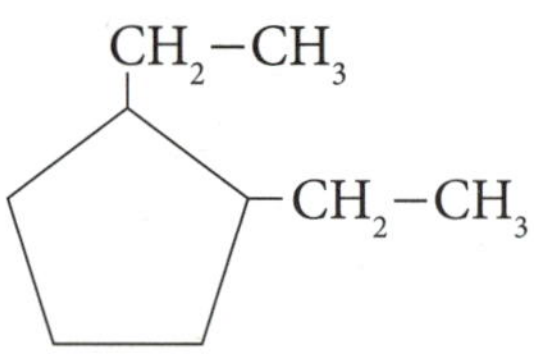

c.
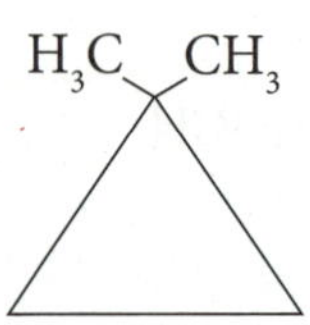

d.
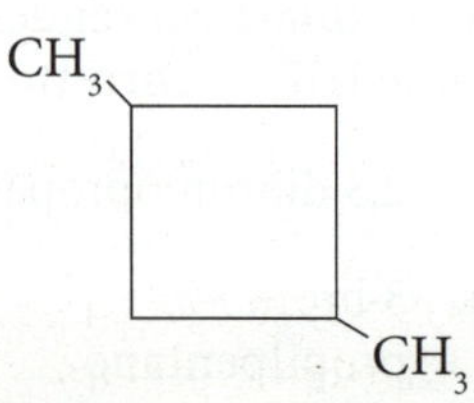

44 **Rappresenta le formule razionali dei seguenti composti e assegna il nome IUPAC corretto.**

a. 1,3-dimetilciclopropano
b. 1-metil-2,4-diclorocicloesano

45 **Rappresenta le formule razionali di tutti i cinque isomeri del ciclopentano con formula molecolare $C_5H_8Cl_2$ e assegna a ciascuno di essi il nome IUPAC.**

46 **Rappresenta le equazioni delle seguenti reazioni specificando il nome dei prodotti.**

a. combustione del ciclobutano
b. bromurazione del cicloesano

47 **Rappresenta le formule razionali dei seguenti composti.**

a. 1,3-dicloro-2-butene
b. 2,3-dimetil-2-pentene
c. 2,2-dimetil-3-eptene
d. 3-etil-2,2-dimetil-3-esene
e. *cis*-2-pentene
f. bromuro di vinile
g. *trans*-4-metil-2-pentene
h. 4-isopropil-2-ottene

48 **Assegna il nome IUPAC ai seguenti composti.**

a. $CH_3-CH=C(CH_3)-CH_3$

b. $CH_3-CH_2-CH_2-CHCl-C(CH_3)=CH_2$

c. $CH_3-CH(CH_2-CH_3)-CH=CH-CHBr-CCl_2-CH_3$

d. $(CH_3-CH_2)(Cl)C=C(Cl)(CH_2-CH_3)$

e. $CH_3-CCl_2-CBr_2-CH=CH_2$

f. $CH_3-C(CH_3)=C(CH_3)-CH_2-CH_2-CH_3$

49 **Rappresenta le formule razionali dei quattro isomeri dell'alchene con formula molecolare C_4H_8 e assegna a ciascuno di essi il nome IUPAC.**

50 **Rappresenta le formule razionali dei seguenti composti e assegna il nome IUPAC corretto.**

a. 3-pentene

b. 2-etil-1-propene

c. 3-cloro-3-butene

51 **Quali dei seguenti composti esistono sotto forma di isomeri geometrici?**

a. 2-metil-2-butene

b. 2-bromo-2-pentene

c. 3-metil-3-eptene

d. 2-cloro-1-esene

52 **Rappresenta le equazioni delle reazioni e specifica il nome dei prodotti quando i seguenti composti reagiscono con bromo in tetraclorometano.**

a. 2-butene

b. 2,3-dimetil-2-butene

c. cloruro di vinile

53 **Stabilisci quale alchene e quale reagente darebbero per addizione elettrofila i seguenti prodotti.**

a. 1,2-dibromopentano

b. 2-clorobutano

54 **Rappresenta le equazioni delle seguenti reazioni specificando il nome dei prodotti.**

a. 2-pentene + idrogeno (in presenza di Pt)

b. 1-butene + acido bromidrico

c. 2-metil-2-butene + acqua (in ambiente acido)

55 **Rappresenta le formule razionali dei seguenti composti.**

a. 4-metil-1-pentino

b. 2,2-dicloro-3-esino

c. 3-etil-4-metil-1-esino

d. 3-bromo-3-metil-1-pentino

e. 1,1,4-tricloro-2-butino

f. 4-etil-4-isopropil-2-eptino

56 **Assegna il nome IUPAC ai seguenti composti.**

a. 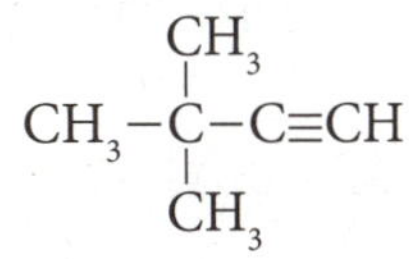

b. 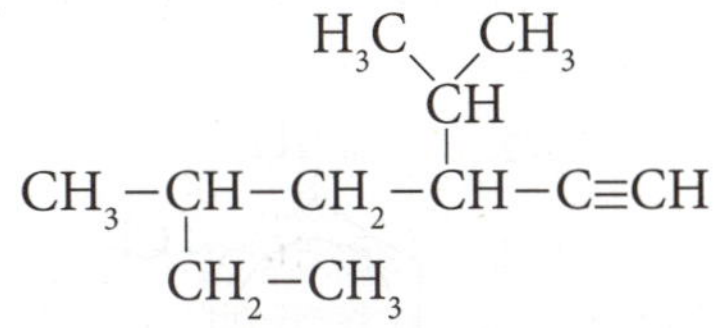

c. 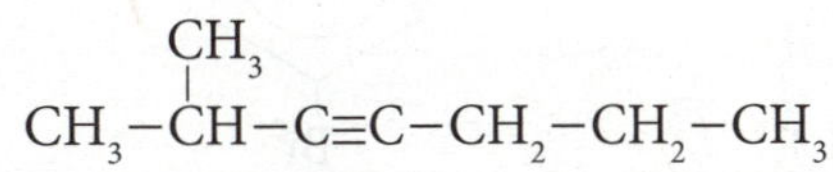

d. $CH_3{-}CHF{-}CH_2{-}CH_2{-}C{\equiv}CH$

e. $CH_3{-}CHBr{-}CHBr{-}CHBr{-}C{\equiv}C{-}CH_3$

57 **Rappresenta le formule razionali dei seguenti composti e assegna il nome IUPAC corretto.**

a. 3-butino

b. 2-cloro-3-pentino

c. 2-etil-3-pentino

58 **Rappresenta le formule razionali dei tre isomeri dell'alchino con formula molecolare C_5H_8 e assegna a ciascuno di essi il nome IUPAC.**

59 **Precisa quale alchino e quale reagente darebbero per addizione elettrofila i seguenti prodotti.**

a. 2,2-dicloropentano

b. 2,2,3,3-tetrabromobutano

60 **Rappresenta le equazioni delle seguenti reazioni specificando il nome dei prodotti.**

a. 1-pentino + idrogeno (in presenza di Pt)

b. 1-pentino + idrogeno (in presenza del catalizzatore di Lindlar)

c. propino + 1 mole di bromo (in presenza di CCl_4)

d. 2-butino + 2 moli di cloro (in presenza di CCl_4)

61 **Rappresenta l'equazione chimica che ha come prodotto l'acetiluro di sodio dell'1-butino.**

62 **Assegna il nome ai seguenti composti.**

a. 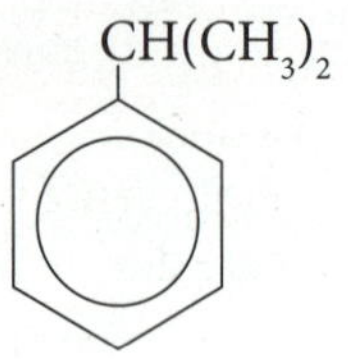

d. 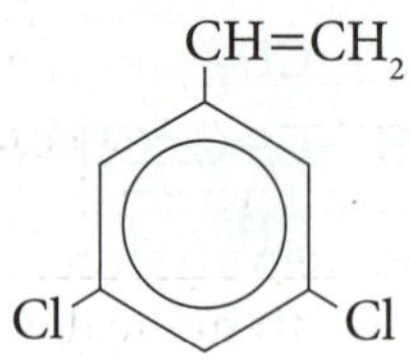

b. 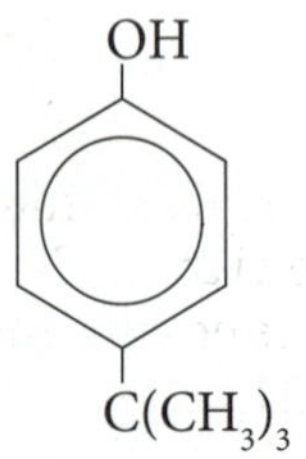

e. 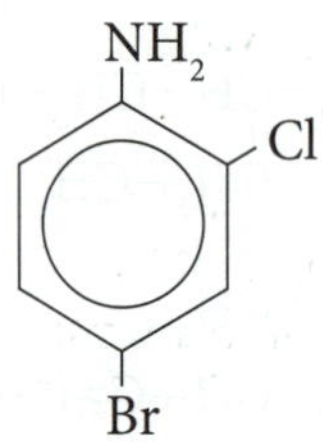

c. 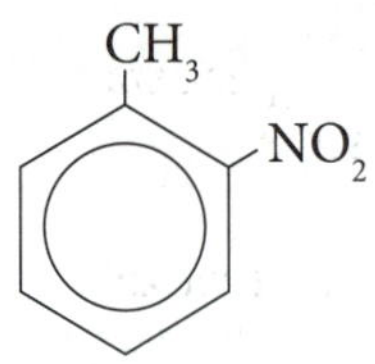

f. 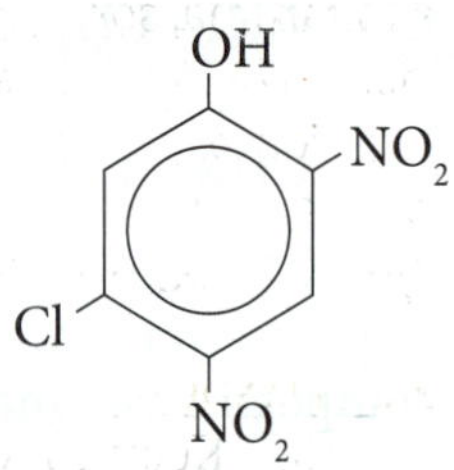

63 **Rappresenta le formule razionali di tutti gli isomeri (il cui numero è indicato tra parentesi) dei seguenti composti e assegna a ciascuno di essi il nome.**

a. trimetilbenzene (3)

b. dicloronitrobenzene (6)

64 **Rappresenta il meccanismo di bromurazione del benzene in presenza del corrispondente catalizzatore.**

65 **Rappresenta le seguenti reazioni di sostituzione elettrofila specificando il nome dei prodotti.**

a. alogenazione del toluene con bromo (in presenza di bromuro ferrico)

b. alchilazione del nitrobenzene con cloruro di etile (in presenza di cloruro di alluminio)

66 **Rappresenta le reazioni che portano alla sintesi dei seguenti composti a partire dal benzene.**

a. *m*-cloronitrobenzene

b. *p*-nitrotoluene

67 **Rappresenta le formule topologiche dei seguenti composti.**

a. 2,5-dimetilpirrolo

b. 2-bromofurano

c. 2-metilimidazolo

68 **Rappresenta la reazione di nitrazione della piridina (in presenza di un catalizzatore acido).**

TEST YOURSELF

69 **Draw the chemical equations of the following reactions specifying the names of the products.**

Ⓐ pentane burning

Ⓑ propane bromination

70 **Draw the rational formulas of all the isomers of cycloalkane with molecular formula $C_3H_4Br_2$ and give each of them their IUPAC name.**

71 **What unsaturated hydrocarbon and what reagent give the following compounds by electrophilic addition?**

Ⓐ 2,2-dichlorobutane

Ⓑ 2-fluoropropene

72 **Starting from benzene, draw the electrophilic substitution reactions which lead to the synthesis of the *p*-chlorotoluene.**

VERSO L'UNIVERSITÀ

73 **Individua la successione numerica che indica correttamente i coefficienti della seguente reazione chimica: $C_6H_6 + O_2 \longrightarrow CO_2 + H_2O$**

Ⓐ $2, 15 \longrightarrow 12, 6$

Ⓑ $1, 6 \longrightarrow 3, 3$

Ⓒ $1, 6 \longrightarrow 6, 3$

Ⓓ $2, 9 \longrightarrow 12, 6$

Ⓔ $2, 7 \longrightarrow 3, 1$

[dalla prova di ammissione a Medicina e Veterinaria, anno 2014]

74 **Per quanti atomi di idrogeno il benzene differisce dal cicloesano?**

Ⓐ 6 Ⓑ 5 Ⓒ 4 Ⓓ 3 Ⓔ 2

[dalla prova di ammissione a Medicina e Chirurgia e in Odontoiatria e Protesi Dentaria, anno 2011]

VERSO L'ESAME

RAPPRESENTA

75 **Esamina le diverse classi di idrocarburi, le loro caratteristiche e le loro relazioni attraverso una mappa concettuale.**

OSSERVA E CLASSIFICA

76 I seguenti modellini molecolari raffigurano degli idrocarburi: le sfere in colore più scuro rappresentano atomi di carbonio, le sfere in colore più chiaro atomi di idrogeno e i bastoncini legami covalenti.

a. **Numera la catena carboniosa.**
b. **Stabilisci lo stato di ibridazione di ogni atomo di carbonio.**
c. **Classifica la molecola in base al gruppo di idrocarburi a cui appartiene.**
d. **Disegna la formula di struttura del composto.**

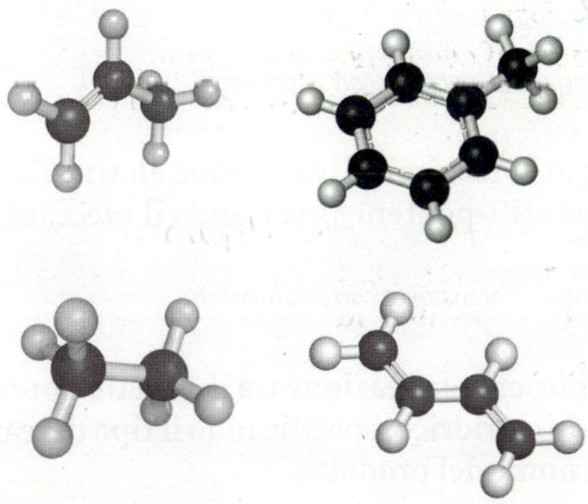

OSSERVA E DESCRIVI

77 I seguenti modellini molecolari raffigurano due idrocarburi: le sfere in colore più scuro rappresentano atomi di carbonio, le sfere in colore più chiaro atomi di idrogeno e i bastoncini legami covalenti.

a. **Identifica le molecole e descrivi analogie e differenze.**
b. **Spiega se le molecole sono tra loro isomeri e, in caso di risposta affermativa, di che tipo.**

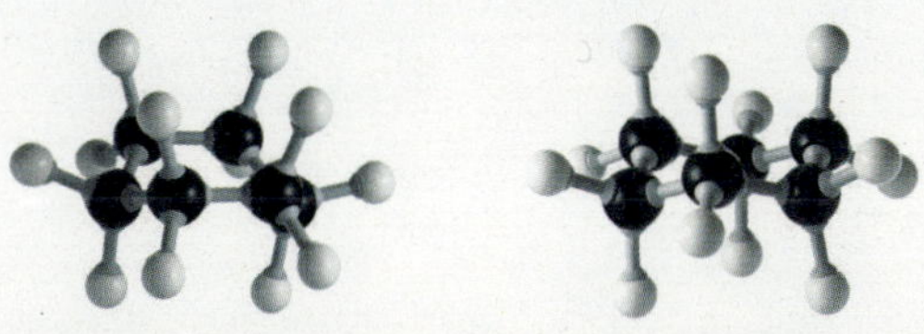

RIFLETTI

78 La maggioranza dei termini scientifici indica in maniera univoca uno e un solo concetto. Esistono, tuttavia, delle eccezioni, come il sostantivo «radicale», utilizzato nel presente capitolo e nel precedente per indicare due concetti molto diversi.

Qual è il significato di radicale nei due diversi contesti?

RIFLETTI

79 Etano, etene e etino (acetilene) sono idrocarburi infiammabili con uguale numero di atomi di carbonio. I limiti di esplosione, che definiscono l'intervallo di concentrazione entro cui la miscela formata con l'aria se innescata s'infiamma, sono molto più ampi per l'acetilene rispetto all'etene e ancora minori per l'etano. Fra i tre composti, è l'acetilene a essere considerato il più pericoloso.

Qual è la motivazione di tale differenza?

ANALIZZA E DEDUCI

80 Nel 1890 Kekulé raccontò nel modo seguente la storia della scoperta della struttura del benzene. «Ero seduto intento a scrivere, ma il lavoro non progrediva; i miei pensieri erano altrove. Girai la sedia verso il camino e mi appisolai. Di nuovo gli atomi giocavano di fronte ai miei occhi (...). Il mio occhio mentale, reso più acuto da questa ripetuta visione, era ora in grado di distinguere strutture più grandi di multiforme conformazione; lunghe file talvolta sistemate più strettamente, tutte sinuose e ricurve come il moto di un serpente. Ma guarda! Che cos'è? Uno dei serpenti aveva afferrato la sua stessa coda, e la forma girava beffardamente davanti ai miei occhi. Come per un lampo improvviso mi risvegliai e passai il resto della notte a elaborare la mia ipotesi.»

In particolare, quale proprietà del benzene Kekulé sostenne di aver compreso in sogno?

CLASSIFICA E CONFRONTA

81 Carotenoidi e antociani (o antocianine) sono pigmenti vegetali, cioè sostanze che conferiscono un determinato colore a un certo organo di una pianta.

a. **Fai una ricerca sulle formule di struttura dei carotenoidi e degli antociani, stabilisci se sono idrocarburi aromatici o alifatici e, se alifatici, classificali in saturi o insaturi.**
b. **Confrontandone le formule di struttura, quale caratteristica ritieni sia necessaria a una molecola organica per assorbire la luce visibile?**

SEI PRONTO PER LA VERIFICA?

IN 1 ORA

Dopo aver studiato i contenuti dei **capitolo A2**, svolgi la prova nel **tempo massimo di un'ora**.

VERIFICA LE TUE CONOSCENZE

1 **Quale tra le formule molecolari dei seguenti idrocarburi corrisponde a quella di un alchino?**

Ⓐ $C_{10}H_{22}$ Ⓒ $C_{10}H_8$
Ⓑ $C_{10}H_{20}$ Ⓓ $C_{10}H_{18}$

(5 punti se hai risposto correttamente) ...../5

2 **Gli isomeri di catena presenti nel pentano sono:**

Ⓐ 2 Ⓑ 3 Ⓒ 5 Ⓓ 4

(5 punti se hai risposto correttamente) ...../5

3 **Quale tra i seguenti composti ha tutti gli atomi di carbonio tetraedrici?**

Ⓐ 1-butene Ⓒ ciclobutano
Ⓑ benzene Ⓓ 1-butino

(5 punti se hai risposto correttamente) ...../5

4 **Quale tra i seguenti idrocarburi non ha struttura planare?**

Ⓐ benzene Ⓒ ciclopentano
Ⓑ ciclopropano Ⓓ etilene

(10 punti se hai risposto correttamente) ...../10

5 **Qual è il corretto ordine crescente del punto di ebollizione dei seguenti composti?**

1. metano
2. *n*-eptano
3. *n*-decano
4. 2,2-dimetilbutano

Ⓐ $1 < 2 < 3 < 4$ Ⓒ $1 < 4 < 3 < 2$
Ⓑ $1 < 3 < 4 < 2$ Ⓓ $1 < 4 < 2 < 3$

(10 punti se hai risposto correttamente) ...../10

6 **Assegna il nome IUPAC ai seguenti composti:**

Ⓐ 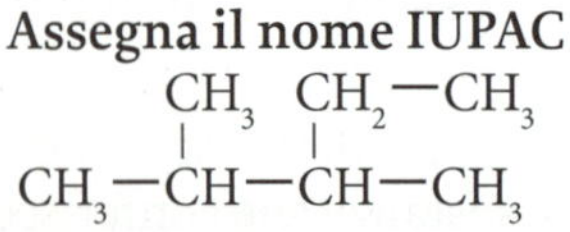

Ⓑ 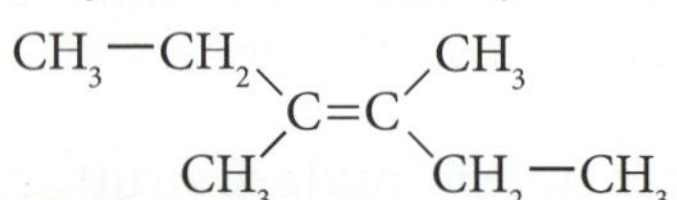

(15 punti se hai risposto correttamente) ...../15

7 **Quale dei seguenti idrocarburi non è isomero degli altri tre?**

Ⓐ ciclopentano Ⓒ metilciclobutano
Ⓑ 1-pentene Ⓓ *n*-pentano

(10 punti se hai risposto correttamente) ...../10

I primi 60 punti valgono per il raggiungimento degli obiettivi minimi. Per fare di più, rispondi alle seguenti domande.

VERIFICA LE TUE COMPETENZE

8 **Rappresenta le formule razionali e precisa i nomi di tutti i possibili isomeri che corrispondono alla formula molecolare $C_2H_2Br_2$.**

(5 punti se hai risposto correttamente) ...../5

9 **Rappresenta la reazione della combustione completa del butano.**

(5 punti se hai risposto correttamente) ...../5

10 **Rappresenta la reazione di clorurazione del ciclobutano.**

(5 punti se hai risposto correttamente) ...../5

11 **Rappresenta la reazione di bromurazione del benzene.**

(5 punti se hai risposto correttamente) ...../5

12 **Esegui la reazione di addizione elettrofila di acqua all'1-pentene precisando il meccanismo.**

(5 punti se hai risposto correttamente) ...../5

13 **Rappresenta la reazione tra il 2-metil-2-butene e l'acido cloridrico, specificando il tipo di reazione ed il nome del prodotto.**

(10 punti se hai risposto correttamente) ...../10

14 **Quale delle seguenti proprietà non può essere attribuita al benzene?**

Ⓐ Dà reazioni di sostituzione nucleofila
Ⓑ Ha una disposizione planare
Ⓒ È insolubile in acqua
Ⓓ È un liquido apolare

(5 punti se hai risposto correttamente) ...../5

PUNTEGGIO TOTALE ...../100

CAPITOLO

A3

I DERIVATI DEGLI IDROCARBURI

1 I DERIVATI DEGLI IDROCARBURI SI SUDDIVIDONO IN ALOGENATI, OSSIGENATI E AZOTATI

I derivati degli idrocarburi sono composti organici che derivano dagli idrocarburi per sostituzione di uno o più atomi di idrogeno con atomi o gruppi atomici diversi, detti **gruppi funzionali**.

I gruppi funzionali determinano il grado di reattività e il tipo di reazione dei derivati degli idrocarburi, che sono stati suddivisi in tre grandi gruppi in base al tipo di atomo presente nei gruppi funzionali.

a. I **derivati alogenati** comprendono gli alogenuri alchilici, vinilici e arilici. Il loro gruppo funzionale è un atomo di alogeno.

b. I **derivati ossigenati** hanno il gruppo funzionale con l'atomo di ossigeno (alcoli, eteri, fenoli, aldeidi, chetoni, acidi carbossilici ed esteri).

c. I **derivati azotati** sono composti che contengono azoto nel gruppo funzionale (ammidi e ammine).

TI RICORDI?

L'**alogenuro arilico** è un derivato di un idrocarburo aromatico ottenuto per sostituzione di uno o più atomi di idrogeno con uno o più atomi di alogeni.

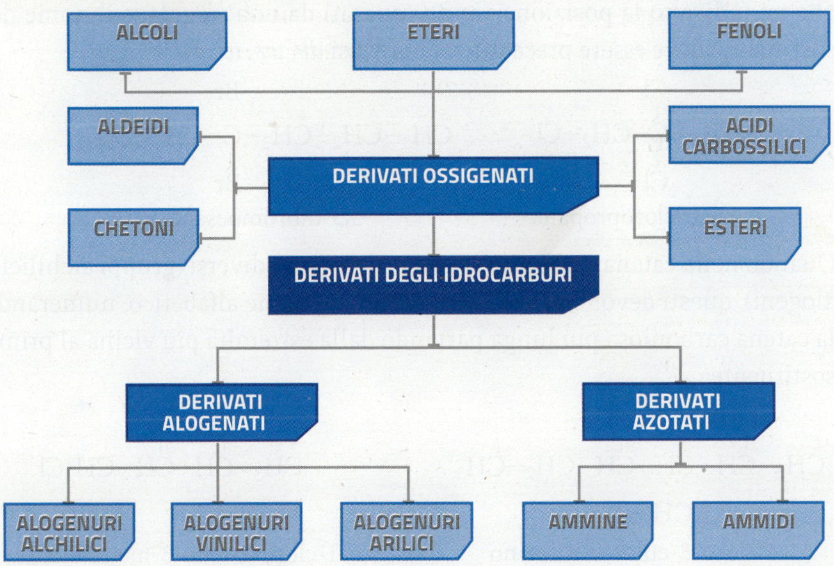

2 GLI ALOGENURI ALCHILICI CONTENGONO ATOMI DI ALOGENI

Gli alogenuri alchilici sono composti organici in cui uno o più atomi di alogeno (gruppo funzionale) è direttamente legato a uno o più atomi di carbonio di un alcano (alcano derivati). In questi composti gli atomi di carbonio sono ibridati sp^3. Agli alogenuri alchilici corrisponde la **formula molecolare** generale:

$$R{-}X$$

dove R è un gruppo alchilico saturo a catena aperta e X è un alogeno.

La nomenclatura degli alogenuri alchilici

Secondo le regole IUPAC, il **nome** degli alogenuri alchilici è costituito da un numero che indica la posizione dell'alogeno nella catena carboniosa (quest'ultima va numerata partendo dall'estremità più vicina al sostituente), seguito dal nome dell'alogeno e da quello dell'alcano corrispondente, in modo da formare una sola parola:

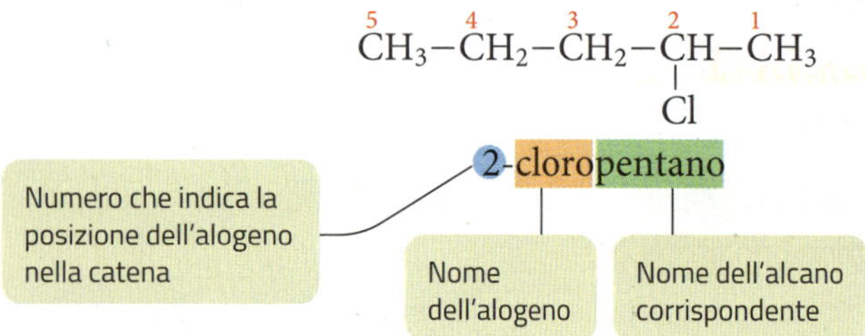

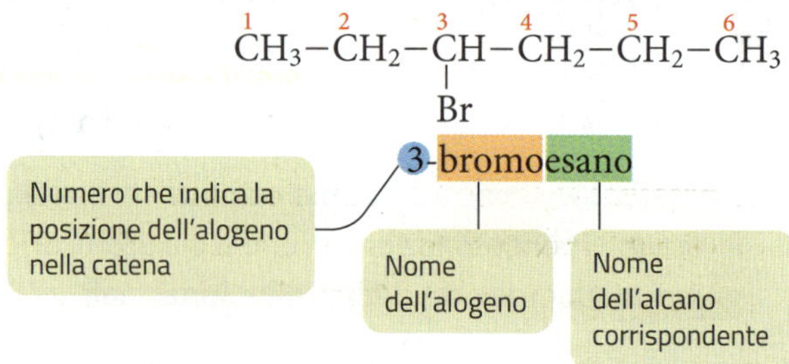

I composti più semplici sono anche denominati con un nome comune, costituito dalla radice del nome dell'alogeno con la desinenza *-uro*, seguita dalla preposizione *di* e dal nome del gruppo alchilico:

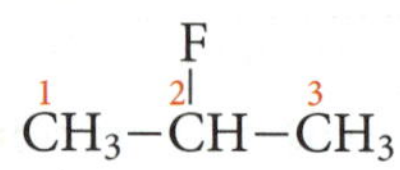

	$CH_3{-}Cl$	
nome IUPAC	clorometano	2-fluoropropano
nome comune	cloruro di metile	fluoruro di isopropile

Se nella catena carboniosa lo stesso sostituente è presente più volte, i numeri che ne indicano la posizione vanno separati da una virgola, e il nome del sostituente deve essere preceduto dai prefissi *di-*, *tri-*, *tetra-*:

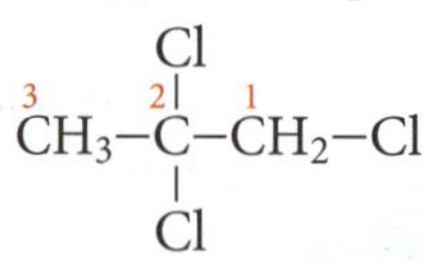

1,2,2-tricloropropano

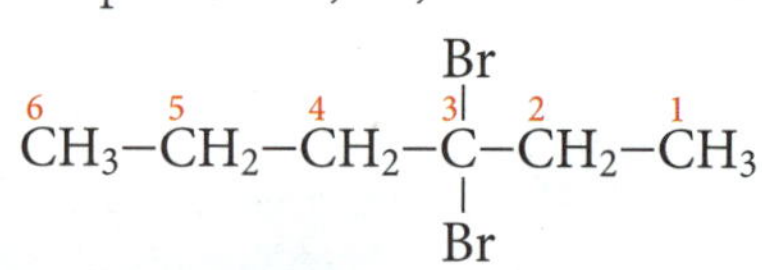

3,3-dibromoesano

Quando nella catena carboniosa i sostituenti sono diversi (gruppi alchilici e alogeni), questi devono essere denominati in ordine alfabetico, numerando la catena carboniosa più lunga partendo dalla estremità più vicina al primo sostituente:

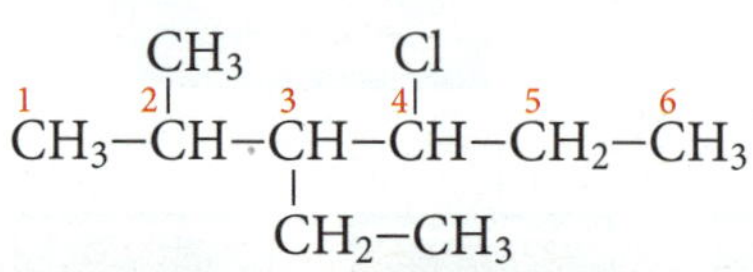

4-cloro-3-etil-2-metilesano

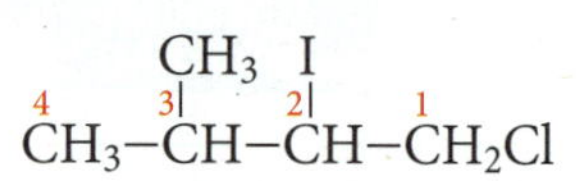

1-cloro-2-iodo-3-metilbutano

La classificazione degli alogenuri alchilici

Gli alogenuri alchilici, tranne quelli del metano ($CH_3{-}X$), si classificano in **primari**, **secondari** e **terziari** a seconda che l'atomo di alogeno sia legato, nella catena carboniosa, a un atomo di carbonio primario, secondario o terziario (tabella **1**).

Primario	Secondario	Terziario
$R{-}CH_2{-}X$	$R'{-}CH(X){-}R''$	$R''{-}C(R')(R'''){-}X$
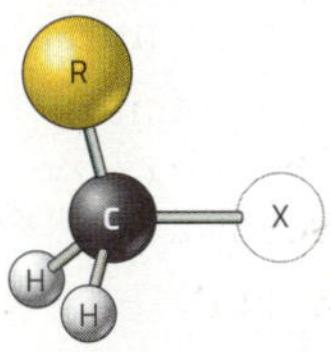	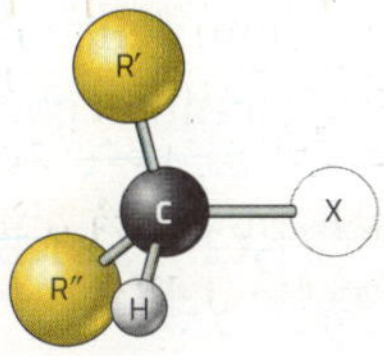	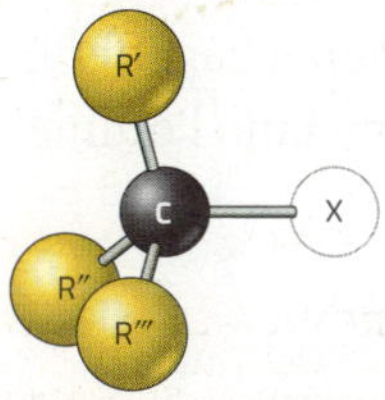

INGOMBRO STERICO

Tabella 1 **Gli alogenuri alchilici** La struttura e la classificazione degli alogenuri alchilici.

PROBLEMA MODELLO

Rappresentare le formule razionali degli alogenuri alchilici

Rappresenta la formula razionale di un:

a. fluoruro alchilico primario C_4H_9F
b. cloruro alchilico secondario C_4H_9Cl
c. bromuro alchilico terziario C_4H_9Br

LA SOLUZIONE

a. In un alogenuro alchilico **primario**, l'atomo di alogeno (il fluoro) è legato nella catena carboniosa a un atomo di carbonio legato a **un solo** atomo di carbonio. La formula razionale è quindi la seguente:

$$CH_3{-}CH_2{-}CH_2{-}CH_2F$$

b. In un alogenuro alchilico **secondario**, l'atomo di alogeno (il cloro) è legato nella catena carboniosa a un atomo di carbonio legato a **due** atomi di carbonio. La formula razionale è la seguente:

$$CH_3{-}CH(Cl){-}CH_2{-}CH_3$$

c. In un alogenuro alchilico **terziario**, l'atomo di alogeno (il bromo) è legato nella catena carboniosa a un atomo di carbonio legato a **tre** atomi di carbonio. La formula razionale è quindi la seguente:

$$CH_3{-}C(CH_3)_2{-}Br$$

PROBLEMA SIMILE

Rappresenta la formula razionale di un:

a. ioduro alchilico primario C_3H_7I
b. fluoruro alchilico secondario C_3H_7F
c. cloruro alchilico terziario $C_5H_{11}Cl$

3 LE PROPRIETÀ FISICHE DEGLI ALOGENURI ALCHILICI

Gli alogenuri alchilici hanno **punti di ebollizione più alti** rispetto a quelli degli idrocarburi con lo stesso numero di atomi di carbonio, poiché l'alogeno presente nella catena carboniosa è molto più elettro-negativo dell'idrogeno sostituito, per cui il legame carbonio-alogeno è polare e le molecole di alogenuro alchilico si attraggono con interazioni elettrostatiche tra dipoli permanenti.

L'aumento della temperatura di ebollizione degli alogenuri con lo stesso gruppo alchilico (R), passando dai fluoruri ai cloruri ai bromuri e agli ioduri si giustifica tenendo presente che il numero delle interazioni dipolo-dipolo aumenta per effetto delle dimensioni dell'alogeno. Per gli alogenuri alchilici del metano l'ordine crescente dei punti di ebollizione è il seguente:

$$CH_3F < CH_3Cl < CH_3Br < CH_3I$$

Gli alogenuri alchilici, pur essendo molecole polari, non possono formare legami a idrogeno con l'acqua e quindi sono insolubili in acqua (figura **1**).

sono IDROREPELLENTI non fanno passare l'acqua

Figura 1 **Un alogenuro alchilico e l'acqua** Molti capi di abbigliamento sportivo sono costituiti da una fibra sintetica traspirante e resistente all'acqua, il Gore-Tex. La base per la sua fabbricazione è il PTFE, un polimero che deriva da un fluoruro alchilico.

4 LE REAZIONI DI SOSTITUZIONE NUCLEOFILA E DI ELIMINAZIONE

La reattività degli alogenuri alchilici è legata alla maggiore elettronegatività dell'atomo di alogeno rispetto all'atomo di carbonio, che comporta la polarizzazione del legame carbonio-alogeno:

$$-\overset{\delta+}{C}-\overset{\delta-}{X}$$

L'atomo di carbonio con una parziale carica positiva può essere pertanto attaccato da un agente nucleofilo per dare origine a due tipi di reazione: di sostituzione nucleofila e di eliminazione.

A COLPO D'OCCHIO

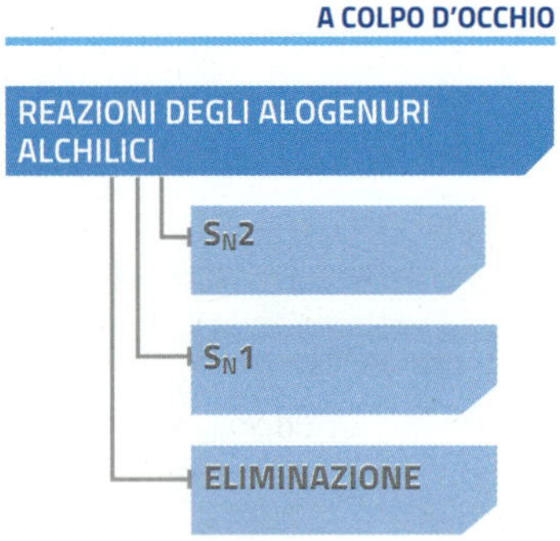

La reazione di sostituzione nucleofila S_N2

In una reazione di **sostituzione nucleofila**, il nucleofilo reagisce con l'alogenuro e *sostituisce* l'alogeno, per dare il prodotto finale, solitamente un alcol o un etere.

La reazione di sostituzione nucleofila può avvenire con due meccanismi differenti, S_N2 e S_N1. Il meccanismo dipende dal tipo di alogenuro alchilico (metilico, primario, secondario o terziario) e dal tipo di nucleofilo (forte o debole). I nucleofili forti sono anioni poliatomici (OH^-, RO^-), i nucleofili deboli sono molecole neutre con almeno un doppietto elettronico disponibile (H_2O, NH_3).

Il **meccanismo S_N2** è un processo che avviene in *un solo stadio* e prevede la partecipazione contemporanea di due reagenti (**sostituzione nucleofila bimolecolare**): il nucleofilo e l'alogenuro.

Il nucleofilo è uno ione negativo (Nu^-) rappresentato dallo ione idrossido (OH^-) o dallo ione alcossido (RO^-). Il nucleofilo attacca l'alogenuro dalla parte opposta dell'alogeno, con formazione di uno stato di transizione in cui sia il nucleofilo sia l'alogeno X si trovano parzialmente legati al carbonio. Con la formazione completa del legame tra il nucleofilo e il carbonio si ha l'*inversione di configurazione* e l'alogeno si allontana sotto forma di anione alogenuro:

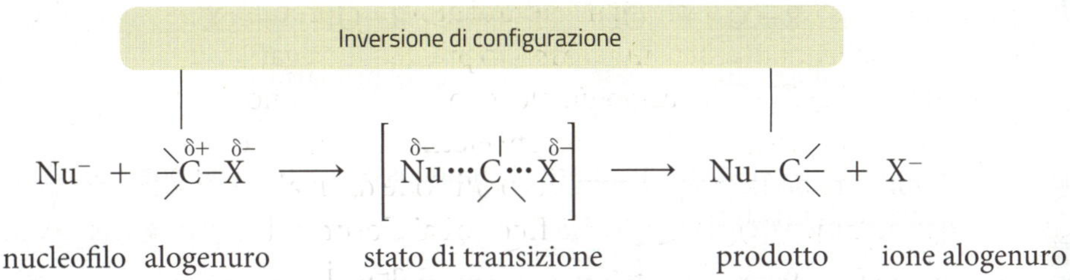

L'inversione di configurazione si spiega in quanto il nucleofilo, attaccando dalla parte opposta rispetto all'alogeno, non va a occupare la sua stessa posizione.

Rappresentiamo il meccanismo S_N2 prendendo in esame la reazione di sostituzione nucleofila tra lo ione OH^- e il bromometano, che porta alla formazione di un alcol primario, il metanolo:

$$\underset{\text{nucleofilo}}{OH^-} + \underset{\text{bromometano}}{CH_3Br} \longrightarrow \underset{\text{metanolo}}{CH_3OH} + \underset{\text{ione bromuro}}{Br^-}$$

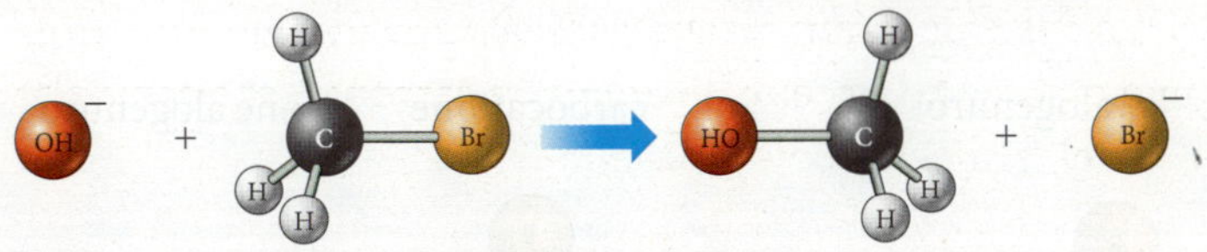

Gli aspetti più rilevanti del meccanismo S_N2 sono i seguenti:

a. poiché il processo avviene in un unico stadio, la velocità di reazione dipende sia dalla concentrazione del nucleofilo sia da quella dell'alogenuro;

b. la reazione decorre più velocemente con **alogenuri metilici** e **primari**. Questi infatti sono meno voluminosi rispetto agli alogenuri secondari e terziari, che presentano un ingombro spaziale (o ingombro sterico) maggiore, quindi ostacolano l'attacco del nucleofilo che avviene dalla parte opposta dell'alogeno (figura 2);

Figura 2 La velocità della reazione S_N2 dipende anche dall'ingombro spaziale La reazione è più veloce con un alogenuro primario che con uno terziario.

c. è favorito da *nucleofili forti*, cioè dagli anioni poliatomici come OH^- o RO^-, dato che la velocità del processo dipende anche dalla concentrazione del nucleofilo.

A COLPO D'OCCHIO

ALOGENURO PRIMARIO + BASE FORTE → ALCOL PRIMARIO

A COLPO D'OCCHIO

ALOGENURO PRIMARIO + ALCOSSIDO → ETERE

Le **reazioni** più comuni di sostituzione nucleofila S_N2 sono quelle tra:

a. un alogenuro alchilico primario e una base forte OH^-, che porta alla formazione di un alcol primario:

$$\underset{\text{alogenuro}}{R{-}X} + \underset{\text{base forte}}{OH^-} \longrightarrow \underset{\text{alcol primario}}{R{-}OH} + X^-$$

b. un alogenuro alchilico primario e un alcossido $R'O^-$, che porta alla formazione di un etere:

$$\underset{\text{alogenuro}}{R{-}X} + \underset{\text{alcossido}}{R'O^-} \longrightarrow \underset{\text{etere}}{R{-}O{-}R'} + X^-$$

La reazione di sostituzione nucleofila S_N1

Il **meccanismo S_N1** è un processo che avviene in due stadi.

a. Nel primo stadio, quello lento, è coinvolto solo l'alogenuro (**sostituzione nucleofila monomolecolare**). In questa fase si rompe il legame tra il carbonio e l'alogeno e si forma un carbocatione, in cui l'atomo di carbonio positivo assume ibridazione sp^2:

alogenuro — carbocatione — ione alogenuro

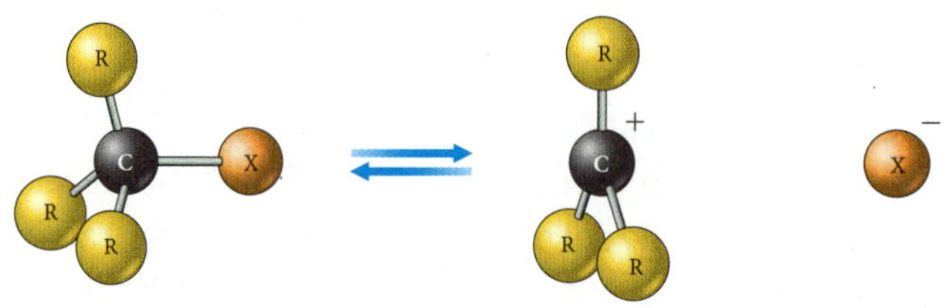

b. Nel secondo stadio, quello veloce, il carbocatione reagisce con il nucleofilo, una molecola neutra (Nu–H) rappresentata da una molecola di acqua o di alcol. In seguito all'attacco del nucleofilo, il carbocatione perde un atomo di idrogeno sotto forma di ione H^+ e forma il prodotto finale:

carbocatione — nucleofilo — prodotto — ione idrogeno

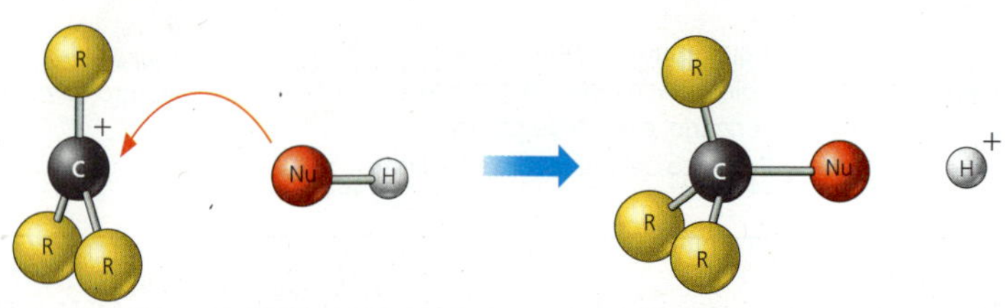

Rappresentiamo il meccanismo S_N1 prendendo in esame la reazione di sostituzione nucleofila tra il 2-bromo-2-metilpropano con l'acqua, che porta alla formazione del 2-metil-2-propanolo. Il meccanismo di reazione prevede due stadi.

a. Nel primo stadio, quello lento, si ha la formazione del carbocatione intermedio che assume una disposizione planare:

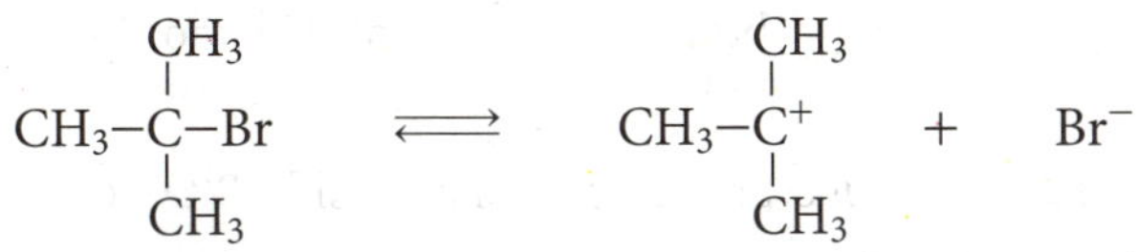

2-bromo-2-metilpropano — carbocatione intermedio

b. Nel secondo stadio, quello veloce, si ha l'attacco del nucleofilo (l'acqua) con formazione di un alcol protonato che, cedendo un protone, forma il 2-metil-2-propanolo:

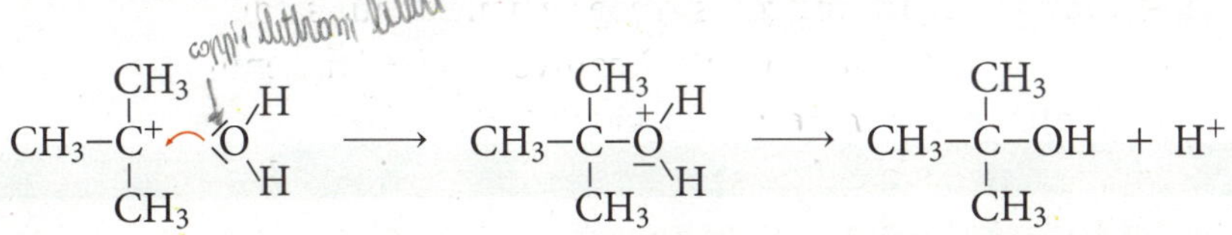

carbocatione intermedio — alcol protonato — 2-metil-2-propanolo

Gli aspetti più rilevanti del meccanismo S_N1 sono i seguenti:

a. la velocità di reazione è determinata dallo stadio lento e quindi dipende esclusivamente dalla *concentrazione dell'alogenuro* ed è indipendente da quella del nucleofilo;

b. la reazione decorre più velocemente con **alogenuri terziari**, che danno origine a carbocationi terziari più stabili di quelli degli alogenuri alchilici secondari e primari;

c. è favorito da *nucleofili deboli* (molecole neutre) come H_2O.

Le **reazioni** comuni di sostituzione nucleofila con meccanismo S_N1 sono quelle tra:

a. un alogenuro alchilico terziario e l'acqua, che porta alla formazione di un alcol terziario:

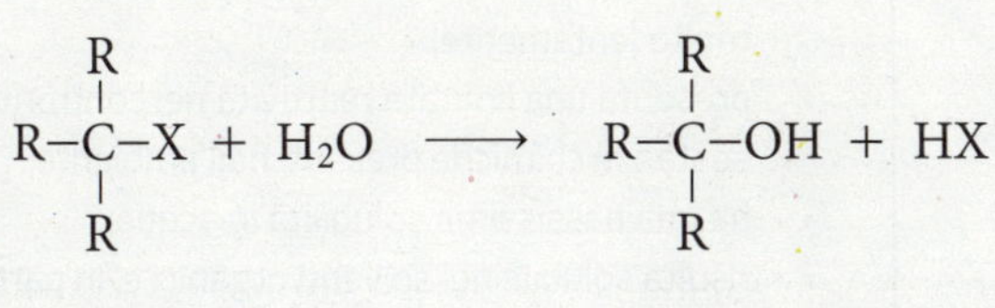

alogenuro — alcol terziario

b. un alogenuro alchilico terziario e un alcol che porta alla formazione di un etere:

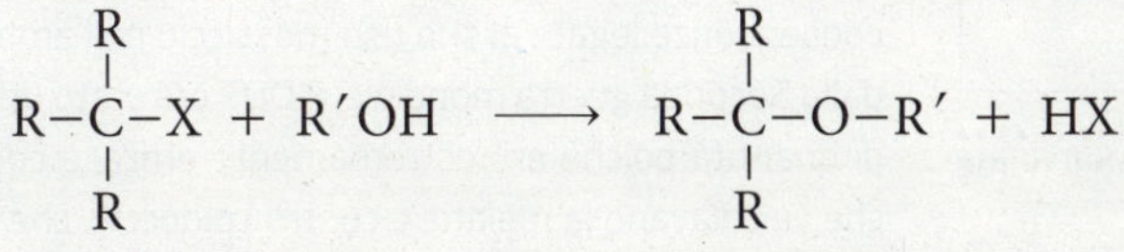

alogenuro — alcol — etere

TI RICORDI?

La **disposizione planare** (angoli di legame di 120°) è la geometria di una molecola o di uno ione poliatomico con l'atomo centrale circondato da tre coppie elettroniche.

A COLPO D'OCCHIO

ALOGENURO TERZIARIO + ACQUA → ALCOL TERZIARIO

A COLPO D'OCCHIO

ALOGENURO TERZIARIO + ALCOL → ETERE

L'effetto del solvente

I solventi polari che possono donare protoni (ovvero solventi protici, come l'acqua e gli alcoli) sono in grado di solvatare i carbocationi, quindi accelerano le reazioni S_N1.

Viceversa, la solvatazione dei nucleofili ne impegna i doppietti elettronici, rendendoli meno efficaci, perciò le S_N2 risultano ritardate in solventi polari protici.

LE PAROLE

L'**eliminazione** (dal latino: *ex* = fuori e *limen* = soglia, da cui *eliminare* = scacciare, far uscire) è una reazione che consiste nella perdita, da parte di una molecola, di due atomi o gruppi atomici sotto forma di una molecola più semplice (H_2O, HCl).

La reazione di eliminazione

In una reazione di **eliminazione** (E) il nucleofilo, uno ione negativo (Nu^-) rappresentato dallo ione idrossido (OH^-) o dallo ione alcossido (RO^-), agisce da *base*, sottraendo all'alogenuro un atomo di idrogeno sotto forma di uno ione H^+.

CHIMICA VERDE

I composti organoclorurati: dal DDT ai pesticidi naturali

I **composti organici clorurati** sono idrocarburi nei quali è presente almeno un atomo di cloro come sostituente. Possono essere saturi (alogenuri alchilici), insaturi (alogenuri alchenilici) o aromatici (alogenuri arilici). Questi composti derivano principalmente dalle attività industriali e sono utilizzati come solventi e come fitofarmaci. Con *fitofarmaco* o *agrochemical* si intende ogni sostanza o miscela di sostanze intese a prevenire, distruggere o indebolire insetti, animali o vegetali indesiderabili.

Il primo pesticida moderno utilizzato su larga scala è stato un composto organoclorurato, il *para*-dicloro-difenil-tricloroetano, chiamato comunemente DDT (figura **A**). Fu sintetizzato per la prima volta nel 1874 da Othmar Zeidler, ma le sue proprietà insetticide furono scoperte soltanto nel 1939 dal chimico svizzero Paul Hermann Müller, che vinse il premio Nobel per la medicina nel 1948 per aver dimostrato l'azione antimalarica del DDT, contribuendo a salvare moltissime vite.

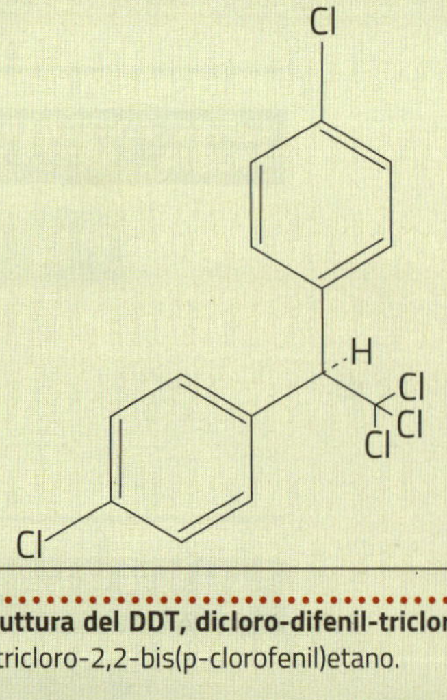

Figura A **La struttura del DDT, dicloro-difenil-tricloroetano** Il nome IUPAC è 1,1,1-tricloro-2,2-bis(p-clorofenil)etano.

Luci e ombre del DDT

La storia del DDT è alquanto controversa. Prima della sua scoperta i soli insetticidi disponibili erano composti a base di arsenico e composti naturali estratti dalle piante: i primi erano molto tossici per l'organismo umano, mentre i secondi avevano un effetto blando. Per questo, il DDT apparve subito un insetticida «ideale»: era estremamente tossico per gli insetti e poco (apparentemente) per l'uomo, e aveva un'elevata persistenza, cioè resisteva per lungo tempo alla decomposizione e alla degradazione ambientale.

La persistenza del DDT è dovuta alle sue caratteristiche chimico-fisiche:

- ha una bassa tensione di vapore, di conseguenza evapora molto lentamente;
- presenta una limitata reattività nei confronti della luce e delle sostanze chimiche presenti nell'ambiente;
- ha una bassissima solubilità in acqua;
- risulta solubile nei solventi organici e, in particolare, nei grassi animali.

Se da un lato queste caratteristiche rappresentarono inizialmente un punto di forza, nel corso degli anni ci si rese conto che queste rendevano il DDT un inquinante organico persistente. Soltanto all'inizio degli anni Sessanta venne sollevato il problema delle conseguenze legate al suo uso massiccio nell'ambiente. A partire dalla Seconda guerra mondiale, il DDT era stato utilizzato in grandi quantità poiché era estremamente efficace contro le zanzare che veicolavano la malaria e contro i pidocchi, che trasmettevano

L'atomo di idrogeno che viene sottratto dal nucleofilo all'alogenuro è quello legato al carbonio adiacente a quello legato all'alogeno.

Il contemporaneo allontanamento dell'atomo di alogeno (X) porta alla formazione di un nuovo legame (un legame π), e quindi di un **alchene**:

$$Nu^- + R-\overset{\overset{\displaystyle H}{|}}{C}H-\overset{\overset{\displaystyle X}{|}}{C}H_2 \longrightarrow R-CH=CH_2 + NuH + X^-$$

Rappresentiamo la reazione di eliminazione tra l'1-bromopropano e lo ione idrossido OH^- (nucleofilo) che porta alla formazione del propene:

$$\underset{\text{1-bromopropano}}{\underset{\underset{\displaystyle Br}{|}}{C}H_2-\overset{\overset{\displaystyle H}{|}}{C}H-CH_3} + \underset{\text{ione idrossido}}{OH^-} \longrightarrow \underset{\text{propene}}{CH_2=CH-CH_3} + H_2O + \underset{\text{ione bromuro}}{Br^-}$$

A COLPO D'OCCHIO

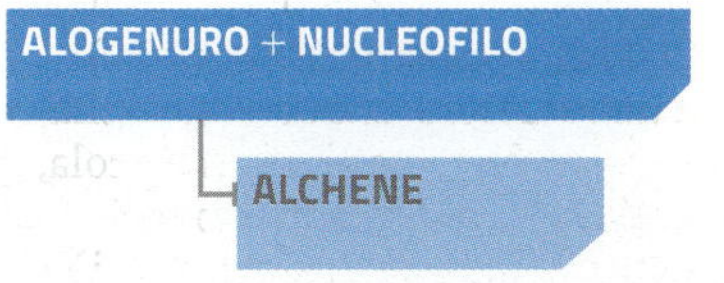

il tifo. L'Organizzazione Mondiale della Sanità ha stimato che l'uso del DDT contro la malaria ha salvato la vita di oltre cinque milioni di persone.

La pericolosità dei composti organoclorurati è legata ai seguenti fattori:

- **persistenza:** si accumulano progressivamente nell'ambiente perché sono decomposti difficilmente da organismi e/o processi naturali. Il DDT viene decomposto a DDE (dicloro-difenil-dicloroetano) che è un composto ancora più persistente;
- **bioaccumulo:** si accumulano nei tessuti degli organismi viventi e quindi giungono all'uomo attraverso la catena alimentare;
- **tossicità:** si disperdono facilmente in tutti gli ambienti provocando un forte impatto ambientale.

Il DDT è stato messo al bando negli anni Settanta del secolo scorso (figura **B**); il suo utilizzo è proibito come insetticida, mentre è consentito come antimalarico, in quantità limitate.

Figura B **L'utilizzo del DDT in Italia è vietato dal 1978, dopo che era stato ampiamente usato come insetticida, in particolare in Sardegna, nella lotta contro la malaria** Attualmente viene impiegato nei Paesi tropicali, dove la malaria e il tifo rappresentano delle gravi emergenze.

L'importanza degli insetticidi

L'esempio del DDT ha dato il via alla ricerca di nuovi fitofarmaci che fossero efficaci e allo stesso tempo compatibili con l'ambiente e con gli esseri viventi. In particolare, la ricerca di nuovi insetticidi ha cercato di porre in primo piano fattori come la tossicità, la selettività, la modalità d'azione, la metabolizzazione del prodotto e i suoi effetti indiretti su organismi non coinvolti nella disinfestazione, con lo scopo di mettere in commercio prodotti efficienti e allo stesso tempo controllati nell'utilizzo. La sensibilizzazione sull'uso sostenibile dei prodotti fitosanitari ha portato all'attuazione in Italia di un Piano d'Azione Nazionale (Decreto Legislativo del 14 agosto 2012 n. 150) che stabilisce norme, misure e indicatori per ridurre i rischi e l'impatto ambientale legato all'uso dei pesticidi.

Un insetticida naturale: il piretro

Il piretro è un insetticida naturale composto da una miscela di esteri estratti dai fiori del *Chrysanthemum cinerariaefolium*. Questi esteri derivati dell'acido cristantemico sono detti piretrine. Essi agiscono come insetticidi seguendo il medesimo meccanismo d'azione del DDT, cioè alterano il funzionamento del sistema nervoso dell'insetto bersaglio. L'insetticida mantiene aperti i canali responsabili della trasmissione nervosa, con la conseguente produzione incontrollata di impulsi nervosi che generano nell'insetto tremori e convulsioni che lo portano alla morte. Questo insetticida naturale è efficace, selettivo e ha una bassa tossicità; per questo il suo utilizzo è ammesso nell'agricoltura biologica.

5 GLI ALCOLI CONTENGONO IL GRUPPO OSSIDRILE

Il gruppo ossidrile

Gli alcoli, gli eteri e i fenoli sono tre classi di composti organici che possono essere considerati derivati organici dell'acqua in cui uno o entrambi gli atomi di idrogeno sono sostituiti da gruppi alchilici o arilici.

> Gli **alcoli** sono composti caratterizzati dalla presenza del gruppo funzionale idrossido o ossidrile –OH legato a un atomo di carbonio ibridato sp^3.

Agli alcoli corrisponde la **formula molecolare** generale:

$$R-OH$$

dove R è un gruppo alchilico a catena aperta (saturo o insaturo).

La nomenclatura degli alcoli

Il **nome** degli **alcoli saturi** secondo le regole IUPAC è costituito dal nome dell'alcano corrispondente in cui la desinenza *-o* è sostituita dal suffisso *-olo*. Alcuni alcoli sono noti con il nome tradizionale, costituito dal termine *alcol* seguito dal nome dell'alcano corrispondente in cui la desinenza *-o* è sostituita dal suffisso *-ilico*:

	CH_3-OH	CH_3-CH_2-OH
nome IUPAC	metanolo	etanolo
nome comune	alcol metilico	alcol etilico

A partire dal terzo termine della serie (propanolo) si verifica l'**isomeria di posizione**: in tal caso il nome del composto deve essere preceduto da un numero che è determinato numerando la catena carboniosa a partire dall'estremità che permette di assegnare al gruppo –OH il numero più piccolo possibile. Il propanolo esiste sotto forma di due isomeri:

C_3H_7OH	$\overset{3}{C}H_3-\overset{2}{C}H_2-\overset{1}{C}H_2-OH$	$\overset{3}{C}H_3-\overset{2}{C}H(OH)-\overset{1}{C}H_3$
propanolo	1-propanolo	2-propanolo (alcol isopropilico)

Gli alcoli insaturi sono composti nei quali sono presenti il gruppo ossidrile –OH e un legame multiplo (doppio o triplo). Il gruppo ossidrile degli alcoli (desinenza *-olo*) ha la **priorità** sul doppio legame degli alcheni (desinenza *-ene*) e sul triplo legame degli alchini (desinenza *-ino*).

Il **nome** degli **alcoli insaturi** quindi è costituito dal numero che indica la posizione del legame multiplo, seguito dal nome dell'idrocarburo insaturo e dal numero che indica la posizione del gruppo –OH, seguito dal suffisso *-olo*:

$\overset{4}{C}H_2=\overset{3}{C}H-\overset{2}{C}H(OH)-\overset{1}{C}H_3$	$\overset{1}{C}H\equiv\overset{2}{C}-\overset{3}{C}H(OH)-\overset{4}{C}H_2-\overset{5}{C}H_3$
3-buten-2-olo	1-pentin-3-olo

Quando nel composto sono presenti dei sostituenti (gruppi alchilici, atomi di alogeni o il radicale fenile), il nome dell'alcol è preceduto dal numero che indica la posizione dei sostituenti e dal nome dei sostituenti:

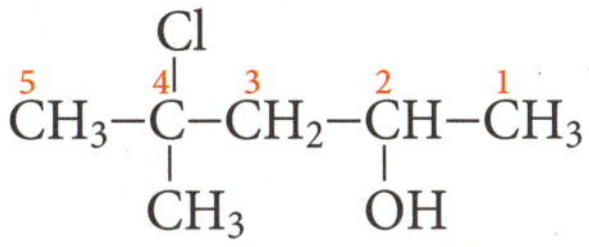

4-cloro-4-metil-2-pentanolo

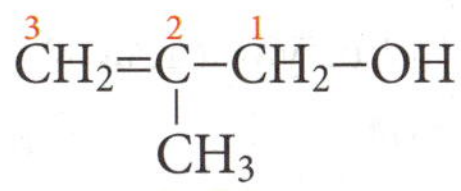

2-metil-2-propen-1-olo

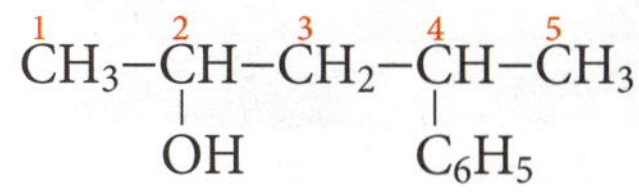

4-fenil-2-pentanolo

PROBLEMA MODELLO

Rappresentare le formule razionali degli alcoli

Rappresenta la formula razionale del seguente composto:

3-bromo-3-metil-2-butanolo

LA SOLUZIONE

Il prefisso *but-* indica quattro atomi di carbonio e la desinenza *-olo* un gruppo −OH; rappresentiamo quindi la catena carboniosa corrispondente sistemando il gruppo −OH nella posizione 2:

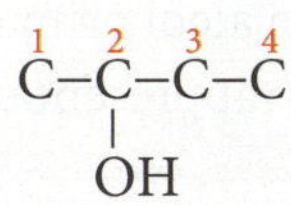

Aggiungiamo i **sostituenti**, l'atomo di bromo e il gruppo metile, nella posizione 3:

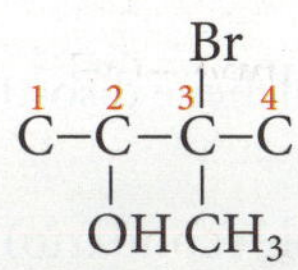

Completiamo la formula del composto aggiungendo l'esatto numero di atomi di idrogeno, tenendo presente che ogni atomo di carbonio forma quattro legami:

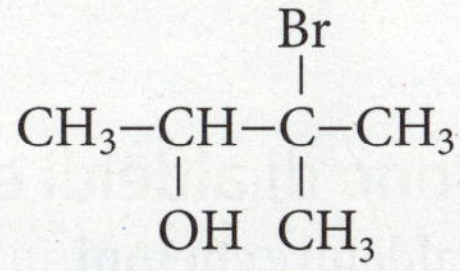

PROBLEMA SIMILE

Rappresenta la formula razionale dei seguenti composti:

a. 3-etil-2-fluoro-5-metil-2-esanolo
b. 2,3-dimetil-3-penten-1-olo
c. 3-bromo-2-fenil-2-butanolo

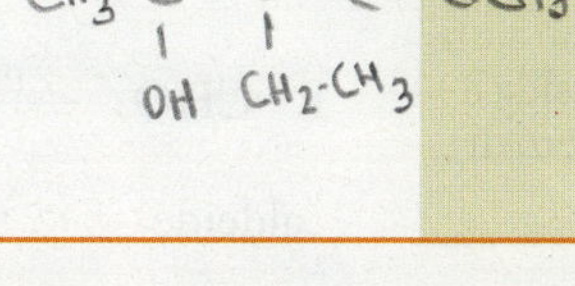

Figura 3 Il geraniolo I gerani e le rose contengono geraniolo, un alcol primario insaturo.

IDROGENAZIONE

La classificazione degli alcoli

Gli alcoli si classificano in **primari**, **secondari** e **terziari** a seconda che il gruppo ossidrile –OH sia legato nella catena carboniosa rispettivamente a un atomo di carbonio primario (figura 3), secondario o terziario:

alcol primario	alcol secondario	alcol terziario
$R{-}CH_2{-}OH$	$R'{-}CH(OH){-}R''$	$R''{-}C(R')(R'''){-}OH$

6 LA SINTESI DEGLI ALCOLI

A COLPO D'OCCHIO

SINTESI DEGLI ALCOLI
- IDRATAZIONE DEGLI ALCHENI
- RIDUZIONE DI ALDEIDI E CHETONI

Le reazioni di sintesi degli alcoli più comuni sono l'idratazione degli alcheni e la riduzione di aldeidi e chetoni.

La reazione di idratazione degli alcheni

La reazione di **idratazione degli alcheni**, in ambiente acido ricco di H^+, è una reazione di *addizione elettrofila* che porta (in accordo con la regola di Markovnikov) alla formazione di alcoli secondari o terziari (solo con l'addizione di acqua all'etilene si ottiene un alcol primario, l'etanolo).

La reazione di idratazione è rappresentata dalle seguenti equazioni:

$$\underset{\text{alchene monosostituito}}{R{-}CH{=}CH_2} + H_2O \xrightarrow{H^+} \underset{\text{alcol secondario}}{R{-}CH(OH){-}CH_3}$$

$$\underset{\text{alchene disostituito}}{R'{-}C(R''){=}CH_2} + H_2O \xrightarrow{H^+} \underset{\text{alcol terziario}}{R'{-}C(R'')(OH){-}CH_3}$$

Per esempio, il 2-butanolo (alcol secondario) è sintetizzato mediante l'idratazione in ambiente acido dell'1-butene:

$$\underset{\text{1-butene}}{CH_3{-}CH_2{-}CH{=}CH_2} + H_2O \xrightarrow{H^+} \underset{\text{2-butanolo}}{CH_3{-}CH_2{-}CH(OH){-}CH_3}$$

La reazione di riduzione di aldeidi e chetoni

La reazione di **riduzione di aldeidi** e **chetoni**, in presenza di un *riducente* (simbolo [H]), porta rispettivamente alla formazione di alcoli primari e secondari. La reazione di riduzione è rappresentata dalle seguenti equazioni:

$$\underset{\text{aldeide}}{R{-}CHO} \xrightarrow{[H]} \underset{\text{alcol primario}}{R{-}CH_2{-}OH} \qquad \underset{\text{chetone}}{R{-}C({=}O){-}R} \xrightarrow{[H]} \underset{\text{alcol secondario}}{R{-}CH(OH){-}R}$$

TI RICORDI?

Il **riducente** è una molecola o uno ione (monoatomico o poliatomico) che in una reazione redox cede elettroni o atomi di idrogeno a un ossidante. Il riducente si ossida e di conseguenza il suo numero di ossidazione aumenta.

PER SAPERNE DI PIÙ

Il mentolo: un alcol chirale

Il profumo e l'aroma di menta sono dovuti al **mentolo**, un alcol chirale contenuto nell'olio essenziale dalla *Mentha piperita*, una pianta erbacea aromatica appartenente alla famiglia delle *Lamiaceae*. Esistono varie specie di erbe del genere *Mentha: M. arvensis, M. aquatica, M. spicata* (detta anche *M. viridis*) e *M. piperita*. Ogni specie produce un'essenza aromatica particolare, motivo per cui alcune sono più apprezzate di altre.

Un'**essenza** *è una miscela di sostanze* organiche di varia natura (alcoli, aldeidi, chetoni, esteri) che sono prodotte da un organismo vegetale. Nel momento in cui l'essenza viene estratta dalla pianta prende il nome di olio essenziale.

Le specie di *Mentha* producono essenze a contenuto di mentolo variabile. La menta piperita è la specie di maggior interesse industriale perché il suo olio essenziale possiede un elevato contenuto di mentolo.

L'isomeria nel mentolo

Il mentolo è noto all'uomo fin dall'antichità e veniva utilizzato come erba medicinale già da Egizi, Greci e Romani. La molecola venne però isolata soltanto nel 1771 dal chimico e medico tedesco Hieronymus David Gaubius, che la denominò «*camphora europaea menthae piperitidis*» (canfora europea della menta piperita).

Il mentolo è un alcol caratterizzato dalla presenza di tre centri chirali, che corrispondono ai tre atomi di carbonio dell'anello a cui sono legati i sostituenti (figura). I possibili stereoisomeri del mentolo sono otto ($2^3 = 8$), ma quello che possiede l'odore più intenso e il maggiore potere rinfrescante è il (−)-mentolo, l'alcol con configurazione (1R, 2S, 5R).

Il motivo di questa caratteristica è legata al fatto che i recettori olfattivi del sistema nervoso sono stereoselettivi, cioè l'interazione con le molecole responsabili della profumazione dipende dall'orientazione nello spazio dei legami. Per esempio, il (+)-mentolo è meno rinfrescante e ha un aroma di menta più debole rispetto al (−)-mentolo, mentre il (+)-isomentolo ha l'odore tipico della canfora.

Gli utilizzi del mentolo

L'olio essenziale di menta riveste un ruolo importante nel mercato mondiale poiché è tra gli oli più impiegati nell'industria. Il mentolo viene impiegato in tantissimi settori:

- nell'industria alimentare è utilizzato come additivo in bibite, sciroppi, liquori, chewing-gum e caramelle;
- nel settore cosmetico è usato per aromatizzare dentifrici e prodotti per l'igiene orale, e in detergenti e creme per la sua funzione astringente;
- viene aggiunto nella formulazione dei profumi per conferire freschezza a prodotti destinati ad uso cutaneo;
- è utilizzato come eccipiente nei farmaci, per rendere più gradevole il sapore di alcune medicine;
- ha diverse applicazioni in campo medico come anticongestionante, antinfiammatorio, antisettico bronchiale, come calmante della tosse ed espettorante; inoltre, per la sua azione rinfrescante, è utilizzato anche come coadiuvante in alcune malattie cutanee.

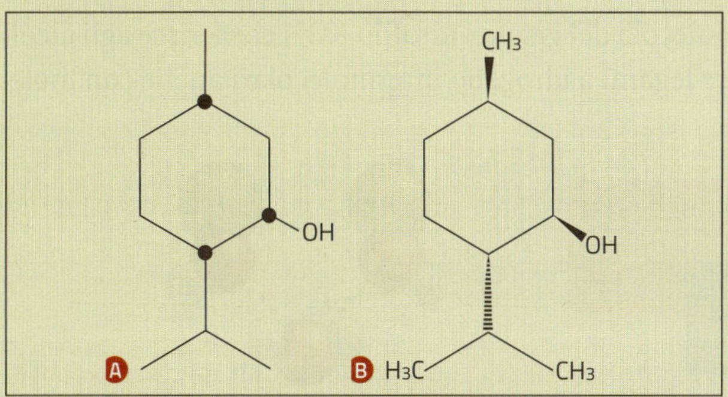

Figura **Il mentolo** I tre centri chirali del mentolo (A) e la struttura del (−)- mentolo (B).

L'azione del mentolo

A che cosa è dovuta la sensazione di fresco che stimola il mentolo? Inizialmente si pensava che questo alcol agisse come rinfrescante provocando un abbassamento della temperatura. Successivamente si è scoperto che il mentolo attiva dei termorecettori, cioè degli specifici recettori nervosi sensibili alla temperatura. Questi appartengono alla famiglia dei canali ionici TRP (*Transient Receptor Potential*), proteine-canale che mediano i segnali nervosi responsabili della percezione del caldo e del freddo.

Il canale specifico responsabile della sensazione psicofisica del freddo è il TRPM8. La sua particolarità consiste nel fatto che è in grado di rispondere sia alle riduzioni di temperatura sia ad alcuni composti chimici, come il mentolo, che generano una sensazione di freschezza. Per questo motivo è anche denominato CMR1 (*Cold and Menthol Receptor 1*), cioè recettore del freddo e del mentolo.

La sintesi industriale

Grazie ai suoi molteplici utilizzi, la richiesta dell'olio essenziale di menta è divenuta nel tempo sempre maggiore. Questo ha fatto nascere l'esigenza di trovare una via di sintesi per produrre industrialmente le molecole contenute negli oli essenziali, in modo da poter sostituire i componenti naturali.

Alla fine dell'Ottocento, il consumo mondiale del mentolo era di circa 100 000 kg all'anno, mentre alla fine del secolo scorso si sono raggiunte le 12 000 tonnellate all'anno.

Non esiste una sola via di sintesi del mentolo, ma ne sono state sviluppate varie a partire da reagenti differenti, per esempio dal *meta*-cresolo, dal mircene, dal citrale e dal limonene. Il problema principale di questi processi è che il prodotto che si vuole ottenere è lo specifico stereoisomero (−)-mentolo, e non gli altri isomeri che hanno caratteristiche organolettiche peggiori. La reazione deve quindi essere controllata per riuscire a essere selettiva verso la produzione dell'isomero di interesse.

Il commercio legato ai prodotti che contengono mentolo produce un giro di affari di circa 300 milioni di dollari. Per questo la ricerca di vie di sintesi alternative e il miglioramento di quelle note sono ancora oggi temi di notevole interesse industriale.

L'etanolo e il 2-propanolo si ottengono rispettivamente per la riduzione dell'etanale e del propanone:

$$\underset{\text{etanale}}{CH_3-CHO} \xrightarrow{[H]} \underset{\text{etanolo}}{CH_3-CH_2-OH} \qquad \underset{\text{propanone}}{CH_3-\overset{\overset{\large O}{\|}}{C}-CH_3} \xrightarrow{[H]} \underset{\text{2-propanolo}}{CH_3-\overset{\overset{\large OH}{|}}{C}H-CH_3}$$

Come riducenti solitamente si usano il litio alluminio idruro ($LiAlH_4$) e il sodio boridruro ($NaBH_4$). Dato che il doppio legame carbonio-carbonio non viene attaccato da questi idruri, essi possono essere impiegati per ridurre il doppio legame carbonio-ossigeno e ottenere l'alcol, senza ridurre contemporaneamente anche il doppio legame fra gli atomi di carbonio che potrebbe essere presente nello stesso composto, per esempio:

$$\underset{\text{2-butenale}}{CH_3-CH=CH-\overset{\overset{\large O}{\|}}{C}H} \xrightarrow{NaBH_4} \underset{\text{2-buten-1-olo}}{CH_3-CH=CH-CH_2OH}$$

7 LE PROPRIETÀ FISICHE DEGLI ALCOLI

A temperatura ambiente, i primi dodici termini della serie sono allo stato liquido, i termini superiori allo stato solido.

Negli alcoli, l'elevata differenza di elettronegatività tra l'ossigeno e l'idrogeno del gruppo −OH determina la formazione di due parziali cariche elettriche (negativa sull'atomo di ossigeno e positiva sull'atomo di idrogeno) e, di conseguenza, di legami a idrogeno intermolecolari.

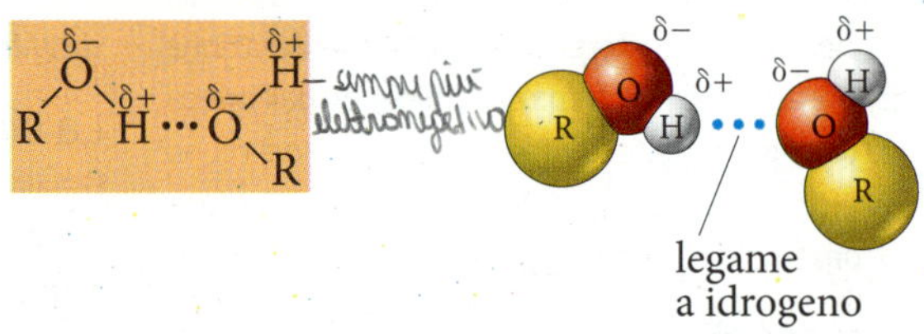

Per la presenza dei legami a idrogeno, gli alcoli hanno **punti di ebollizione** più alti degli idrocarburi, degli alogenuri alchilici e degli eteri aventi massa molecolare corrispondente.

La presenza nella molecola del gruppo idrofilo −OH conferisce agli alcoli la possibilità di formare legami a idrogeno intermolecolari anche con molecole di acqua.

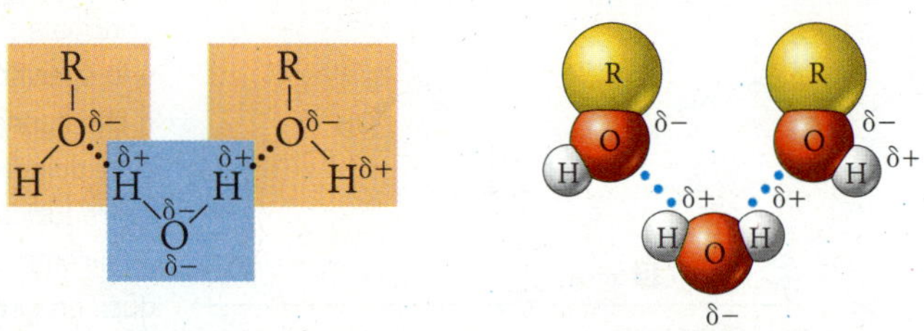

In conseguenza di questi legami, i primi tre termini della serie sono solubili in acqua; aumentando la massa molecolare il gruppo idrofobico (R) prevale sul gruppo idrofilo (–OH) e la solubilità diminuisce: l'alcol esilico è praticamente insolubile (**tabella 2**).

Nome	Formula razionale	t_e (°C)	Solubilità in acqua
metanolo	$CH_3–OH$	65	molto solubile
etanolo	$CH_3–CH_2–OH$	78,5	molto solubile
1-propanolo	$CH_3–CH_2–CH_2–OH$	97	molto solubile
1-butanolo	$CH_3–CH_2–CH_2–CH_2–OH$	117,7	solubile
1-pentanolo	$CH_3–CH_2–CH_2–CH_2–CH_2–OH$	137,9	poco solubile
1-esanolo	$CH_3–CH_2–CH_2–CH_2–CH_2–CH_2–OH$	155,8	insolubile

Tabella 2 La temperatura di ebollizione e la solubilità in acqua di alcuni alcoli

8 LE PROPRIETÀ CHIMICHE DEGLI ALCOLI

Per la presenza di un legame O–H fortemente polarizzato, gli alcoli (formula molecolare ROH) con basi forti si comportano da **acidi di Brønsted-Lowry**. Gli alcoli cedono infatti uno ione idrogeno H^+ alla base con conseguente formazione di uno ione alcossido RO^- (base coniugata dell'alcol) e dell'acido coniugato della base forte:

$$\underset{A_1}{ROH} + \underset{B_2}{B} \rightleftharpoons \underset{B_1}{RO^-} + \underset{A_2}{BH^+}$$

La forza di un acido in soluzione acquosa si esprime quantitativamente mediante la costante di dissociazione acida K_a, espressa dalla relazione:

$$K_a = \frac{[RO^-]\,[H_3O^+]}{[ROH]}$$

TI RICORDI?

La K_a (costante di dissociazione acida) è data dal rapporto tra il prodotto delle concentrazioni dei prodotti e quello delle concentrazioni dei reagenti (la concentrazione dell'acqua è inclusa nel valore di K_a).

Gli alcoli, come si evidenzia dai valori molto bassi della costante di dissociazione acida K_a, sono acidi molto deboli (**tabella 3**).

Dai valori di K_a risulta che gli alcoli primari sono più acidi di quelli secondari

Nome	Formula razionale	Tipo	K_a
etanolo	$CH_3–CH_2–OH$	primario	$1 \cdot 10^{-16}$
2-propanolo	$CH_3–CH(OH)–CH_3$	secondario	$1 \cdot 10^{-17}$
2-metil-2-propanolo	$CH_3–C(CH_3)(OH)–CH_3$	terziario	$1 \cdot 10^{-18}$

Tabella 3 I valori di K_a per alcuni alcoli

e questi più acidi di quelli terziari, per cui l'ordine di acidità crescente è il seguente:

$$R''–\overset{R'}{\underset{R'''}{C}}–OH < R''–\overset{OH}{CH}–R' < R–CH_2–OH$$

alcol terziario < alcol secondario < alcol primario

La maggiore acidità degli alcoli primari si giustifica con il *minore ingombro sterico* dello ione alcossido (base coniugata dell'alcol). Questo, infatti, idratandosi più facilmente è più stabile dello ione alcossido degli alcoli secondari e terziari con maggiore ingombro sterico.

Se nella molecola dell'alcol sono presenti dei sostituenti, l'acidità, in base al tipo di sostituente, può aumentare o diminuire per **effetto induttivo**. Gli atomi *elettron-attrattori* (alogeni) aumentano l'acidità; i gruppi atomici *elettron-donatori* (gruppi alchilici) diminuiscono l'acidità.

Per la presenza di due doppietti elettronici liberi sull'atomo di ossigeno, gli alcoli si possono comportare anche da **basi di Lewis**, in quanto possono condividere un doppietto elettronico con un protone H^+ o con un altro acido di Lewis.

L'alcol legandosi al protone forma un alcol protonato, che successivamente libera acqua con formazione di un carbocatione (simbolo R^+):

$$R-\bar{O}-H + H^+ \rightleftharpoons \left[R-\underset{|}{\overset{H}{\underline{O}}}-H \right]^+ \rightleftharpoons R^+ + H_2O$$

Gli alcoli sono basi molto deboli. Gli alcoli terziari sono più basici di quelli secondari e questi di quelli primari, per cui l'ordine di basicità crescente è il seguente:

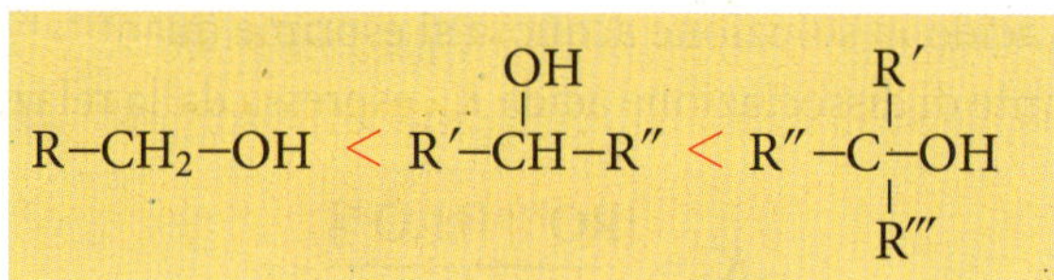

alcol primario · alcol secondario · alcol terziario

La maggiore basicità degli alcoli terziari si giustifica con la maggiore stabilità del carbocatione terziario rispetto al carbocatione secondario e primario.

Gli alcoli, potendosi comportare sia da acidi sia da basi, sono composti **anfoteri**.

TI RICORDI?

Una **base di Lewis** è una molecola o un anione che può condividere un doppietto elettronico con un acido.

LE PAROLE

Con il termine **anfotero** (dal greco: *amphoteros* = l'uno e l'altro) si indicano composti che reagiscono sia con gli acidi sia con le basi. Sono anfoteri l'acqua, l'ammoniaca e gli anioni poliatomici con almeno un atomo di idrogeno.

9 LE REAZIONI DEGLI ALCOLI

Gli alcoli possono dare origine a tre tipi di reazioni: la rottura del legame O–H, la rottura del legame C–O, l'ossidazione di alcoli primari e secondari.

La reazione di rottura del legame O–H

Nella reazione di **rottura del legame O–H** gli alcoli, comportandosi da *acidi*, cedono un atomo di idrogeno a una base. La reazione avviene con metalli alcalini (Li, Na, K), che si comportano da base, e porta alla formazione di sali (alcossidi) con sviluppo di idrogeno:

$$2\,RO-H + 2\,Me \longrightarrow 2\,ROMe + H_{2(g)}\uparrow$$

La reazione tra l'alcol etilico e il sodio metallico è rappresentata dall'equazione:

$$2\,CH_3-CH_2-OH + 2\,Na \longrightarrow \underset{\text{etossido di sodio}}{2\,CH_3-CH_2-ONa} + H_{2(g)}\uparrow$$

La reazione di rottura del legame C–O

Nella reazione di **rottura del legame C–O** gli alcoli, comportandosi da *base*, in presenza di un catalizzatore acido H^+ accettano uno ione idrogeno.

La reazione più comune di rottura del legame C–O è la reazione di *disidratazione* che avviene in presenza di acido solforico (catalizzatore) e alla temperatura di 180 °C. Si tratta di una reazione di *eliminazione*, usata per la sintesi degli alcheni.

La reazione di disidratazione dell'etanolo è rappresentata dalla seguente equazione:

$$\underset{\text{etanolo}}{\overset{H}{\overset{|}{C}}H_2-CH_2-OH} \xrightarrow{H^+/180\ °C} \underset{\text{etilene}}{CH_2=CH_2} + H_2O$$

A COLPO D'OCCHIO

REAZIONI DEGLI ALCOLI
- ROTTURA LEGAME O–H
- ROTTURA LEGAME C–O
- OSSIDAZIONE DI ALCOLI PRIMARI E SECONDARI

La reazione di ossidazione

Gli alcoli che hanno almeno un atomo di idrogeno legato al carbonio del gruppo ossidrile (alcoli primari e secondari) possono essere ossidati facilmente a composti carbonilici (aldeidi e chetoni). Gli alcoli terziari non danno reazioni di ossidazione.

In una reazione di ossidazione di una molecola organica solitamente *aumenta* il numero di atomi di ossigeno contenuto nella molecola o *diminuisce* il numero di atomi di idrogeno.

Nella reazione di ossidazione, gli alcoli primari e secondari, in presenza di forti ossidanti (simbolo [O]) e in ambiente acido, sono ossidati rispettivamente ad *aldeidi* e *chetoni*.

- La reazione di ossidazione di un **alcol primario** è rappresentata dall'equazione:

$$\underset{\text{alcol primario}}{R-CH_2-OH} \xrightarrow{[O]} \underset{\text{aldeide}}{R-CHO}$$

La reazione di ossidazione dell'1-butanolo è rappresentata dalla seguente equazione:

$$\underset{\text{1-butanolo}}{CH_3-CH_2-CH_2-CH_2-OH} \xrightarrow{[O]} \underset{\text{butanale}}{CH_3-CH_2-CH_2-CHO}$$

La reazione di ossidazione di un alcol primario deve essere attentamente controllata perché le aldeidi che si ottengono sono facilmente ossidabili ad acidi carbossilici.

La reazione di ossidazione dell'etanolo si verifica anche nelle cellule epa-

TI RICORDI?

L'**ossidante** è una molecola o uno ione (monoatomico o poliatomico) che in una reazione redox accetta elettroni o atomi di idrogeno da un riducente. L'ossidante si riduce e di conseguenza il suo numero di ossidazione diminuisce.

PER VEDERE LE REAZIONI
video *LabOr*.
Gli alcoli

tiche. La reazione, catalizzata dell'enzima deidrogenasi e dal coenzima NAD^+, porta alla formazione dell'etanale (aldeide acetica):

$$CH_3{-}CH_2{-}OH + NAD^+ \xrightarrow{\text{deidrogenasi}} CH_3{-}CHO + NADH$$

L'acetaldeide prodotta è successivamente ossidata ad acido acetico ($CH_3{-}COOH$) e infine a diossido di carbonio (CO_2) e acqua.

- La reazione di ossidazione di un **alcol secondario** è rappresentata dall'equazione:

$$\underset{\text{alcol secondario}}{R{-}\underset{\displaystyle OH}{\underset{|}{C}H}{-}R'} \xrightarrow{[O]} \underset{\text{chetone}}{R{-}\underset{\displaystyle O}{\underset{\|}{C}}{-}R'}$$

PER VEDERE LE REAZIONI
video *LabOr.*
Alcoli primari, secondari e terziari

Per esempio, la reazione di ossidazione del 2-pentanolo è la seguente:

$$\underset{\text{2-pentanolo}}{CH_3{-}\underset{\displaystyle OH}{\underset{|}{C}H}{-}CH_2{-}CH_2{-}CH_3} \xrightarrow{[O]} \underset{\text{2-pentanone}}{CH_3{-}\underset{\displaystyle O}{\underset{\|}{C}}{-}CH_2{-}CH_2{-}CH_3}$$

10 I POLIOLI PRESENTANO PIÙ GRUPPI OSSIDRILE

I **polioli** o **alcoli polivalenti** sono composti che derivano dagli alcani per sosituzione di due o più atomi di idrogeno con due o più gruppi ossidrili –OH.

Il **nome** dei polioli secondo le regole IUPAC è costituito dalla radice del nome dell'alcano corrispondente e dal suffisso *-diolo, -triolo, -tetraolo, -pentaolo.* I composti con due gruppi alcolici adiacenti si chiamano comunemente **glicoli**:

	$CH_2{-}OH$ / $CH_2{-}OH$	$CH_2{-}OH$ / $CH{-}OH$ / $CH_2{-}OH$	$CH_2{-}OH$ / $(CH{-}OH)_4$ / $CH_2{-}OH$
nome IUPAC	1,2-etandiolo	1,2,3-propantriolo	1,2,3,4,5,6-esanesolo
nome comune	glicole etilenico	glicerolo o glicerina	sorbitolo

LE PAROLE

I **glicoli** (dal greco: *glukus* = dolce) sono sostanze liquide altamente viscose e generalmente dal sapore dolce.

Il *glicole etilenico* è il liquido che costituisce il componente antigelo nei radiatori delle automobili (punto di solidificazione uguale a −40 °C) ed è anche il componente di partenza per la preparazione del dacron o terital (poliestere sintetico) usato per ottenere fibre tessili sintetiche.

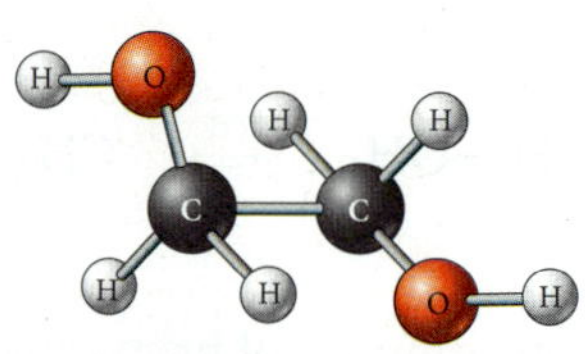

glicole etilenico

Il *glicerolo*, o glicerina, è un liquido incolore, solubile in acqua, molto diffuso nelle cellule dei viventi sotto forma di **trigliceridi**, composti costituiti da una molecola di glicerolo e tre molecole di acidi grassi. Il glicerolo è utilizzato per la preparazione di prodotti cosmetici e farmaceutici (figura 4). Il glicerolo, reagendo con l'acido nitrico, forma la **nitroglicerina**, un potente esplosivo molto sensibile agli urti. La reazione è rappresentata dalla seguente equazione:

$$\begin{array}{l} CH_2{-}OH \\ | \\ CH{-}OH \\ | \\ CH_2{-}OH \end{array} + 3\,HNO_3 \longrightarrow \begin{array}{l} CH_2{-}ONO_2 \\ | \\ CH{-}ONO_2 \\ | \\ CH_2{-}ONO_2 \end{array} + 3\,H_2O$$

La nitroglicerina può essere tuttavia controllata se fatta assorbire da un materiale inerte e poroso: in tal caso si forma la **dinamite**, usata principalmente nelle miniere e nelle demolizioni per l'edilizia (figura 5). Il termine «dinamite» è stato coniato nel 1867 da Alfred Nobel, che ha ideato questo potente esplosivo.

La nitroglicerina, a piccolissime dosi dell'ordine del milligrammo in soluzione alcolica molto diluita, è usata in medicina come vasodilatatore.

Il *sorbitolo* è un composto molto solubile in acqua: per il suo sapore molto dolce è usato nella frutta candita e come sostituto dello zucchero.

PER SAPERNE DI PIÙ

I **trigliceridi** sono biomolecole che fanno parte della classe dei lipidi; a temperatura ambiente sono distinti secondo il loro stato fisico in *grassi* (stato solido) e *oli* (stato liquido).

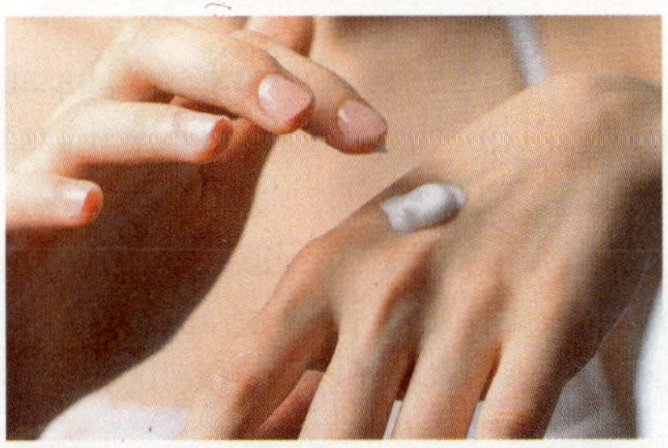

Figura 4 **Il glicerolo** È impiegato nella preparazione di creme idratanti per le mani.

Figura 5 **La nitroglicerina** È un potente esplosivo, usato per le demolizioni.

11 NEGLI ETERI UN ATOMO DI OSSIGENO È LEGATO A DUE GRUPPI ORGANICI

Gli **eteri** sono composti in cui il gruppo funzionale è un atomo di ossigeno legato a due gruppi organici (alchilici o arilici).

A seconda che all'atomo di ossigeno siano legati due gruppi alchilici o arilici, oppure uno alchilico e uno arilico, le *formule molecolari* generali degli eteri sono le seguenti:

$R{-}O{-}R'$ $\quad$ $Ar{-}O{-}Ar'$ $\quad$ $R{-}O{-}Ar$

Per la presenza sull'atomo di ossigeno di due doppietti elettronici liberi, l'angolo di legame tra i due gruppi alchilici o arilici e l'atomo di ossigeno ha il valore di 110°:

$H_3C{-}O{-}CH_3$ dimetil etere

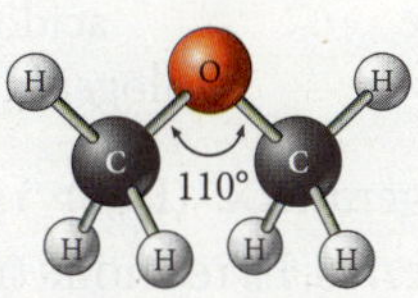

La nomenclatura degli eteri

Gli eteri sono generalmente denominati con un nome comune costituito dai nomi dei due gruppi organici (in ordine alfabetico) seguiti dalla parola *etere*:

$CH_3-CH_2-O-CH_2-CH_3$

dietil etere

$CH_3-O-CH_2-CH_3$

etil metil etere

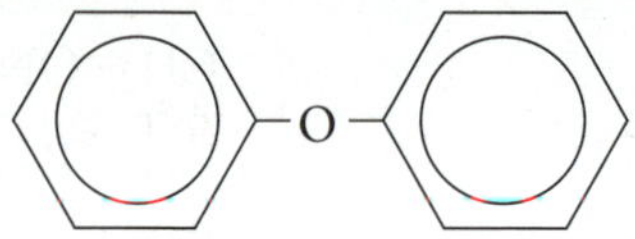

difenil etere

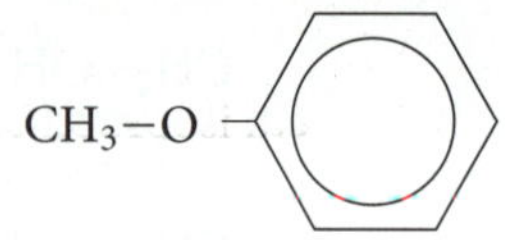

fenil metil etere

Il dietil etere è utilizzato come anestetico in medicina.

12 LE PROPRIETÀ FISICHE DEGLI ETERI

Gli eteri si presentano sotto forma di liquidi, incolori e volatili.

La presenza nella molecola dell'atomo di ossigeno più elettronegativo rispetto ai due atomi di carbonio determina una debole polarità che conferisce agli eteri la possibilità di formare:

- *legami intermolecolari dipolo-dipolo*, per cui i punti di ebollizione sono bassi, simili a quelli degli alcani e molto minori di quelli degli alcoli con massa molecolare analoga;
- *legami a idrogeno* con l'acqua, per cui la loro solubilità è simile a quella degli alcoli con massa molecolare corrispondente, e quindi più elevata di quella degli idrocarburi; la solubilità diminuisce con l'aumentare della massa molecolare (**tabella 4**).

Tabella 4 La temperatura di ebollizione e la solubilità in acqua di composti con massa molecolare corrispondente

Nome	Formula razionale	Massa molecolare	t_e (°C)	Solubilità in acqua
1-butanolo	$CH_3-CH_2-CH_2-CH_2-OH$	74	118	solubile
dietil etere	$CH_3-CH_2-O-CH_2-CH_3$	74	35	solubile
pentano	$CH_3-CH_2-CH_2-CH_2-CH_3$	72	32	insolubile

13 LE REAZIONI DEGLI ETERI

Gli eteri, presentando nella loro molecola legami molto forti (legami carbonio-ossigeno e carbonio-idrogeno), sono poco reattivi nei confronti dei reagenti chimici. Tuttavia, in seguito a riscaldamento prolungato in soluzioni acquose concentrate di acidi alogenidrici (HI, HBr), si ha la rottura dei legami carbonio-ossigeno con formazione di un alogenuro alchilico e di un alcol. La reazione è rappresentata dalla seguente equazione:

$$\underset{\text{etere}}{R-O-R'} + \underset{\text{acido alogenidrico}}{H-X_{(aq)}} \xrightarrow{\Delta} \underset{\text{alogenuro alchilico}}{R-X} + \underset{\text{alcol}}{R'-OH}$$

L'anione alogenuro X^- (I^-, Br^-) si lega al carbonio etereo che presenta minore ingombro sterico. La reazione tra l'etil isopropil etere con una soluzione concentrata di acido iodidrico porta alla formazione dello iodoetano e dell'alcol isopropilico (2-propanolo):

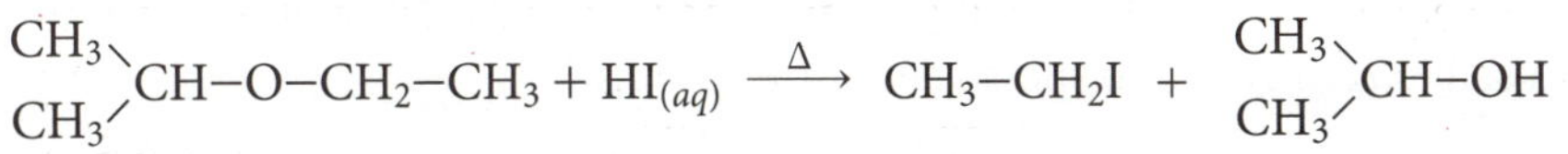

etil isopropil etere — iodoetano — alcol isopropilico

14 GLI EPOSSIDI SONO ETERI CICLICI

Gli **epossidi** o **ossirani** sono eteri ciclici, con un anello a tre termini contenente un atomo di ossigeno.

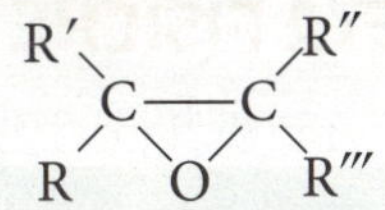

Il termine più semplice è l'ossido di etilene o ossirano:

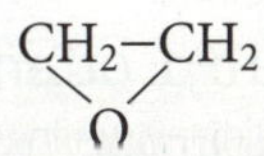

Gli epossidi sostituiti presentano *isomeria geometrica*; per esempio, l'ossido di 2-butene esiste in forma *cis-* e *trans-*:

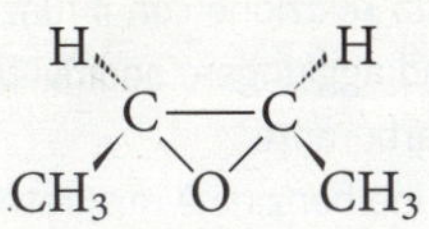

ossido di *cis*-2-butene
(*cis*-2,3-dimetilossirano)

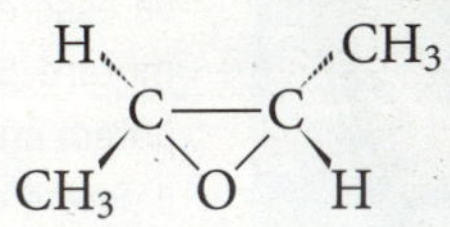

ossido di *trans*-2-butene
(*trans*-2,3-dimetilossirano)

A causa della tensione angolare dell'anello a tre termini, gli epossidi sono molto più reattivi degli eteri a catena aperta e danno prodotti a catena aperta. Per esempio, l'addizione nucleofila dell'acqua, con un catalizzatore acido, produce un 1,2-diolo:

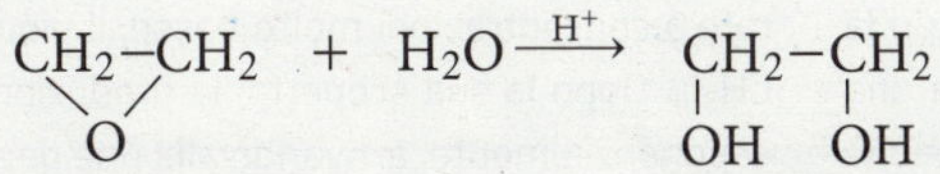

ossido di etilene — glicole etilenico

15 NEI FENOLI IL GRUPPO OSSIDRILICO È LEGATO A UN ANELLO BENZENICO

I **fenoli** sono composti organici con un gruppo idrossido –OH legato direttamente all'anello benzenico.

Ai fenoli corrisponde la formula molecolare generale:

$$Ar{-}OH$$

Il **nome** dei fenoli secondo le regole IUPAC è costituito dal numero che indica la posizione del sostituente, dal nome del sostituente e dal termine *idrossibenzene*. Sono molto usati anche i nomi comuni, per esempio i metilidrossibenzeni vengono spesso denominati *cresoli*.

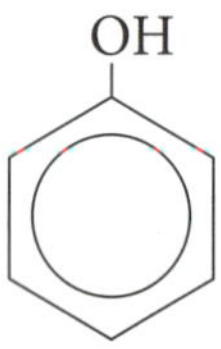
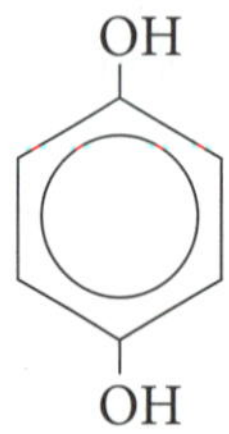
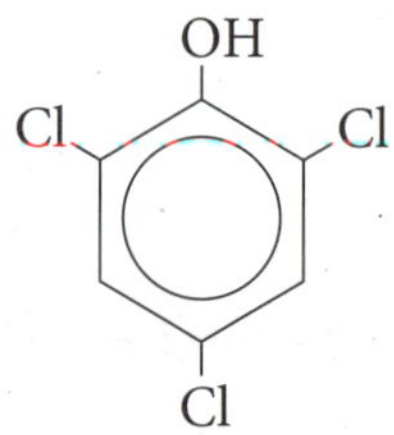
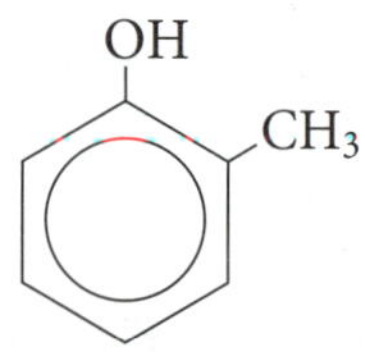

nome comune	fenolo	idrochinone	2,4,6-triclorofenolo	*o*-cresolo
nome IUPAC	idrossibenzene	1,4-diidrossibenzene	2,4,6-tricloroidrossibenzene	2-metilidrossibenzene

CHIMICA VERDE

MTBE: l'etere per la benzina senza piombo

Il **motore a scoppio** fu inventato nel 1876 dall'ingegnere tedesco Nikolaus August Otto, ma venne applicato ai veicoli soltanto un decennio dopo, con alimentazione a **benzina**. In questi motori la combustione della miscela carburante-aria è innescata da una scintilla, cioè in condizioni di funzionamento corretto l'accensione della miscela avviene dopo l'innesco, in particolare nel momento di massima compressione dei gas. Quando però i gas si trovano a pressione elevata può verificarsi una combustione anomala, cioè la miscela si può auto-accendere per effetto dell'alta pressione: questa auto-ignizione è detta **detonazione**.

Nei primi motori a scoppio la combustione incontrollata generava il cosiddetto «battito in testa», un malfunzionamento che provocava problemi al motore e un suo indesiderato surriscaldamento. Agli inizi del Novecento, però, non si era ancora capito quale fosse la vera causa della detonazione, tanto che lo si attribuiva a un problema di natura meccanica.

Il numero di ottano

Thomas Midgley, un ingegnere statunitense, fu il primo a capire agli inizi degli anni Venti che la causa della combustione anomala era legata alle caratteristiche della benzina. Ci si rese conto che la benzina era una miscela complessa la cui composizione doveva essere studiata in stretta relazione con il funzionamento del motore. Si iniziarono così ad aggiungere additivi per migliorare il potere antidetonante del carburante.

Il potere antidetonante di una benzina è misurato dal numero di ottano: maggiore è questo numero, maggiore è la resistenza alla detonazione. In questa scala *è attribuito* valore 0 a una molecola di riferimento con pessimo potere antidetonante (*n*-pentano) e valore 100 a un composto con ottimo potere antidetonante (isoottano).

Il piombo tetraetile

Dopo aver provato migliaia di sostanze, nel 1921 Midgley trovò un additivo che permetteva di raggiungere le prestazioni desiderate a concentrazioni molto basse, il piombo tetraetile $Pb(CH_2{-}CH_3)_4$. Dopo la sua scoperta, la produzione industriale aumentò esponenzialmente, arrivando alla fine degli anni Settanta del secolo scorso a 400 000 tonnellate/anno soltanto negli Stati Uniti.

Già pochi anni dopo il suo utilizzo, ci si accorse che il piombo tetraetile causava seri problemi sanitari a causa della sua tossicità. Che il piombo fosse un metallo nocivo era noto già dall'antichità, soprattutto nelle sue forme di intossicazione acuta, il cosiddetto saturnismo. Il piombo, infatti, è un metallo pesante che si accumula sia nei tessuti minerali (ossa) sia nei tessuti molli (reni, fegato, cervello), causando diverse patologie. Nonostante la sua tossicità, il piombo tetraetile continuò a essere utilizzato fino agli anni Ottanta provocando seri danni all'ambiente e alla salute pubblica.

Se nell'anello benzenico, oltre al gruppo ossidrile –OH, sono presenti anche il gruppo funzionale aldeidico –CHO o carbossile –COOH, il gruppo –OH deve essere considerato un sostituente perché il gruppo funzionale delle aldeidi e degli acidi ha la **priorità** nell'adozione della desinenza:

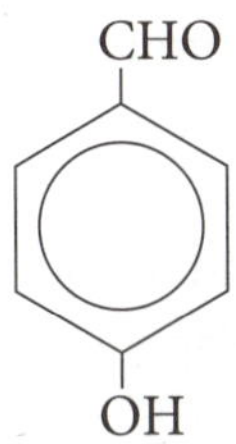

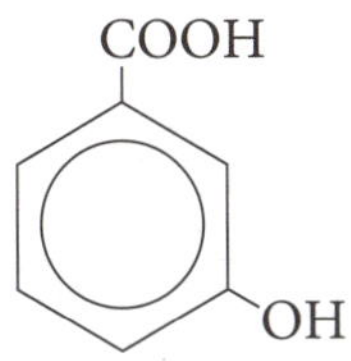

p-idrossibenzaldeide   acido *m*-idrossibenzoico

La benzina senza piombo

Finalmente negli anni Ottanta del secolo scorso il piombo tetraetile venne progressivamente eliminato dalle benzine e contemporaneamente furono introdotte le marmitte catalitiche. Oltre al suo effetto nocivo, infatti, il piombo impediva l'utilizzo dei filtri per l'abbattimento degli inquinanti perché ne andava a compromettere la funzione catalitica. Per riuscire a mettere sul mercato la benzina senza piombo l'eliminazione del piombo tetraetile venne compensata con l'aggiunta di altri componenti antidetonanti. Vennero introdotti alcuni composti ossigenati (etanolo, metanolo, isobutanolo, eteri) e alcuni idrocarburi ramificati e aromatici (etilbenzene, toluene).

Tra i composti ossigenati più importanti, il **metil *terz*-butil etere (MTBE)** è l'etere che ha dato una svolta allo sviluppo della benzina «verde» senza piombo (figura A). Le sue proprietà antidetonanti sono dovute al fatto che il legame tra l'ossigeno e il gruppo *terz*-butilico si rompe per scissione omolitica generando dei radicali che bloccano l'auto-accensione della miscela benzina-aria. Come antidetonante l'MTBE presenta diversi vantaggi:

- ha una tossicità molto bassa rispetto ad altri composti ottanizzanti come il piombo tetraetile e il benzene;
- è compatibile con tutti i materiali utilizzati nel motore;
- si riesce a produrre facilmente a e basso costo;
- non ha problemi di miscibilità con l'acqua;
- riduce le emissioni di inquinanti organici presenti nei gas di scarico.

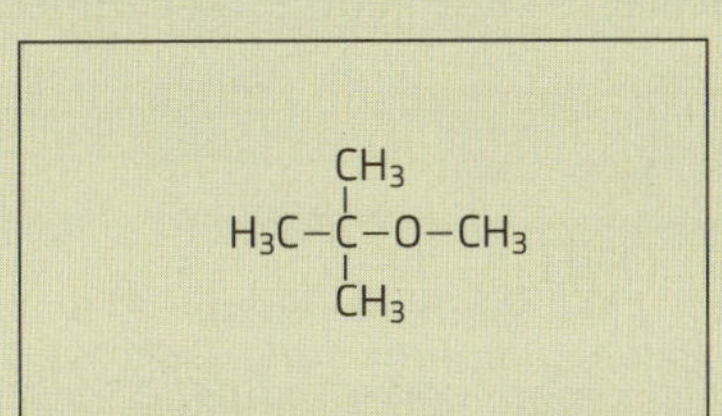

Figura A La struttura del metil *terz*-butil etere (MTBE).

Per queste caratteristiche questo etere è considerato uno dei capostipiti dei composti chimici che, sostituendo componenti inquinanti e nocivi, permettono di «pulire» i carburanti e ottenere *clean fuels*. Tuttora l'MTBE e l'ETBE (etil *terz*-butil etere) sono i principali componenti ottanizzanti della benzina verde, con un contenuto compreso tra il 7 e il 15%.

Tuttavia, anche se l'MTBE ha permesso di sostituire il piombo tetraetile, negli ultimi anni si sta monitorando il suo effetto sull'ambiente. Infatti, a causa della sua elevata solubilità in acqua, l'etere riesce a raggiungere le falde acquifere profonde e vi resta per lungo tempo a causa della sua scarsa degradabilità (figura B). Per questo, sono state emanate delle direttive nazionali (Decreto legislativo 152/2006) in cui si stabilisce un limite di 10 μg/L come concentrazione soglia di rischio dell'MTBE nelle acque sotterranee.

Figura B Le falde acquifere sono un deposito idrico nel sottosuolo che rischia l'inquinamento da MTBE.

16 LE PROPRIETÀ FISICHE E CHIMICHE DEI FENOLI

Le proprietà fisiche

La presenza nella molecola del gruppo ossidrile –OH conferisce ai fenoli la possibilità di formare legami a idrogeno intermolecolari, per cui i *punti di ebollizione* sono più elevati rispetto agli idrocarburi con massa molecolare corrispondente.

I fenoli possono formare legami a idrogeno intermolecolari anche con l'acqua, ma sono poco solubili per la presenza dell'anello aromatico idrofobico.

Le proprietà chimiche

I fenoli in acqua si comportano da *acidi di Brønsted-Lowry* cedendo all'acqua, che si comporta da base, l'atomo di idrogeno del gruppo –OH sotto forma di ione H^+. Quindi si ha la formazione dello ione fenossido (base coniugata del fenolo) e dello ione ossonio H_3O^+ (acido coniugato dell'acqua).

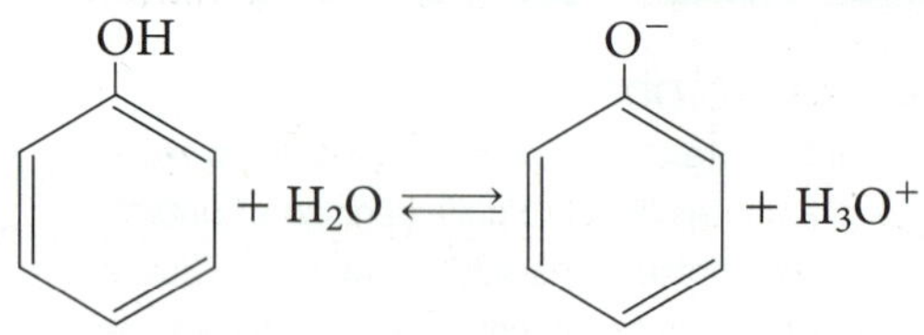

fenolo ione fenossido

L'acidità dei fenoli è maggiore di quella degli alcoli perché nello ione alcossido R–O⁻ la carica negativa è localizzata sull'atomo di ossigeno. Nello ione fenossido la carica è *delocalizzata* per risonanza nelle posizioni *orto* e *para* dell'anello e questo rende lo ione fenossido più stabile:

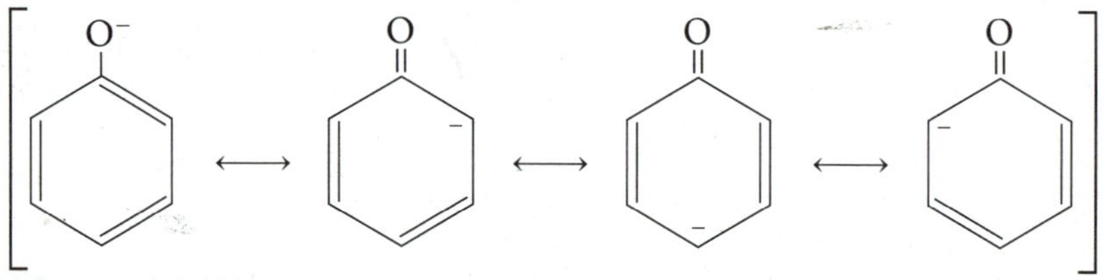

ione fenossido

I fenoli **non** hanno comportamento basico, perché la protonazione dell'ossidrile fenolico e la successiva perdita di una molecola di acqua porterebbe alla formazione del *catione fenile*. In tal caso il carbonio positivo dovrebbe essere ibridato *sp* e avere geometria lineare, ma tale geometria è impedita dalla presenza dell'anello benzenico:

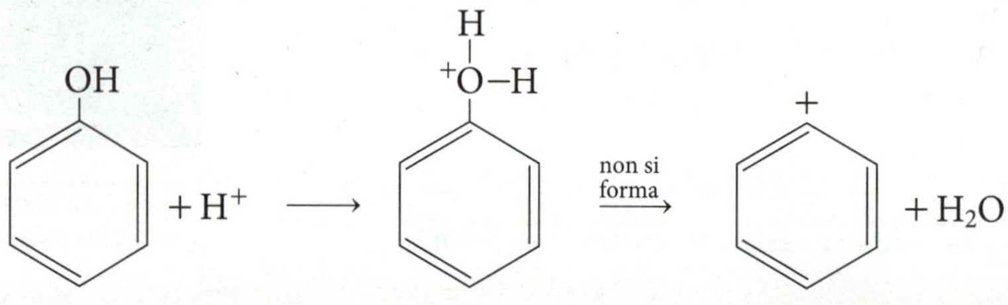

catione fenile

17 LE REAZIONI DEI FENOLI

Dato il loro comportamento acido, i fenoli reagiscono con basi forti (reazione di rottura del legame O—H) per dare composti detti *fenossidi*. La reazione tra il fenolo e l'idrossido di sodio è rappresentata dalla seguente equazione:

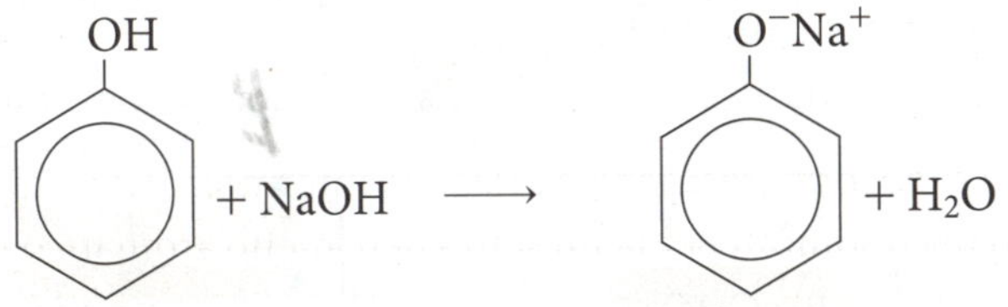

fenolo — fenossido di sodio

I fenoli si ossidano molto facilmente; additivi fenolici con funzione di **antiossidanti** sono usati per proteggere alimenti e oli lubrificanti al fine di evitare alterazioni dovute processi ossidativi. Antiossidanti naturali si trovano in molti alimenti; un composto fenolico molto diffuso negli organismi viventi è la **vitamina E**, che costituisce un antiossidante naturale (figura 6).

PER VEDERE LE REAZIONI video *LabOr.* Fenoli

Figura 6 La vitamina E Le mandorle, le noci e le nocciole contengono vitamina E.

18 LE ALDEIDI E I CHETONI CONTENGONO IL GRUPPO CARBONILE

Il gruppo carbonile

Aldeidi e **chetoni** sono composti caratterizzati dalla presenza del gruppo funzionale carbonile, in cui l'atomo di carbonio ibridato sp^2 è legato a un atomo di ossigeno da un doppio legame.

Il **gruppo funzionale carbonile** o carbonilico è costituito da un atomo di carbonio ibridato sp^2 e da un atomo di ossigeno. I tre orbitali ibridi sp^2 sono disposti sul piano (angoli di legame 120°) a formare *legami* σ con i tre atomi legati al carbonio. L'orbitale non ibrido *p* del carbonio e un orbitale *p* dell'ossigeno per sovrapposizione laterale danno origine al *legame* π. Tra il carbonio e l'ossigeno si costituisce così un doppio legame:

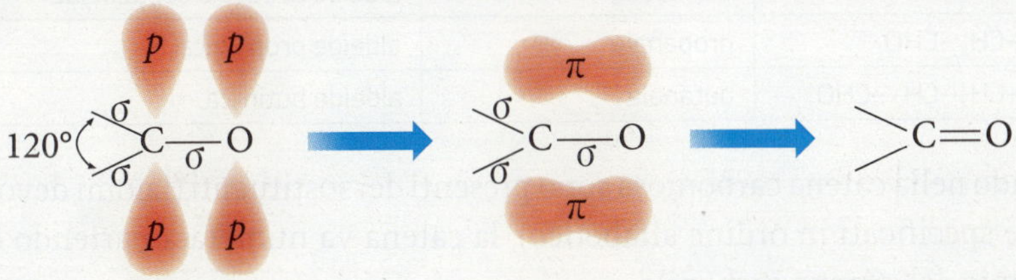

L'ossigeno è più elettronegativo del carbonio, quindi gli elettroni di legame tra il carbonio e l'ossigeno sono spostati verso quest'ultimo. Il legame pertanto risulta fortemente **polare**, con una parziale carica positiva sul carbonio e una parziale carica negativa sull'ossigeno.

La polarizzazione del legame tra il carbonio e l'ossigeno può essere evidenziata mediante due formule limite di risonanza, una neutra e una con due cariche:

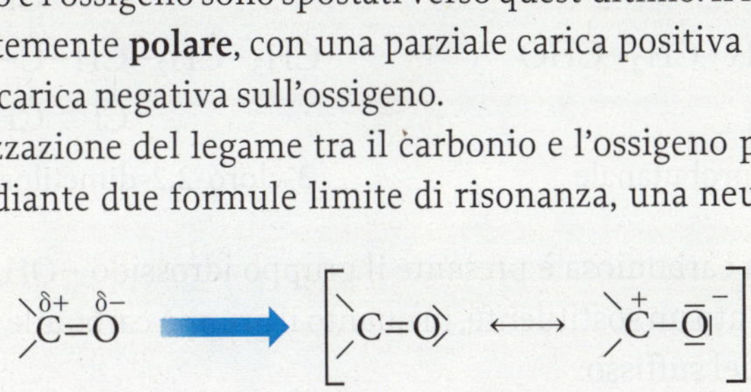

La formula molecolare delle aldeidi e dei chetoni

Nelle **aldeidi** il carbonio del gruppo carbonile è sempre legato a un atomo di idrogeno e a un gruppo alchilico o arilico (nel primo termine della serie alifatica il gruppo alchilico è sostituito da un atomo di idrogeno).

Nei **chetoni** il carbonio del gruppo carbonile è legato a due gruppi alchilici o arilici, oppure uno alchilico e l'altro arilico.

Le formule molecolari generali delle aldeidi e dei chetoni sono pertanto le seguenti:

aldeidi: R–CHO; Ar–CHO

chetoni: R–CO–R; Ar–CO–R; Ar–CO–Ar

La nomenclatura delle aldeidi e dei chetoni

Il **nome** delle **aldeidi alifatiche** secondo le regole IUPAC si ottiene sostituendo la desinenza *-o* del nome dell'alcano corrispondente con il suffisso *-ale* (tabella **5**). I primi due termini della serie sono noti con i nomi comuni di formaldeide e acetaldeide:

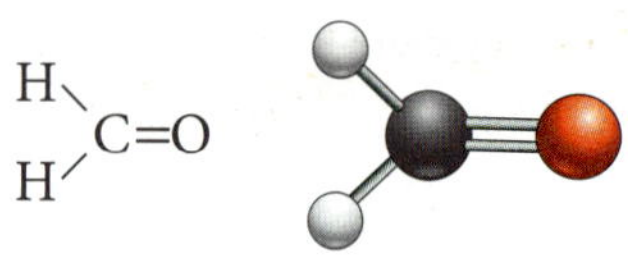

formaldeide

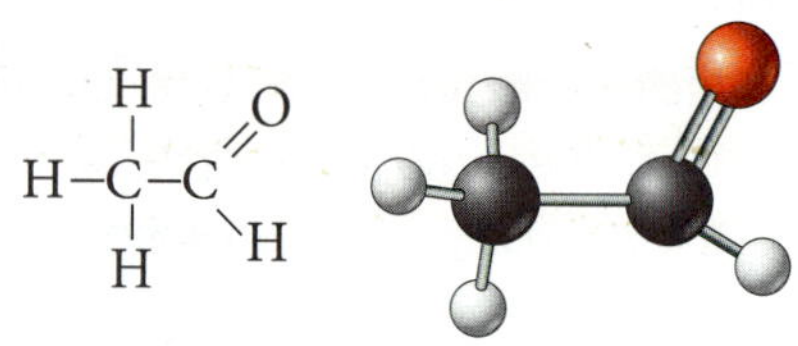

acetaldeide

Tabella 5 La formula razionale e il nome dei primi quattro termini delle aldeidi

Formula razionale	Nome IUPAC	Nome comune
H–CHO	metanale	aldeide formica o formaldeide
CH_3–CHO	etanale	aldeide acetica o acetaldeide
CH_3–CH_2–CHO	propanale	aldeide propionica
CH_3–CH_2–CH_2–CHO	butanale	aldeide butirrica

Quando nella catena carboniosa sono presenti dei sostituenti (i nomi devono essere specificati in ordine alfabetico), la catena va numerata partendo dal carbonio del gruppo carbonile:

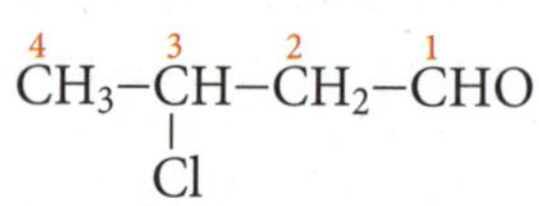

3-clorobutanale

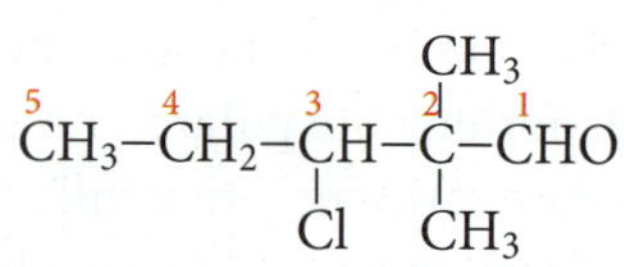

3-cloro-2,2-dimetilpentanale

Se nella catena carboniosa è presente il gruppo idrossido –OH, questo deve essere considerato un sostituente, in quanto il gruppo carbonile ha la priorità nell'adozione del suffisso:

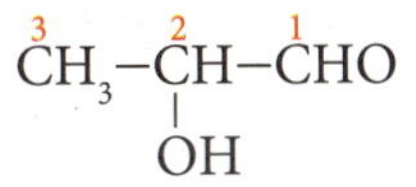

2-idrossipropanale

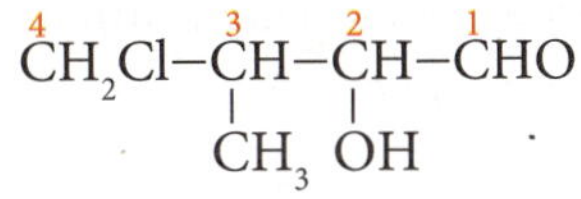

4-cloro-2-idrossi-3-metilbutanale

Le **aldeidi aromatiche** sono denominate spesso con nomi comuni; molto note sono la benzaldeide (figura 7) e l'aldeide salicilica, un suo derivato:

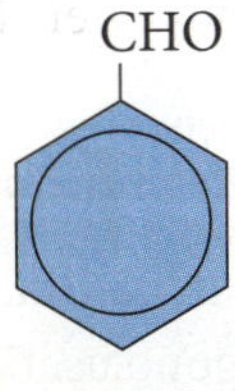

benzaldeide

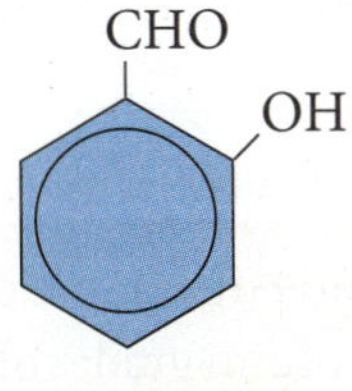

aldeide salicilica

Figura 7 **La benzaldeide** Le mandorle contengono benzaldeide.

Il **nome** dei **chetoni alifatici** secondo le regole IUPAC si ottiene sostituendo la desinenza *-o* del nome dell'alcano corrispondente con il suffisso *-one*.

Tuttavia è utilizzato anche il nome tradizionale costituito dai nomi dei gruppi alchilici o arilici (denominati in ordine alfabetico) legati al gruppo carbonile e dalla parola *chetone* (tabella 6). Il primo termine della serie è noto con il nome comune di *acetone* (qui a fianco).

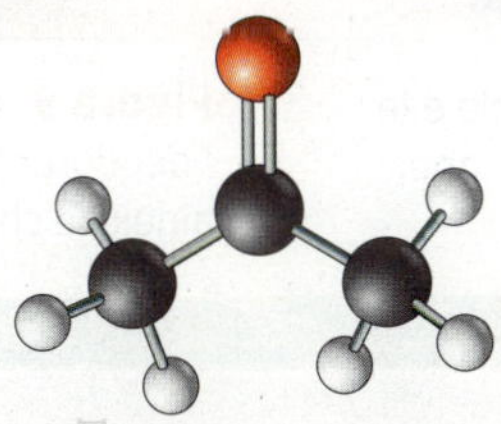

acetone

Tabella 6 **La formula razionale e il nome di alcuni chetoni**

Formula razionale	Nome IUPAC	Nome comune
$CH_3-CO-CH_3$	propanone	dimetil chetone
$CH_3-CO-CH_2-CH_3$	butanone	etil metil chetone
$C_6H_5-CO-C_6H_5$	difenilmetanone	difenil chetone, benzofenone
$C_6H_5-CO-CH_3$	1-feniletanone	fenil metil chetone, acetofenone

A partire dal terzo termine della serie dei chetoni ($n=5$) si ha, relativamente al gruppo carbonile, l'**isomeria di posizione**: si deve pertanto numerare la catena carboniosa partendo dall'estremità più vicina al gruppo carbonile. Il pentanone esiste sotto forma di due isomeri di posizione:

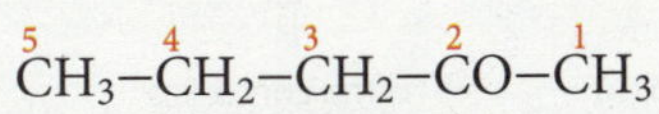

2-pentanone

3-pentanone

Se nella catena carboniosa sono presenti dei sostituenti la numerazione della catena deve partire dall'estremità più vicina al gruppo carbonile:

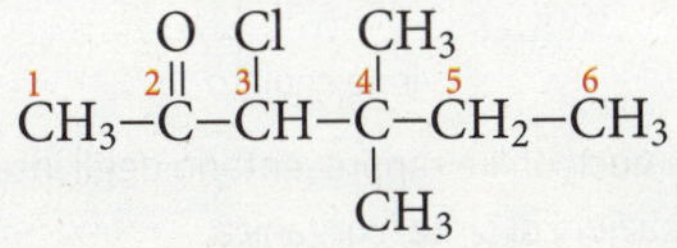

3-cloro-4,4-dimetil-2-esanone

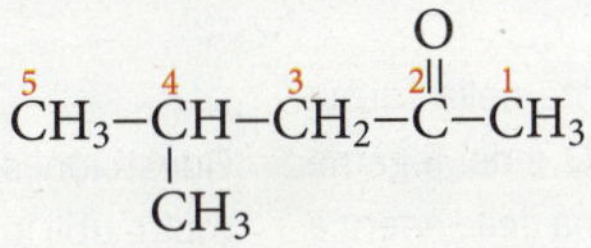

4-metil-2-pentanone

I **chetoni aromatici** sono denominati spesso con nomi comuni; molto noti sono l'acetofenone (figura **8**) e il benzofenone:

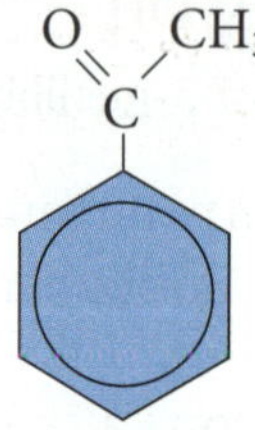
acetofenone
(fenil metil chetone)

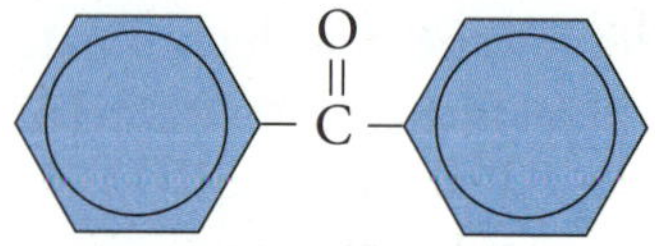
benzofenone
(difenil chetone)

Le aldeidi e i chetoni sono largamente diffusi in natura. Molti di questi composti, avendo aromi e profumi gradevoli, vengono usati per la produzione di cosmetici e di prodotti per la casa come saponi e deodoranti (figura **9**).

Figura 8 **L'acetofenone** Le mele e le albicocche contengono acetofenone.

Figura 9 **Le aldeidi e i chetoni odorosi** I deodoranti per ambienti contengono aldeidi e chetoni.

PER SAPERNE DI PIÙ

Tautomeria cheto-enolica

Le aldeidi e i chetoni che presentano un **atomo di idrogeno in α**, ovvero un atomo di idrogeno legato a un atomo di carbonio (carbonio α) legato al gruppo carbonile:

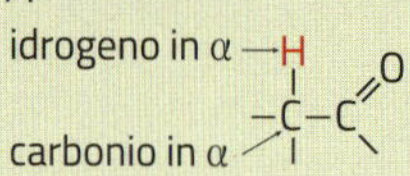

si interconvertono facilmente con il corrispondente enolo (alcol vinilico) stabilendo un **equilibrio cheto-enolico**. La forma *chetonica* (si usa questo termine anche per le aldeidi) e la forma *enolica* differiscono per la posizione di un atomo di idrogeno e di un doppio legame:

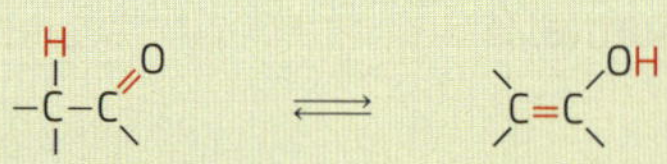
forma chetonica (aldeide o chetone) — forma enolica (enolo)

Il processo di interconversione tra la forma chetonica e quella enolica è un particolare tipo di isomeria di struttura che prende il nome di **tautomeria**. La tautomeria può essere considerata una reazione di equilibrio acido-base intramolecolare. Le due forme (chetonica ed enolica) si chiamano *tautomeri*.

Le aldeidi e i chetoni esistono prevalentemente nella forma *chetonica*. La somma delle energie di legame C=O e del legame C–H nella forma chetonica è maggiore della somma delle energie di legame C=C e del legame O–H della forma enolica e quindi la stabilità della forma chetonica è maggiore:

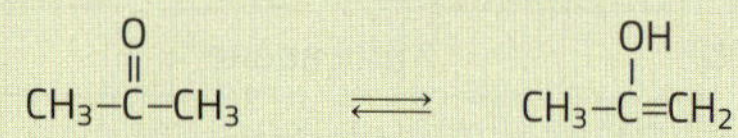
forma chetonica — forma enolica

I fenoli esistono prevalentemente nella forma *enolica*, perché la delocalizzazione elettronica li rende più stabili rispetto alla forma chetonica che non presenta aromaticità:

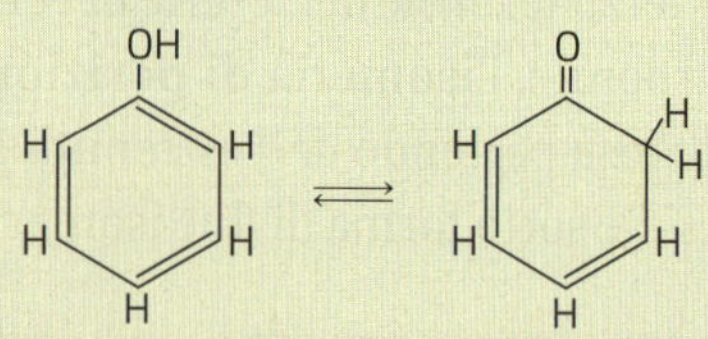
forma enolica — forma chetonica

Trattando i composti carbonilici con basi forti, si possono ottenere soluzioni stabili di ione enolato:

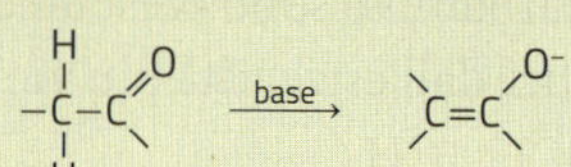

ione enolato

Questi ioni sono buoni nucleofili e rappresentano degli intermedi molto utili in diverse reazioni di sintesi organica.

19 LA SINTESI DELLE ALDEIDI E DEI CHETONI

La reazione di sintesi più comune per ottenere aldeidi e chetoni è l'ossidazione degli alcoli primari e secondari, in presenza di un forte ossidante (simbolo [O]) e in ambiente acido.

La reazione di ossidazione degli alcoli primari

La reazione di **ossidazione degli alcoli primari** porta alla formazione delle *aldeidi*. L'ossidazione dell'1-butanolo che forma il butanale è rappresentata dalla seguente equazione:

$$\underset{\text{1-butanolo}}{CH_3{-}CH_2{-}CH_2{-}CH_2{-}OH} \xrightarrow{[O]} \underset{\text{butanale}}{CH_3{-}CH_2{-}CH_2{-}CHO}$$

A seconda dell'agente ossidante utilizzato, la reazione può arrestarsi all'aldeide oppure proseguire fino ad acido carbossilico, senza la possibilità di isolare l'aldeide intermedia.

La reazione di ossidazione degli alcoli secondari

La reazione di **ossidazione degli alcoli secondari** porta alla formazione dei *chetoni*. Il 2-pentanone si prepara per ossidazione del 2 pentanolo:

$$\underset{\text{2-pentanolo}}{CH_3{-}CH_2{-}CH_2{-}\underset{\displaystyle OH}{\underset{|}{C}H}{-}CH_3} \xrightarrow{[O]} \underset{\text{2-pentanone}}{CH_3{-}CH_2{-}CH_2{-}\underset{\displaystyle O}{\underset{\|}{C}}{-}CH_3}$$

LE PAROLE

La **tautomeria** (dal greco: *tautos* = lo stesso e *meros* = parte) è un fenomeno che consiste nella interconversione di due isomeri (tautomeri). Il processo comporta (a differenza della *risonanza*) una variazione nella *configurazione* della molecola.

LE PAROLE

L'**aldeide** (dal latino: *alcool* = alcol e *dehydrogenatum* = deidro) è un composto che si ottiene (in presenza di un ossidante) sottraendo atomi di idrogeno a un alcol.

A COLPO D'OCCHIO

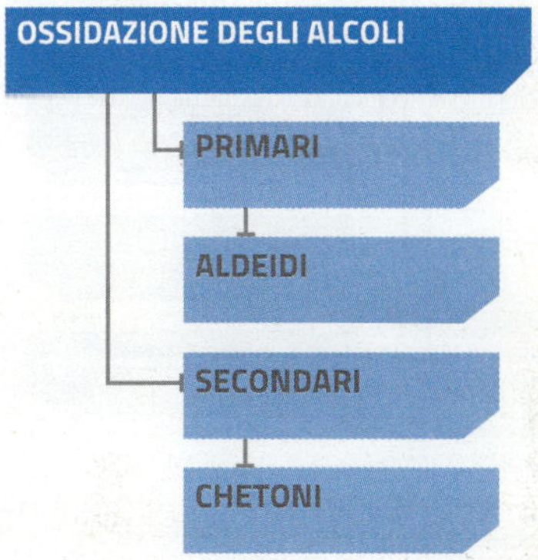

20 LE PROPRIETÀ FISICHE DELLE ALDEIDI E DEI CHETONI

La polarizzazione del doppio legame tra il carbonio e l'ossigeno influenza notevolmente le proprietà fisiche (punti di ebollizione, solubilità) delle aldeidi e dei chetoni.

I composti carbonilici hanno **punti di ebollizione** più alti degli idrocarburi ma più bassi degli alcoli di corrispondente massa molecolare in quanto la polarizzazione del legame carbonio-ossigeno permette la formazione di legami intermolecolari più forti rispetto a quelli che si formano tra le molecole apolari degli idrocarburi, ma più deboli rispetto ai *legami a idrogeno* che si stabiliscono tra le molecole degli alcoli (tabella 7).

Nome	Formula razionale	Massa molecolare	t_e (°C)
esano	$CH_3{-}CH_2{-}CH_2{-}CH_2{-}CH_2{-}CH_3$	86	
pentanale	$CH_3{-}CH_2{-}CH_2{-}CH_2{-}CHO$	86	102
3-pentanone	$CH_3{-}CH_2{-}CO{-}CH_2{-}CH_3$	86	102
1-pentanolo	$CH_3{-}CH_2{-}CH_2{-}CH_2{-}CH_2OH$	88	118

Tabella 7 La temperatura di ebollizione di composti con massa molecolare corrispondente

I composti carbonilici, pur non potendo formare legami a idrogeno intermolecolari, possono tuttavia, per la polarità del gruppo carbonile, accettare legami a idrogeno dall'acqua; i primi termini delle aldeidi e dei chetoni sono quindi solubili in acqua, ma la solubilità diminuisce all'aumentare della massa molecolare per la prevalenza del gruppo alchilico idrofobico (tabella 8):

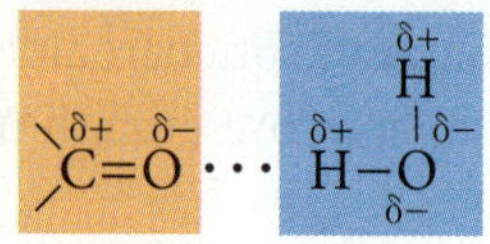

Tabella 8 La solubilità in acqua di alcuni composti carbonilici

Nome	Formula razionale	Solubilità in acqua
metanale	H−CHO	molto solubile
pentanale	$CH_3-CH_2-CH_2-CH_2-CHO$	poco solubile
eptanale	$CH_3-CH_2-CH_2-CH_2-CH_2-CH_2-CHO$	insolubile
propanone	$CH_3-CO-CH_3$	molto solubile
3-esanone	$CH_3-CH_2-CO-CH_2-CH_2-CH_3$	poco solubile
difenilchetone	$C_6H_5-CO-C_6H_5$	insolubile

21 LE REAZIONI DELLE ALDEIDI E DEI CHETONI

A COLPO D'OCCHIO

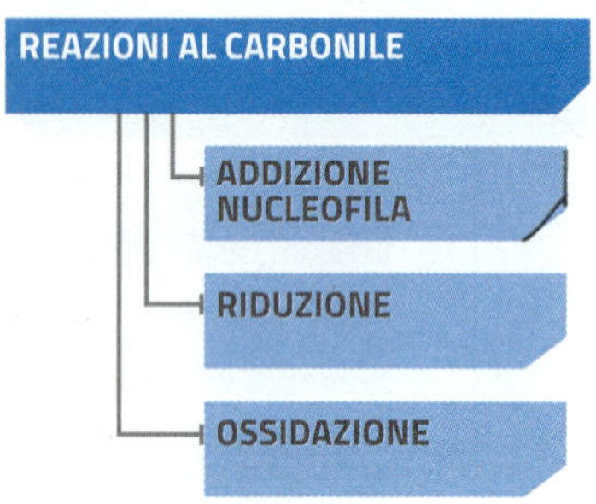

La reattività delle aldeidi e dei chetoni è legata alla presenza del doppio legame tra il carbonio e l'ossigeno ma anche alla sua polarizzazione. Il carbonio, con la sua parziale carica positiva, è un agente elettrofilo e rappresenta di conseguenza un ottimo punto di attacco per agenti nucleofili in reazioni di *addizione nucleofila* con rottura del doppio legame C=O. Inoltre aldeidi e chetoni danno reazioni di *riduzione* e di *ossidazione*.

I chetoni sono meno reattivi delle aldeidi nei confronti dei nucleofili, perché nei chetoni il carbonio carbonilico è legato a due gruppi alchilici: questi rendono più difficile l'attacco di un nucleofilo, a causa del loro ingombro sterico. Essendo elettron-donatori, inoltre, neutralizzano parzialmente la carica δ+ del carbonio, diminuendone la reattività.

PER VEDERE LE REAZIONI
video *LabOr.*
Aldeidi e chetoni

La reazione di addizione nucleofila

La reazione più comune di **addizione nucleofila** è la reazione di addizione di alcoli che avviene in presenza di un catalizzatore acido H^+, che protona l'ossigeno ed esalta così il carattere elettrofilo del carbonio carbonilico, convertendone la carica elettrica positiva da parziale a totale. Il catalizzatore acido è necessario perché l'alcol è un nucleofilo debole. Il prodotto della reazione è un *emiacetale* (se il composto carbonilico è un'aldeide) o un *emichetale* (se il composto carbonilico è un chetone). Gli emiacetali e gli emichetali sono composti che presentano sullo stesso atomo di carbonio una funzione alcolica (−OH) e una funzione eterea (−O−):

LE PAROLE

L'**emiacetale** (dal greco: *emi* = metà e *acetum* = acuto) è un composto organico dall'odore pungente che si ottiene per reazione tra una funzione aldeidica e una alcolica.

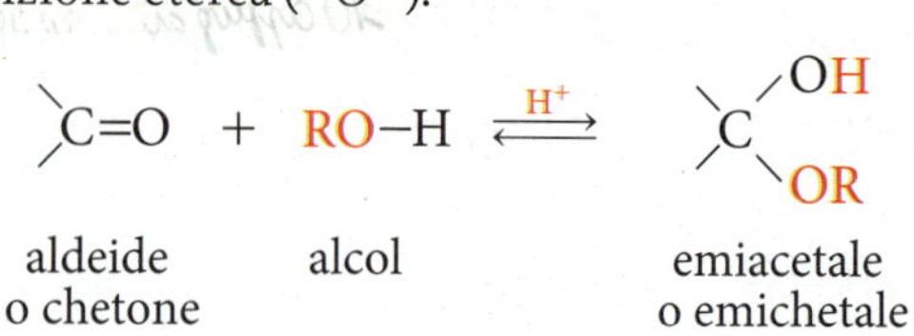

La reazione avviene con un meccanismo in tre stadi successivi, tutti reversibili:

a. nel primo stadio l'ossigeno del carbonile è protonato dal catalizzatore acido H^+;

PER SAPERNE DI PIÙ

L'aroma di vaniglia

Uno degli aromi più utilizzati in campo alimentare è la **vaniglia**, ottenuto da una particolare orchidea tropicale rampicante, la *Vanilla planifolia*. Esistono centinaia di piante del genere *Vanilla*, ma soltanto tre sono di interesse industriale per la qualità dei loro aromi: la *Vanilla pompona,* la *Vanilla tahitensis e*, la più importante, la *Vanilla planifolia*.

La storia della vaniglia

La vaniglia era conosciuta già dagli Aztechi, che la utilizzavano per aromatizzare le bevande. Una delle particolarità di questa pianta è che il suo fiore è fecondabile per un solo giorno, cioè sboccia al mattino e si richiude il pomeriggio, di conseguenza l'impollinazione deve avvenire in un tempo molto ristretto. In Messico, dove la pianta è molto diffusa, la fecondazione avviene per via entomofila a opera delle api del genere *Melipona*. Per questo, quando la vaniglia venne importata in Europa dai conquistatori spagnoli, non si riusciva a portarne avanti la coltivazione, in mancanza degli insetti responsabili dell'impollinazione.

L'impollinazione artificiale fu scoperta soltanto nel 1836 dal botanico belga Charles François Antoine Morren, ma iniziò a diffondersi fuori dai territori dell'America centrale soltanto qualche anno dopo grazie all'idea di Edmund Albius, che trovò il modo di impollinare i fiori servendosi di un ramoscello di bambù. Questo metodo permise la coltivazione su larga scala della vaniglia e la sua diffusione in tutto il mondo. A causa della forma del fiore, l'impollinazione è piuttosto difficile e per questo ancora oggi deve essere fatta manualmente: questo spiega perché il costo della vanillina estratta dai baccelli può raggiungere prezzi molto elevati, anche 3000 dollari al kilogrammo.

Vaniglia e vanillina

Il componente principale della vaniglia è la 4-idrossi-3-metossibenzaldeide comunemente chiamata **vanillina** (figura).

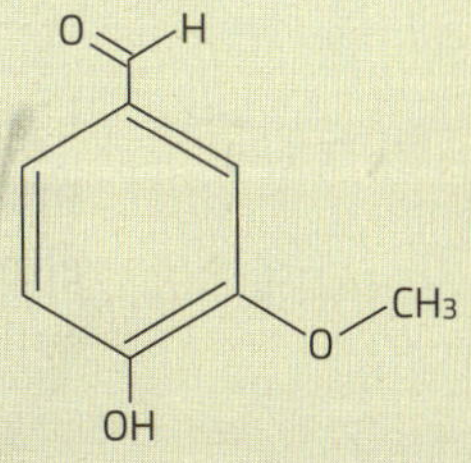

Figura **La struttura chimica della vanillina**

Da un punto di vista chimico è un'aldeide, ma può essere considerata multifunzionale perché presenta anche un anello fenolico. La vanillina è utilizzata sia come aroma sia come profumo: circa due terzi della produzione sono destinati all'industria alimentare, mentre un terzo viene utilizzato come additivo per profumare cosmetici e detergenti.

A causa degli alti costi per la coltivazione e della sempre maggiore richiesta sul mercato, nel XIX secolo sorse l'esigenza di produrre la vanillina per via sintetica, per riuscire a commercializzarla a un prezzo più accessibile. La molecola venne isolata per la prima volta nel 1858 da Nicolas Theodore Gobley, mentre fu sintetizzata in laboratorio qualche decennio dopo da due chimici tedeschi, Ferdinand Tiemamme e Wilhelm Haarmann. La vanillina venne prodotta per la prima volta a partire dalla coniferina, una molecola presente nella resina delle conifere. Dalla prima sintesi nel 1874 a oggi sono stati sviluppati diversi processi partendo da reagenti differenti. Infatti, qualche anno dopo la prima sintesi, si scoprì una via alternativa più vantaggiosa che utilizzava come reagente di partenza l'eugenolo, un fenolo contenuto nell'estratto di chiodi di garofano e nella cannella. Negli anni Trenta invece si passò alla lignina, un composto contenuto nella parete cellulare delle cellule vegetali, utilizzato per la produzione della carta.

Complessivamente, il consumo mondiale di vanillina è di circa 10 000 tonnellate all'anno, ma meno dell'1% è ottenuto dall'estratto naturale. Anche se la vanillina ne è il componente principale, l'estratto di vaniglia contiene molte altre molecole, come l'acido vanillico, il vanillil alcol e la *p*-idrossibenzaldeide. Questo è il motivo per cui la vanillina sintetica non possiede l'aroma «completo» dell'estratto naturale. Tuttavia, essendo molto meno costosa (15 dollari al kilogrammo), è ampiamente utilizzata nell'industria alimentare per aromatizzare prodotti di pasticceria come dolci, gelati e creme.

b. nel secondo stadio l'alcol R–OH attacca il carbonio del carbonile;

c. nel terzo stadio si ha l'eliminazione di un protone H^+.

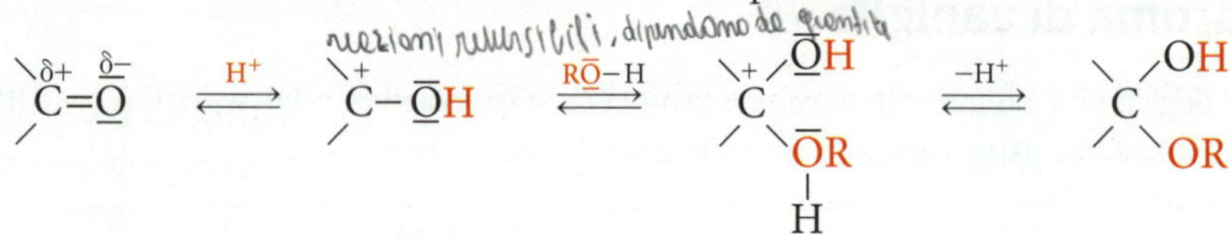

aldeide o chetone — aldeide o chetone protonato — emiacetale o emichetale protonato — emiacetale o emichetale

L'emiacetale o l'emichetale può continuare a reagire con l'alcol (sempre in presenza di un catalizzatore acido H^+) per formare un *acetale* o un *chetale* per eliminazione di acqua. Gli acetali e i chetali sono composti che presentano sullo stesso atomo di carbonio due funzioni eteree:

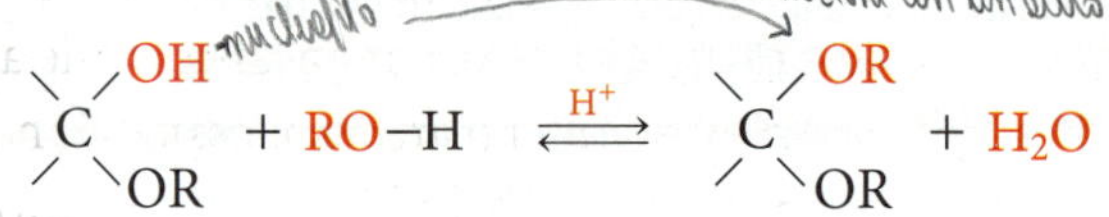

emiacetale o emichetale — alcol — acetale o chetale

Dato che queste reazioni sono reversibili, si può favorire la reazione diretta utilizzando un forte eccesso di alcol o sottraendo l'acqua che via via si forma.

La reazione avviene con un meccanismo a due stadi, entrambi reversibili:

a. nel primo stadio si ha l'attacco del catalizzatore acido H^+ al gruppo –OH dell'emiacetale o emichetale con successiva eliminazione di acqua (*reazione di condensazione*):

emiacetale o emichetale

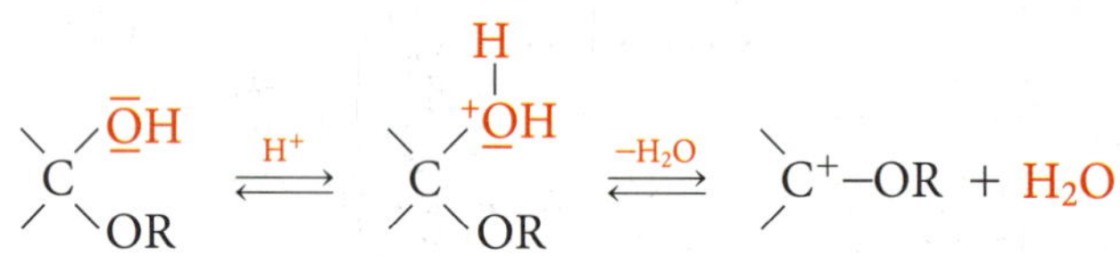

b. nel secondo stadio l'alcol attacca il carbonio carbonilico con successiva eliminazione di un protone:

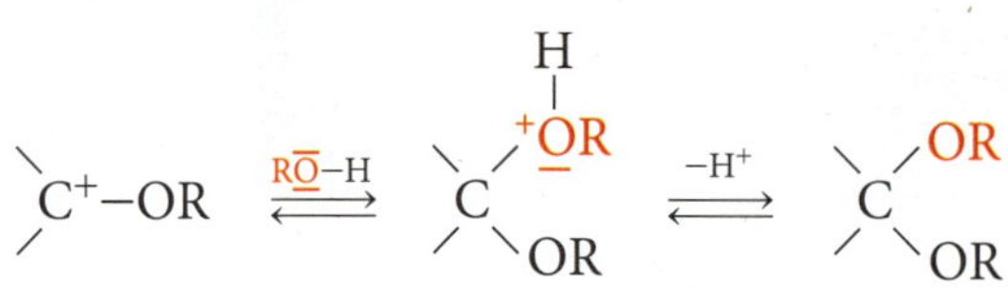

acetale o chetale

TI RICORDI?

La **reazione di condensazione** è una reazione in cui due composti si uniscono con eliminazione di una molecola d'acqua.

In definitiva, l'ossidrile –OH dell'emiacetale o dell'emichetale è stato sostituito dal gruppo alcossido –OR dell'alcol e quindi la reazione è di *sostituzione nucleofila*.

La reazione di riduzione

La reazione di **riduzione** di aldeidi e chetoni con idruri metallici (simbolo [H]) porta rispettivamente alla formazione di *alcol primari* e *alcol secondari*:

aldeide — alcol primario — chetone — alcol secondario

A COLPO D'OCCHIO

- RIDUZIONE
  - DELLE ALDEIDI → ALCOLI PRIMARI
  - DEI CHETONI → ALCOLI SECONDARI

Il meccanismo di reazione prevede l'attacco dello ione idruro H^- (nucleofilo) al carbonio carbonilico con conseguente addizione di idrogeno al doppio legame carbonio-ossigeno.

Le reazioni di riduzione del propanale e del propanone sono rappresentate dalle seguenti equazioni:

$$CH_3-CH_2-CHO \xrightarrow{[H]} CH_3-CH_2-CH_2-OH$$

propanale → 1-propanolo

$$CH_3-CO-CH_3 \xrightarrow{[H]} CH_3-\underset{\displaystyle OH}{\underset{|}{C}H}-CH_3$$

propanone → 2-propanolo

La reazione di ossidazione

La reazione di **ossidazione** avviene più facilmente con le aldeidi che con i chetoni, in quanto le aldeidi hanno un atomo di idrogeno facilmente ossidabile legato al gruppo carbonile, mentre i chetoni mancano di tale atomo essendo il carbonio legato a due gruppi alchilici o arilici. L'ossidazione delle aldeidi, in presenza di opportuni ossidanti (simbolo [O]), porta alla formazione degli *acidi carbossilici* corrispondenti:

$$R-\overset{\overset{\displaystyle O}{||}}{C}-H \xrightarrow{[O]} R-\overset{\overset{\displaystyle O}{||}}{C}-OH$$

aldeide → acido carbossilico

Per esempio, dall'ossidazione dell'acetaldeide si ottiene l'acido acetico (figura **10**):

$$CH_3-\overset{\overset{\displaystyle O}{||}}{C}-H \xrightarrow{[O]} CH_3-\overset{\overset{\displaystyle O}{||}}{C}-OH$$

acetaldeide → acido acetico

Figura 10 **L'acido acetico** L'aceto è una soluzione costituita da acqua e acido acetico.

PER VEDERE LE REAZIONI video *LabOr*: Distinguere aldeidi e chetoni

I reattivi di Fehling e di Tollens: reazioni di ossidazione per riconoscere le aldeidi

Le aldeidi reagiscono anche con particolari reattivi (**reattivo di Fehling** o **reattivo di Tollens**) utilizzati come saggi di laboratorio per rivelare la presenza del gruppo aldeidico in un composto carbonilico non noto.

a. Il **reattivo di Fehling** (figura **11A** a pagina seguente) è costituito da una soluzione di ioni rame(II) Cu^{2+} di colore azzurro. Gli ioni Cu^{2+} in presenza di un'aldeide, vengono ridotti a ioni rame(I) Cu^+ con formazione di un precipitato (Cu_2O) rosso scuro e dell'acido carbossilico corrispondente. La reazione, in ambiente alcalino, è la seguente:

$$R-\overset{\overset{\displaystyle O}{||}}{C}-H + 2\,Cu^{2+}_{(aq)} + 5\,OH^- \longrightarrow R-\overset{\overset{\displaystyle O}{||}}{C}-O^- + Cu_2O_{(s)}\downarrow + 3\,H_2O$$

aldeide; reattivo di Fehling; anione dell'acido carbossilico; ossido di rame(I)

b. Il **reattivo di Tollens** (figura **11B** a pagina seguente) è costituito da una soluzione di ammoniaca (NH_3) contenente ioni argento Ag^+. In presenza di un gruppo aldeidico, gli ioni argento si riducono ad argento metallico

A COLPO D'OCCHIO

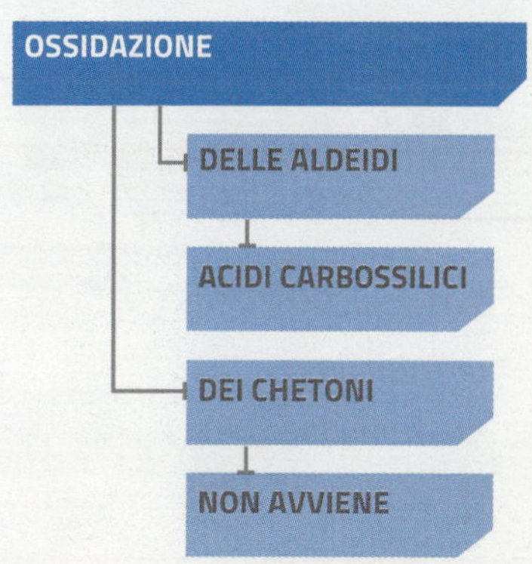

che si deposita sulle pareti della provetta utilizzata per il saggio (*saggio dello specchio d'argento*) e si ha la formazione dell'acido carbossilico corrispondente. La reazione, in ambiente alcalino, è rappresentata dall'equazione:

$$\underset{\text{aldeide}}{R-\overset{\overset{\displaystyle O}{\|}}{C}-H} + \underset{\text{reattivo di Tollens}}{2\,[Ag(NH_3)_2]^+_{(aq)}} + 3\,OH^- \longrightarrow \underset{\text{anione dell'acido carbossilico}}{R-\overset{\overset{\displaystyle O}{\|}}{C}-O^-} + \underset{\text{argento}}{2\,Ag_{(s)}\downarrow} + 4\,NH_3 + 2\,H_2O$$

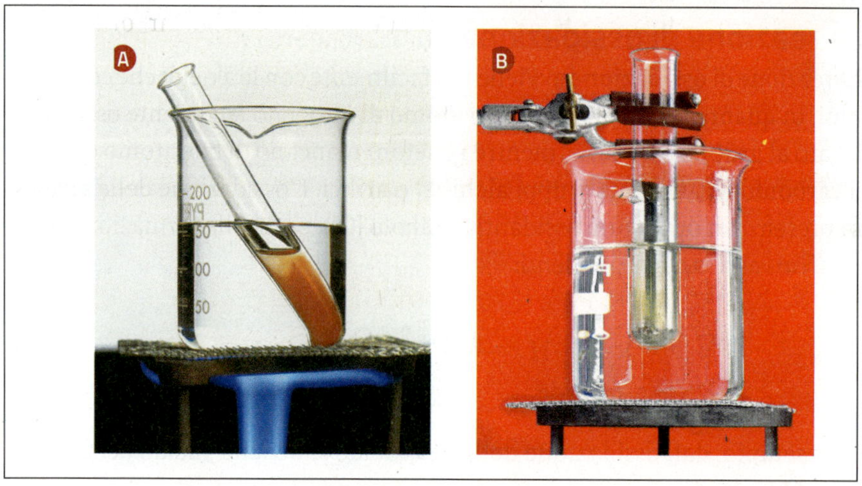

Figura 11 I saggi di laboratorio che evidenziano la presenza di un gruppo aldeidico A Il reattivo di Fehling. B Il reattivo di Tollens.

PROBLEMA MODELLO

Rappresentare le reazioni delle aldeidi e dei chetoni

Rappresenta le equazioni delle seguenti reazioni di riduzione specificando il nome dei prodotti:

a. 2,3-diclorobutanale
b. 3-metil-2-pentanone

L'IDEA

Le desinenze *-ale* e *-one* indicano un'aldeide e un chetone e quindi la reazione di riduzione porta rispettivamente alla sintesi di un alcol **primario** e di un alcol **secondario**.

LA SOLUZIONE

Le reazioni sono rappresentate dalle seguenti equazioni:

a. $CH_3-CHCl-CHCl-CHO \xrightarrow{[H]} CH_3-CHCl-CHCl-CH_2OH$

2,3-dicloro-1-butanolo

b. $CH_3-CO-\underset{\displaystyle CH_3}{\underset{|}{C}H}-CH_2-CH_3 \xrightarrow{[H]} CH_3-\underset{\displaystyle OH}{\underset{|}{C}H}-\underset{\displaystyle CH_3}{\underset{|}{C}H}-CH_2-CH_3$

3-metil-2-pentanolo

PROBLEMA SIMILE

Rappresenta le equazioni delle seguenti reazioni:

a. riduzione del 2-pentanone
b. ossidazione del 3,3-dibromoesanale

22 GLI ACIDI CARBOSSILICI CONTENGONO DUE GRUPPI FUNZIONALI

Il gruppo carbossilico

Gli **acidi carbossilici** sono composti organici caratterizzati dal gruppo funzionale carbossilico costituito a sua volta da due gruppi funzionali: il gruppo carbonile >CO e il gruppo ossidrile –OH.

L'atomo di carbonio è ibridato sp^2; i tre orbitali ibridi sp^2 (disposizione planare, angoli di legame di 120°) formano tre *legami* σ, l'orbitale non ibrido *p* si sovrappone lateralmente con un orbitale *p* dell'ossigeno carbonilico formando un *legame* π.

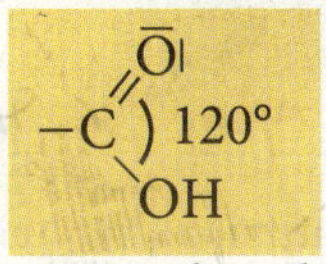

gruppo carbossilico

LE PAROLE
Il termine **carbossile** deriva dalle radici dei nomi dei due gruppi funzionali (*carbo*nile e *oss*idrile) che lo costituiscono.

La formula molecolare degli acidi carbossilici

A seconda che l'atomo di carbonio del gruppo carbossilico sia legato a un gruppo alchilico R o arilico Ar, gli acidi carbossilici si distinguono in alifatici e aromatici.
Le **formule molecolari** generali degli acidi carbossilici sono le seguenti:

R–COOH	Ar–COOH
acido alifatico	acido aromatico

Nel primo termine della serie alifatica, l'acido formico H–COOH, il gruppo alchilico R è sostituito da un atomo di idrogeno.

La nomenclatura degli acidi carbossilici

Il **nome** degli **acidi carbossilici alifatici** secondo le regole IUPAC è costituito dal termine *acido* e dal nome dell'alcano corrispondente in cui la desinenza *-o* è sostituita dal suffisso *-oico*; nel nome *comune* la desinenza *-o* è sostituita dal suffisso *-ico* (tabella **9**). Molti nomi comuni derivano da parole latine che documentano la fonte naturale da cui l'acido è stato isolato (figura **12**).

Figura 12 Le capre producono gli acidi capronico, caprilico e caprinico.

Tabella 9 La formula razionale e il nome dei primi sei termini degli acidi carbossilici alifatici

Formula razionale	Nome IUPAC	Nome comune
H–COOH	acido metanoico	acido formico
CH_3–COOH	acido etanoico	acido acetico
CH_3–CH_2–COOH	acido propanoico	acido propionico
CH_3–CH_2–CH_2–COOH	acido butanoico	acido butirrico
CH_3–CH_2–CH_2–CH_2–COOH	acido pentanoico	acido valerianico
CH_3–CH_2–CH_2–CH_2–CH_2–COOH	acido esanoico	acido capronico

Quando nella catena carboniosa vi sono dei sostituenti, la loro posizione è precisata:

- nel nome **IUPAC** da un *numero*, determinato numerando la catena carboniosa a partire dal gruppo funzionale;

- nel nome **comune** da una *lettera* dall'alfabeto greco, considerando il carbonio α (alfa) quello *adiacente* al carbonio del gruppo funzionale:

$$\overset{3}{CH_3}-\underset{|\atop Br}{\overset{2}{CH}}-\overset{1}{COOH} \qquad \overset{\beta}{CH_3}-\underset{|\atop Br}{\overset{\alpha}{CH}}-COOH$$

acido 2-bromopropanoico — acido α-bromopropionico

Se nella catena carboniosa vi sono il gruppo *idrossido* –OH e il gruppo *carbonile* >CO, questi devono essere considerati dei sostituenti, in quanto il gruppo carbossilico ha la **priorità** nell'adozione della desinenza (il gruppo carbonile è denominato con il prefisso *-osso*):

$$CH_3-\underset{|\atop OH}{CH}-CH_2-COOH \qquad CH_3-\underset{\|\atop O}{C}-CH_2-\underset{|\atop Br}{CH}-COOH$$

nome IUPAC	acido 3-idrossibutanoico	acido 2-bromo-4-ossopentanoico
nome comune	acido β-idrossibutirrico	acido α-bromo-γ-ossovalerianico

Figura 13 **L'acido benzoico** I mirtilli rossi contengono acido benzoico.

Gli acidi carbossilici alifatici con un numero pari di atomi di carbonio uguale o superiore a 12 si chiamano **acidi grassi**. Questi si distinguono in *saturi*, *insaturi* e *polinsaturi* a seconda che nella catena carboniosa siano presenti solo legami semplici carbonio-carbonio, un legame doppio carbonio-carbonio o due o più legami doppi carbonio-carbonio. Gli acidi grassi insaturi hanno configurazione *-cis*, ovvero hanno due atomi di idrogeno legati ai due atomi di carbonio del doppio legame dalla stessa parte:

$$CH_3(CH_2)_{14}COOH \qquad CH_3(CH_2)_7CH=CH(CH_2)_7COOH$$

acido palmitico — acido oleico

Quando sono combinati con il glicerolo, gli acidi grassi formano i **trigliceridi**, distinti in *grassi* (stato fisico solido) e *oli* (stato fisico liquido).

Gli **acidi carbossilici aromatici** sono denominati con nomi comuni (**figura 13**).

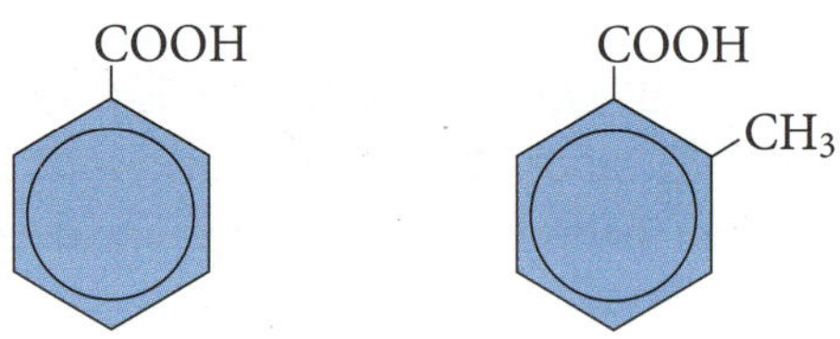

acido benzoico — acido *o*-toluico

23 LA SINTESI DEGLI ACIDI CARBOSSILICI

A COLPO D'OCCHIO

SINTESI DEGLI ACIDI CARBOSSILICI
- OSSIDAZIONE DI ALCOLI PRIMARI
- OSSIDAZIONE DI ALDEIDI

La reazione di sintesi più comune per ottenere gli acidi carbossilici è l'ossidazione di alcoli primari e di aldeidi che avviene in presenza di forti ossidanti (simbolo [O]) e in ambiente acido.

a. La reazione di **ossidazione di un alcol primario** porta prima alla formazione di un'aldeide e successivamente di un acido carbossilico:

$$\underset{\text{alcol primario}}{R-CH_2-OH} \xrightarrow{[O]} \underset{\text{aldeide}}{R-CHO} \xrightarrow{[O]} \underset{\text{acido carbossilico}}{R-COOH}$$

L'acido propionico si prepara dall'ossidazione dell'1-propanolo:

$$\underset{\text{1-propanolo}}{CH_3{-}CH_2{-}CH_2{-}OH} \xrightarrow{[O]} \underset{\text{propanale}}{CH_3{-}CH_2{-}CHO} \xrightarrow{[O]} \underset{\text{acido propionico}}{CH_3{-}CH_2{-}COOH}$$

b. La reazione di **ossidazione di un'aldeide** è rappresentata della seguente equazione:

$$\underset{\text{aldeide}}{R{-}CHO} \xrightarrow{[O]} \underset{\text{acido carbossilico}}{R{-}COOH}$$

24 LE PROPRIETÀ FISICHE E CHIMICHE DEGLI ACIDI CARBOSSILICI

Le proprietà fisiche

A temperatura ambiente i primi quattro termini degli acidi carbossilici sono allo stato liquido, i termini superiori sono allo stato solido.

Il gruppo ossidrile $-OH$ consente agli acidi carbossilici di formare legami a idrogeno intermolecolari, per cui i **punti di ebollizione** sono più alti di quelli degli idrocarburi e degli alcoli aventi massa molecolare corrispondente:

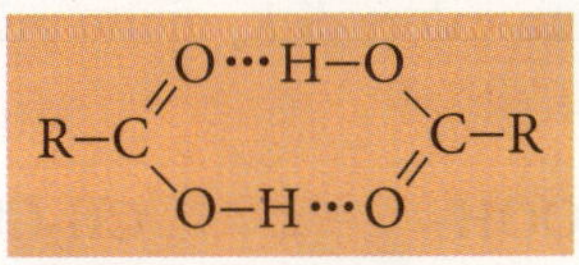

Gli acidi carbossilici formano legami a idrogeno intermolecolari anche con l'acqua e quindi i primi quattro termini della serie sono **solubili** in acqua.

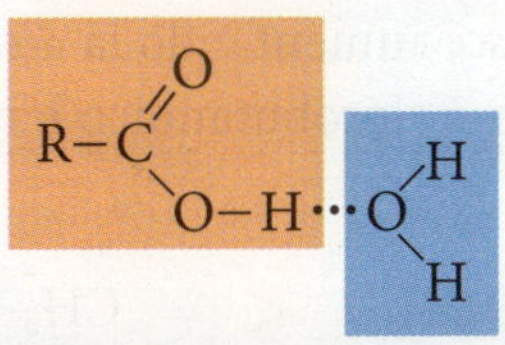

La solubilità diminuisce all'aumentare della massa molecolare per il prevalere del gruppo idrofobico R sul gruppo idrofilo $-OH$ (tabella **10**).

Tabella 10 La temperatura di ebollizione e la solubilità in acqua di alcuni acidi carbossilici

Nome IUPAC	Formula razionale	Massa molecolare	t_e (°C)	Solubilità
acido metanoico	$H{-}COOH$	46	101	molto solubile
acido esanoico	$CH_3{-}(CH_2)_4{-}COOH$	116	205	poco solubile
acido decanoico	$CH_3{-}(CH_2)_8{-}COOH$	172	270	insolubile

Le proprietà chimiche

Gli acidi carbossilici, in acqua, si comportano da acidi di Brønsted-Lowry cedendo un protone H^+ all'acqua, che accettandolo si comporta da base, con formazione di un anione carbossilato $R{-}COO^-$ (base coniugata dell'acido) e dello ione ossonio H_3O^+ (acido coniugato dell'acqua):

$$\underset{A_1}{R{-}COOH_{(aq)}} + \underset{B_2}{H_2O_{(l)}} \rightleftharpoons \underset{B_1}{R{-}COO^-_{(aq)}} + \underset{A_2}{H_3O^+_{(aq)}}$$

TI RICORDI?

Un **acido** è una sostanza che in acqua si dissocia liberando ioni idrogeno (Arrhenius), cede un protone (Brønsted e Lowry), accetta un doppietto elettronico (Lewis).

TI RICORDI?

La **forza di un acido** si esprime mediante la costante di dissociazione acida K_a.

$$K_a = \frac{[RCOO^-]\,[H_3O^+]}{[RCOOH]}$$

Gli acidi carbossilici, come si evidenzia dai valori molto bassi della costante di dissociazione acida (K_a), sono **acidi deboli**, ovvero poco dissociati, e quindi con l'equilibrio molto spostato a sinistra (**tabella 11**).

Tabella 11 I valori di K_a per alcuni acidi carbossilici

Nome	Formula razionale	K_a
acido metanoico	H−COOH	$2{,}1 \cdot 10^{-4}$
acido etanoico	CH_3−COOH	$1{,}8 \cdot 10^{-5}$
acido cloroetanoico	CH_2Cl−COOH	$1{,}5 \cdot 10^{-3}$

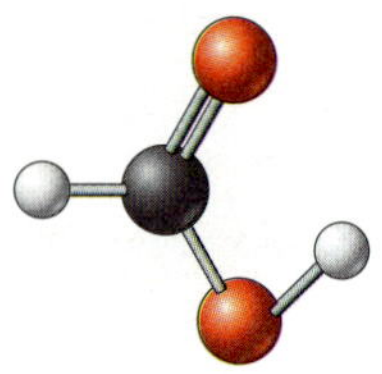

acido formico

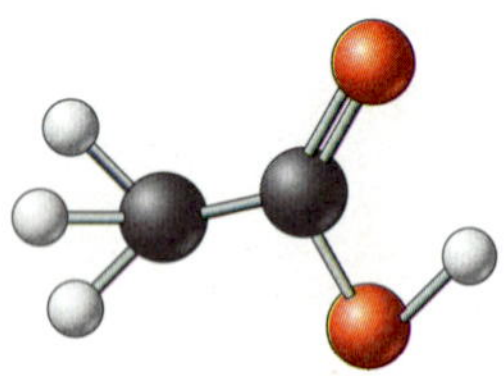

acido etanoico

Se nella molecola dell'acido sono presenti dei sostituenti (gruppi metilici, alogeni), per *effetto induttivo* l'acidità può diminuire o aumentare dipendentemente dalla natura del sostituente.

La presenza di gruppi metilici, essendo questi *elettron-donatori*, diminuisce l'acidità (l'acido etanoico è meno acido dell'acido metanoico o acido formico):

CH_3−COOH (acido etanoico, $K_a = 1{,}8 \cdot 10^{-5}$) < H−COOH (acido metanoico, $K_a = 2{,}1 \cdot 10^{-4}$)

La presenza di alogeni, essendo questi *elettron-attrattori*, aumenta l'acidità: l'acido cloroetanoico ha un valore di K_a molto più alto di quello dell'acido etanoico:

CH_3−COOH (acido etanoico, $K_a = 1{,}8 \cdot 10^{-5}$) < CH_2Cl−COOH (acido cloroetanoico, $K_a = 1{,}5 \cdot 10^{-3}$)

L'effetto induttivo *diminuisce* aumentando la *distanza* tra il sostituente e il gruppo funzionale. L'acido 3-clorobutanoico è molto meno acido rispetto all'acido 2-clorobutanoico:

CH_3−CH(Cl)−CH_2−COOH (acido 3-clorobutanoico, $K_a = 8{,}9 \cdot 10^{-5}$) < CH_3−CH_2−CH(Cl)−COOH (acido 2-clorobutanoico, $K_a = 1{,}4 \cdot 10^{-3}$)

TI RICORDI?

La **forza di un acido** è tanto maggiore quanto più debole è la sua base coniugata, ovvero tanto più l'equilibrio di dissociazione è spostato a destra.

L'acidità degli acidi carbossilici è tuttavia *maggiore* di quella degli alcoli. L'acido etanoico, o acido acetico, ha infatti una costante di dissociazione acida ($K_a = 1{,}8 \cdot 10^{-5}$) molto più alta di quella dell'alcol etilico, o etanolo ($K_a = 1 \cdot 10^{-16}$).

La maggiore acidità dell'acido etanoico rispetto all'etanolo si giustifica tenendo presente che la carica negativa nell'anione etossido (base coniugata dell'etanolo) è localizzata solo su *un atomo di ossigeno*, mentre nell'anione etanoato (base coniugata dell'acido etanoico) è delocalizzata per **risonanza** su *due atomi di ossigeno* rendendolo pertanto più stabile:

CH_3−CH_2−O^-

ione etossido

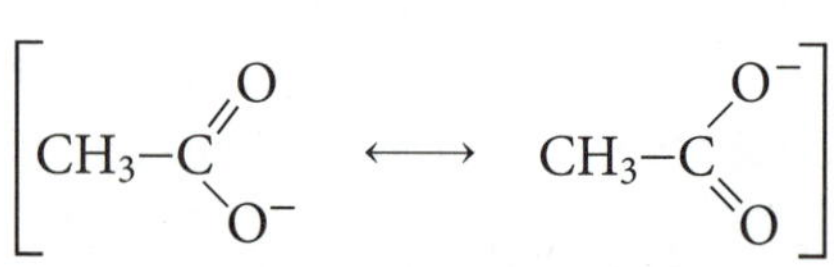

ione etanoato

PROBLEMA MODELLO

Giustificare l'acidità degli acidi organici

Giustifica l'acidità dell'acido benzoico ($K_a = 6{,}6 \cdot 10^{-5}$) e dei suoi cloro derivati, l'acido *o*-clorobenzoico ($K_a = 12{,}5 \cdot 10^{-4}$), l'acido *m*-clorobenzoico ($K_a = 1{,}6 \cdot 10^{-4}$) e l'acido *p*-clorobenzoico ($K_a = 1{,}0 \cdot 10^{-4}$).

LA SOLUZIONE

Nell'acido *o*-clorobenzoico la presenza dell'atomo di cloro, essendo questo **elettron-attrattore**, determina per **effetto induttivo** un aumento dell'acidità, che quindi è maggiore di quella dell'acido benzoico:

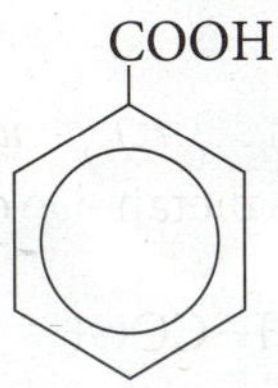

acido benzoico

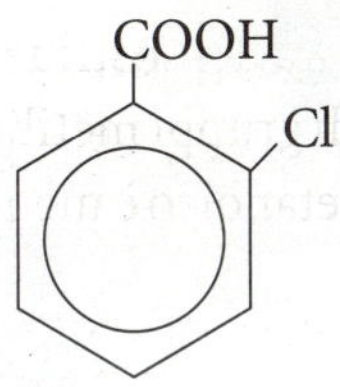

acido *o*-clorobenzoico

Nell'acido *m*-clorobenzoico e *p*-clorobenzoico i valori di acidità sono minori in quanto il sostituente, l'atomo di cloro, è più distante dal gruppo carbossilico e quindi l'effetto induttivo diminuisce:

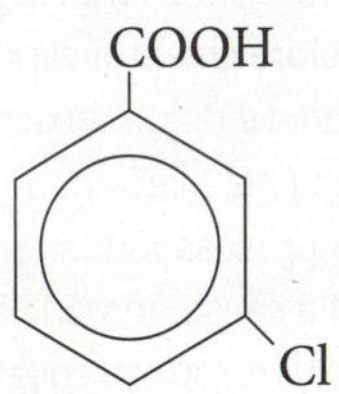

acido *m*-clorobenzoico

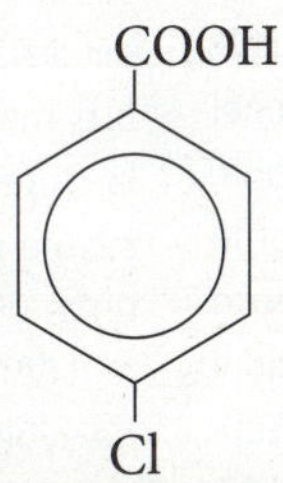

acido *p*-clorobenzoico

PROBLEMA SIMILE

Giustifica la diversa acidità tra

a. l'acido *p*-clorobenzoico ($K_a = 1{,}0 \cdot 10^{-4}$) e l'acido *p*-nitrobenzoico ($K_a = 4{,}0 \cdot 10^{-4}$)

b. l'acido dicloroetanoico ($K_a = 5{,}0 \cdot 10^{-2}$) e l'acido tricloroetanoico ($K_a = 2{,}0 \cdot 10^{-1}$)

LA NOSTRA SALUTE

FANS: farmaci antinfiammatori non steroidei

Aspirina®, nimesulide e ibuprofene sono alcuni dei più comuni **farmaci antinfiammatori non steroidei** (**FANS**), una classe di farmaci che agiscono come analgesici, antipiretici e antinfiammatori. L'Italia è uno dei paesi in cui si registra uno dei più alti consumi di questi farmaci in Europa, per il fatto che il loro utilizzo è spesso eccessivo e inappropriato.

Il capostipite di questi composti è la **salicina**, una molecola estratta dalla corteccia e dalle foglie del salice bianco (*Salix alba*). Il suo utilizzo per alleviare la febbre venne documentato per la prima volta nella seconda metà del Settecento a opera del sacerdote Edward Stone. La salicina venne isolata soltanto nel 1829 dal chimico francese Henri Leroux, mentre fu l'italiano Raffaele Piria nel 1838 a isolare l'acido salicilico, cioè l'acido organico della salicina. Si scoprì che era proprio questo acido carbossilico ad agire come principio attivo contro gli stati febbrili, ma il suo utilizzo era poco tollerato a causa del suo sapore sgradevole e delle forti irritazioni che arrecava alle mucose gastriche. Per cercare di migliorare gli effetti collaterali pur mantenendone le proprietà curative, nel 1897 il chimico tedesco Felix Hoffman (figura **A**) sintetizzò un derivato dell'acido salicilico, cioè l'acido acetilsalicilico (figura **B**).

La sintesi di questo composto rappresentò la svolta per lo sviluppo dei FANS e dell'industria farmaceutica, perché si riuscì a ottenere un farmaco con effetti terapeutici potenziati e senza gli effetti indesiderati del suo derivato precedente. Questo farmaco iniziò ad essere commercializzato dalla casa farmaceutica Bayer nel 1899 con il nome di Aspirina®, che ancora oggi conosciamo.

Da un punto di vista chimico la maggior parte dei FANS sono acidi carbossilici. Oltre all'Aspirina®, i più comuni sono il diclofenac (Voltaren®), l'ibuprofene (Brufen® e Moment®), il ketoprofene (Oki®), il naprossene (Momendol®) e il nimesulide (Aulin®).

Il meccanismo di azione di questi farmaci è stato scoperto soltanto negli anni '70 da John Vane, che per questo ottenne il premio Nobel per la medicina nel 1982. Il farmacologo britannico dimostrò che l'azione terapeutica dei FANS è dovuta all'inibizione degli enzimi della classe delle cicloossigenasi (COX). Questi enzimi sono responsabili della biosintesi delle prostaglandine, una famiglia di molecole organiche rilasciate dalle cellule quando è in atto un processo infiammatorio. Queste sono i messaggeri chimici responsabili della sensazione di dolore che proviamo quando abbiamo febbre, male ai denti, emicrania e dolori muscolari. I FANS, bloccando la sintesi delle prostaglandine, alleviano il dolore (azione analgesica) e gli altri effetti del processo infiammatorio, ma non hanno un'azione terapeutica sulla causa primaria che lo ha scatenato.

I FANS hanno anche diversi effetti collaterali. Le prostaglandine svolgono una funzione protettiva della mucosa gastrointestinale: per questo, quando la loro produzione è inibita dall'azione del farmaco, le mucose possono venire irritate, causando bruciori e ulcere se i farmaci vengono assunti in dosi massicce per periodi prolungati. Questo è il motivo per cui i medici consigliano sempre di assumere questi farmaci a stomaco pieno.

Figura A **Il chimico tedesco Felix Hoffman**

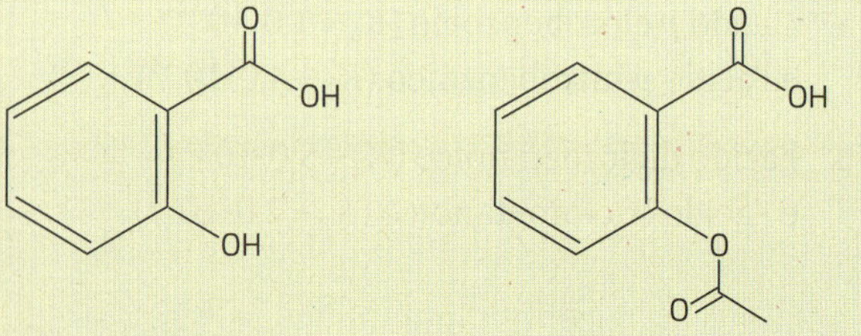

A acido salicilico **B** acido acetilsalicilico (Aspirina®)

Figura **B** **La struttura chimica degli acidi salicilico e acetilsalicilico** A L'acido salicilico è contenuto nelle foglie e nella corteccia del salice. B L'acido acetilsalicilico è il principio attivo dell'Aspirina®.

25 LE REAZIONI DEGLI ACIDI CARBOSSILICI

La reattività degli acidi carbossilici è legata essenzialmente al gruppo ossidrile O—H del gruppo carbossilico, che in presenza di una base forte può cedere l'atomo di idrogeno oppure in presenza di un nucleofilo può essere sostituito. Gli acidi carbossilici danno pertanto due tipi di reazioni: di rottura del legame O—H e di sostituzione nucleofila acilica.

PER VEDERE LE REAZIONI
video *LabOr.*
Acidi carbossilici

TI RICORDI?

Sono **basi forti** gli ossidi e gli idrossidi del primo e del secondo gruppo del sistema periodico.

a. La reazione di **rottura del legame O—H** avviene in presenza di una base forte (NaOH, KOH) che facilita la rottura eterolitica del legame O—H e porta alla formazione di un *sale* organico. La reazione avviene in acqua ed è rappresentata dalla seguente equazione:

$$\underset{\text{acido carbossilico}}{R{-}\overset{\overset{\displaystyle O}{\|}}{C}{-}OH_{(aq)}} + Na^+OH^-_{(aq)} \longrightarrow \underset{\text{sale dell'acido}}{R{-}\overset{\overset{\displaystyle O}{\|}}{C}{-}O^-Na^+_{(aq)}} + H_2O_{(l)}$$

Il **nome** del sale dell'acido, secondo le regole IUPAC, è costituito dal nome della radice dell'acido (R—COO⁻) con il suffisso *-oato* e dal nome del catione metallico. Nel nome comune il suffisso è *-ato*.
Per esempio, l'etanoato di sodio (o acetato di sodio) si ottiene dalla reazione fra l'acido etanoico e l'idrossido di sodio:

$$\underset{\text{acido etan}\mathbf{oico}}{CH_3{-}COOH} + NaOH \longrightarrow \underset{\text{etan}\mathbf{oato}\text{ di sodio}}{CH_3{-}COONa} + H_2O$$

A COLPO D'OCCHIO

REAZIONI DEGLI ACIDI CARBOSSILICI
- ROTTURA DEL LEGAME O—H
- SOSTITUZIONE NUCLEOFILA

b. La reazione di **sostituzione nucleofila acilica** consiste nella sostituzione del gruppo —OH dell'acido con un agente nucleofilo, rappresentato per esempio dal gruppo alcossido —OR degli alcoli o dal gruppo amminico $-NH_2$ dell'ammoniaca. I prodotti della reazione sono composti chiamati **derivati degli acidi carbossilici**, tra i quali i più diffusi sono gli **esteri** e le **ammidi**.

R-C(=O) = ACILE; —OR = ESTERE; CH₃-C(=O) = ACETILE

Figura 14 **Gli esteri nella frutta** Molti esteri sono sostanze dall'odore gradevole e a loro si deve il sapore di diversi frutti. Le mele contengono pentanoato di pentile.

26 NEGLI ESTERI L'OSSIDRILE È SOSTITUITO DAL GRUPPO ALCOSSIDO

I **derivati degli acidi carbossilici** sono composti nei quali l'ossidrile del gruppo carbossile è sostituito da un altro gruppo funzionale.

I derivati più comuni degli acidi carbossilici sono gli esteri e le ammidi.

Gli **esteri** sono derivati degli acidi carbossilici nei quali il gruppo ossidrile —OH è stato sostituito con il gruppo alcossido —OR degli alcoli.

Gli esteri sono composti largamente diffusi in natura. Molti esteri hanno un odore gradevole e a essi si deve il profumo dei fiori e il sapore di molti frutti (**figura 14**). Alcuni esteri vengono usati dagli insetti per trasmettere segnali (**figura 15**).

Figura 15 **Gli esteri negli insetti** Molte farfalle rilasciano una sostanza esterea per attrarre gli individui dell'altro sesso.

LE PAROLE

Con il termine **estere** (dal tedesco: *Ester*, contrazione di *Essigäther* = etere acetico) si denominano composti ottenuti dalla reazione tra un alcol e un acido. Importanti composti biochimici sono gli esteri fosforici, i trigliceridi e le cere.

DERIVATI ACIDI CARBOSSILICI:

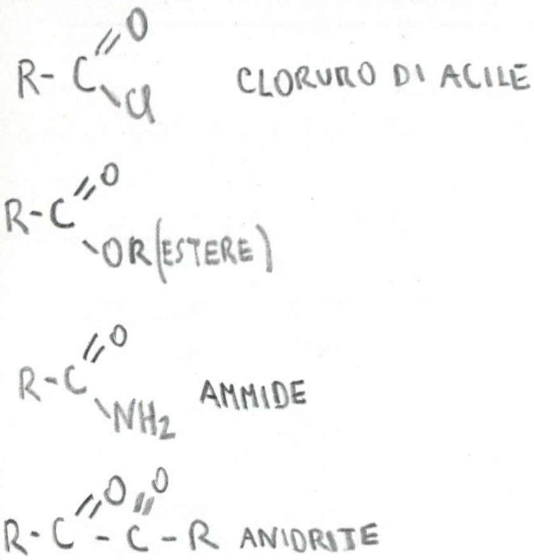

La formula molecolare degli esteri

Il **gruppo funzionale estereo** è costituito da un atomo di carbonio ibridato sp^2 a cui sono legati due atomi di ossigeno.

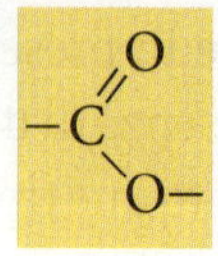

Agli esteri corrisponde la **formula molecolare** generale:

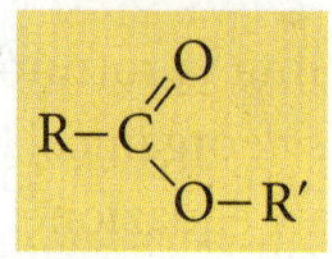

La nomenclatura degli esteri

Il **nome** degli esteri, secondo le regole IUPAC, è costituito dal nome della componente acida (R–CO) con il suffisso *-ato* e dal nome del gruppo alchilico R′ della componente alcolica (OR′):

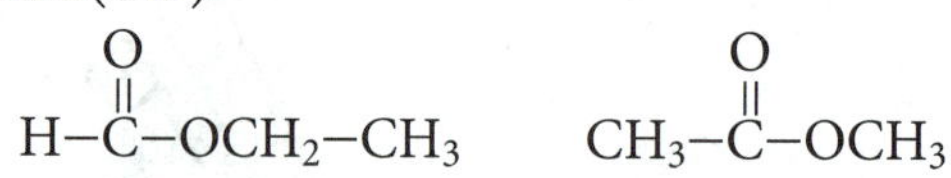

nome IUPAC	metanoato di etile	etanoato di metile
nome comune	formiato di etile	acetato di metile

27 LA SINTESI DEGLI ESTERI

La **sintesi** degli esteri avviene mediante una reazione di *sostituzione nucleofila* acilica tra un acido carbossilico e un alcol, in presenza di un catalizzatore acido H^+. La reazione prevede la sostituzione del gruppo –OH dell'acido con il gruppo OR′ dell'alcol:

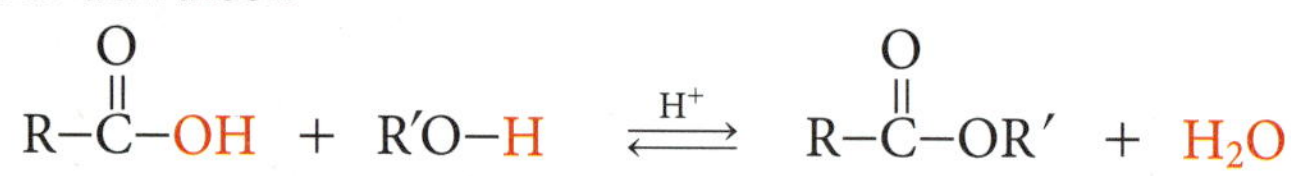

acido carbossilico alcol estere

Il meccanismo di reazione comprende tre stadi:

a. nel *primo stadio* si verifica l'attacco del catalizzatore acido H^+ all'atomo di ossigeno carbonilico e, in successione, l'**addizione nucleofila** dell'alcol al carbonio carbonilico con formazione di un nuovo legame C–O

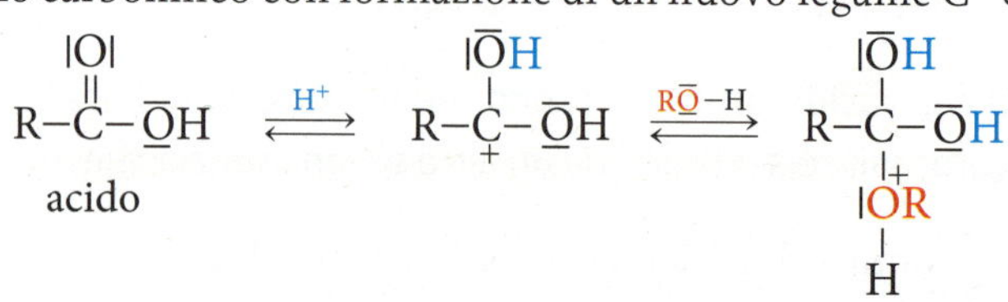

b. nel *secondo stadio*, l'atomo di idrogeno dell'alcol si stacca sotto forma di ione H^+ e si lega a uno dei due gruppi –OH protonandolo:

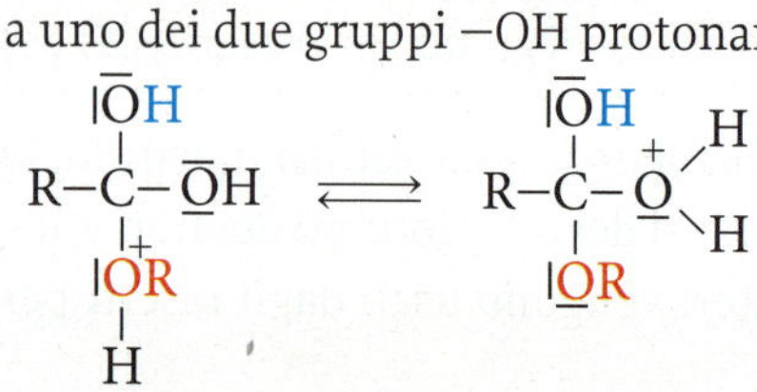

c. nel *terzo stadio* si ha l'**eliminazione** di acqua (*reazione di condensazione*) e il distacco dello ione H^+ del gruppo $-OH$ con ricostituzione del catalizzatore acido e formazione dell'estere:

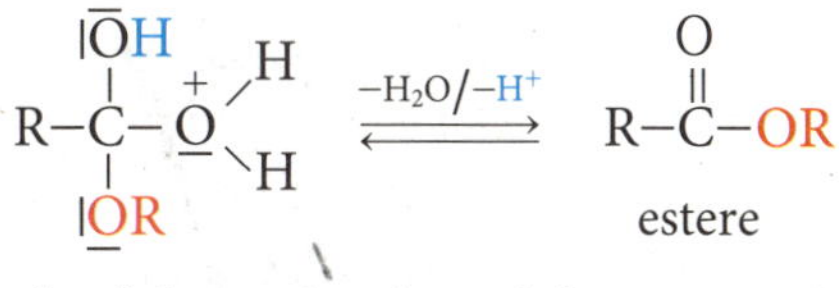

Il risultato complessivo è la sostituzione del gruppo $-OH$ dell'acido carbossilico con il gruppo $-OR$ dell'alcol mediante una reazione di **sostituzione nucleofila acilica**.

Non è tuttavia una sostituzione diretta, ma un processo in due stadi (**addizione nucleofila** ed **eliminazione**) che procede attraverso un intermedio tetraedrico, in cui l'atomo di carbonio è ibridato sp^3:

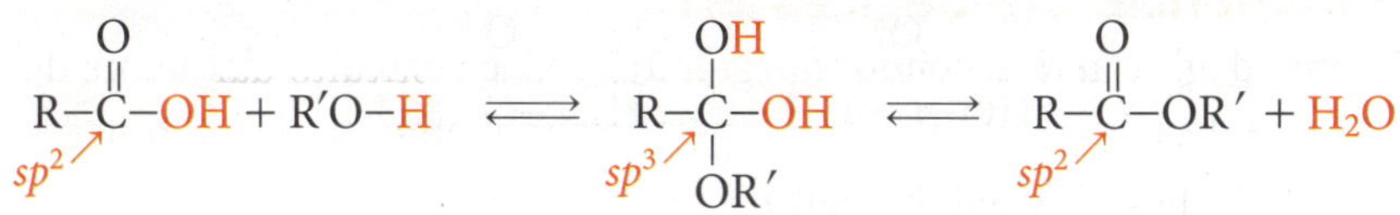

acido carbossilico | alcol | intermedio tetraedrico | estere

La reazione di esterificazione avviene anche tra il glicerolo (un poliolo) e tre molecole di acidi grassi con la formazione di triesteri del glicerolo, chiamati **trigliceridi**, che rivestono grande importanza biologica.

LE PAROLE

Acile (nome composto dal prefisso *aci-* e dal suffisso *-ile*): radicale organico (formile, acetile) derivato da un acido carbossilico per eliminazione del gruppo ossidrile $-OH$.

28 LE REAZIONI DEGLI ESTERI

PER VEDERE LE REAZIONI
video *LabOr.*
Esteri

La reazione più nota degli esteri è quella di **idrolisi basica**. La reazione avviene tra un estere e una base forte in soluzione acquosa e fornendo calore. I prodotti della reazione sono un sale dell'acido e un alcol:

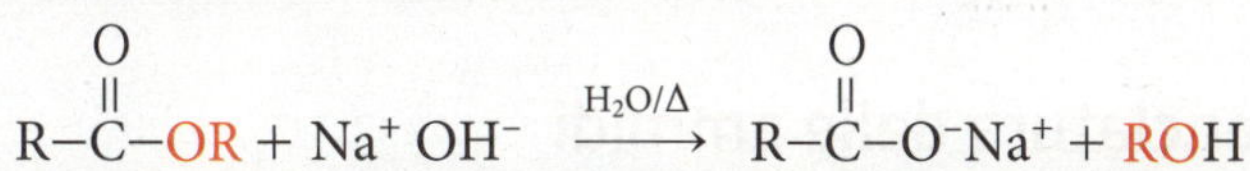

estere | base | sale dell'acido | alcol

La reazione è una **sostituzione nucleofila acilica** e comporta l'attacco dello ione idrossido OH^- (**nucleofilo forte**) sul carbonio carbonilico.

Quando gli esteri degli acidi grassi subiscono la suddetta reazione, si formano i saponi (sali degli acidi grassi): per questo motivo l'idrolisi basica degli esteri è detta anche *saponificazione*.

LE PAROLE

L'**idrolisi** (dal greco: *hydro* = acqua e *lysis* = rottura) è una reazione chimica in cui una molecola viene divisa in due molecole mediante l'acqua.

29 NELLE AMMIDI L'OSSIDRILE È SOSTITUITO DAL GRUPPO AMMINICO

Le **ammidi** sono derivati degli acidi carbossilici, nei quali il gruppo ossidrile $-OH$ è stato sostituito dal gruppo $-NH_2$, $-NHR$ o $-NR_2$.

Il **gruppo funzionale ammidico** è costituito da un atomo di carbonio ibridato sp^2 a cui è legato un atomo di ossigeno e un atomo di azoto.

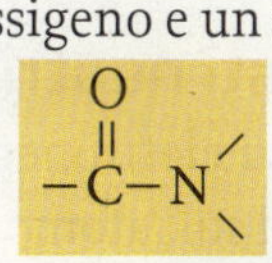

Alle ammidi corrisponde la **formula molecolare** generale:

Il legame carbonio-azoto è detto *ammidico.* Esso viene chiamato anche legame *peptidico,* quando è presente nelle *proteine,* ammidi importanti per gli esseri umani. Le proteine sono polimeri costituiti da amminoacidi (monomeri).

Un'ammide con un rilevante ruolo biologico, è l'urea, un solido cristallino solubile in acqua, che rappresenta il prodotto finale del metabolismo delle proteine.

L'urea è la diammide dell'acido carbonico in cui i due gruppi $-OH$ sono sostituiti dai gruppi $-NH_2$.

TI RICORDI?

L'**urea** è il primo composto organico sintetizzato in laboratorio in seguito al riscaldamento di una soluzione di cianato di ammonio.

acido carbonico — urea

La classificazione delle ammidi

Le ammidi si **classificano** in primarie, secondarie e terziarie a seconda che all'atomo di azoto siano legati, rispettivamente, due idrogeni, un idrogeno e un gruppo R o due gruppi R:

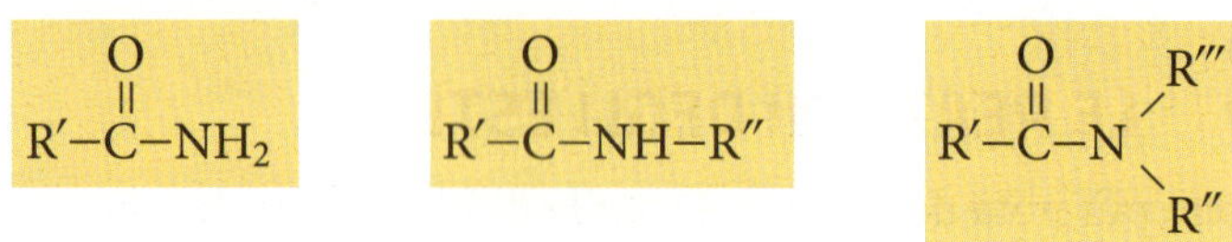

ammide primaria — ammide secondaria — ammide terziaria

La nomenclatura delle ammidi

Il **nome** delle ammidi *primarie,* secondo le regole IUPAC, è costituito dalla radice del nome dell'acido corrispondente con il suffisso *-ammide*:

nome IUPAC	metanammide	etanammide
nome comune	formammide	acetammide

Il **nome** delle ammidi *secondarie* e *terziarie* deve essere preceduto dalla lettera *N* e dal nome del gruppo o dei gruppi alchilici legati all'azoto:

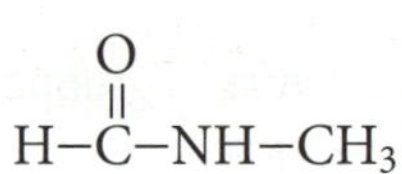

N-metilmetanammide

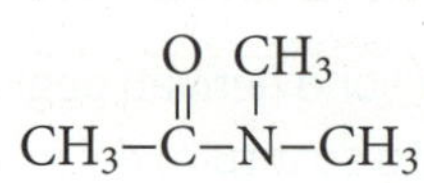

N,N-dimetiletanammide

Le ammidi sono composti neutri

L'atomo di ossigeno è molto più elettronegativo del carbonio e quindi gli elettroni di legame sono spostati sull'atomo di ossigeno. Di conseguenza sul carbonio delle ammidi si crea una parziale carica elettrica positiva e il doppietto elettronico libero sull'atomo di azoto si delocalizza per risonanza con l'atomo di carbonio:

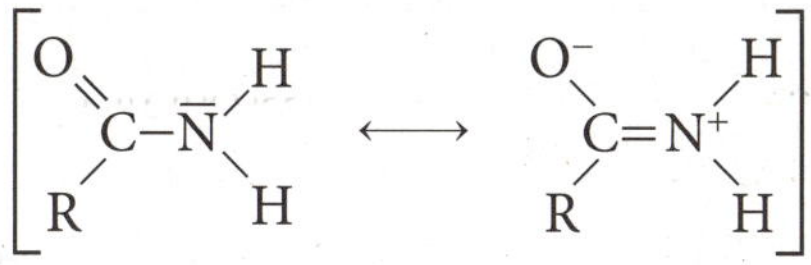

In tale condizione l'atomo di azoto è poco disponibile a reagire con agenti elettrofili e quindi le ammidi hanno un comportamento **neutro** e non basico.

30 LA SINTESI E LE REAZIONI DELLE AMMIDI

La **sintesi** delle ammidi primarie avviene mediante una reazione di **sostituzione nucleofila** tra un derivato reattivo dell'acido carbossilico e l'ammoniaca in presenza di un catalizzatore acido H^+:

$$\underset{\text{derivato reattivo dell'acido carbossilico}}{R-\overset{\overset{\displaystyle O}{\|}}{C}-X} + NH_3 \xrightarrow{H^+} \underset{\text{ammide}}{R-\overset{\overset{\displaystyle O}{\|}}{C}-NH_2} + X$$

La reazione più nota delle ammidi primarie è la reazione di **idrolisi**. La reazione avviene in presenza di un catalizzatore acido e fornendo calore. I prodotti della reazione sono un acido carbossilico e l'ammoniaca:

$$\underset{\text{ammide}}{R-\overset{\overset{\displaystyle O}{\|}}{C}-NH_2} + \underset{\text{acqua}}{H-OH} \xrightarrow{H^+/\Delta} \underset{\text{acido carbossilico}}{R-\overset{\overset{\displaystyle O}{\|}}{C}-OH} + \underset{\text{ammoniaca}}{NH_3}$$

31 GLI ACIDI CARBOSSILICI POLIFUNZIONALI

Gli **acidi carbossilici polifunzionali** sono composti in cui sono presenti più gruppi funzionali.

Gli acidi carbossilici polifunzionali più noti sono gli *idrossoacidi*, i *chetoacidi* e gli *acidi bicarbossilici.*

Gli idrossoacidi

Gli **idrossoacidi** sono composti caratterizzati dal gruppo ossidrile –OH e dal gruppo carbossilico –COOH.

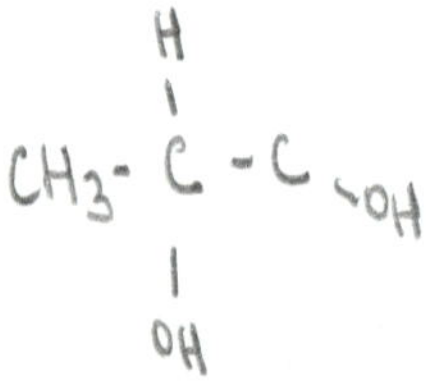

Il **nome** degli idrossoacidi secondo le regole IUPAC è preceduto dal prefisso *idrossi-* e da un numero che indica la posizione dell'ossidrile nella catena carboniosa che deve essere numerata partendo dal gruppo carbossilico.

Nel nome *comune* la posizione dell'ossidrile è precisata da una lettera dell'alfabeto greco, considerando il carbonio α (alfa) quello adiacente al carbonio del gruppo carbossilico:

$$CH_3{-}CH_2{-}CH_2{-}\overset{\alpha}{C}H(OH){-}COOH$$

nome IUPAC acido 2-idrossipentanoico
nome comune acido α-idrossivalerianico

Il più noto idrossoacido è l'**acido 2-idrossipropanoico** o acido α-idrossipropionico (nome comune *acido lattico*).

$$CH_3{-}CH(OH){-}COOH$$

nome IUPAC acido 2-idrossipropanoico
nome comune acido lattico

PER SAPERNE DI PIÙ

La sintesi dell'urea e l'industria dei fertilizzanti

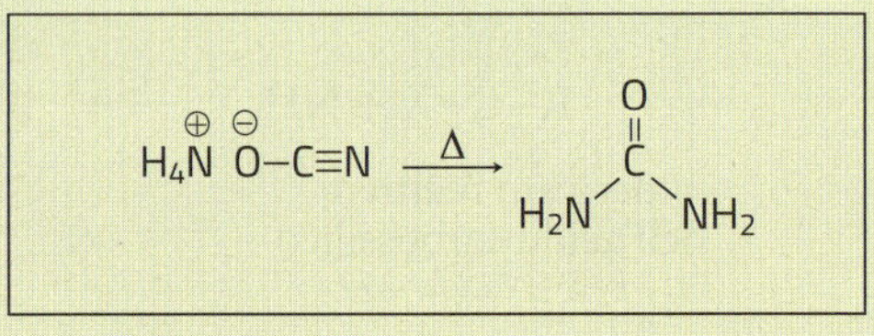

Figura A **La sintesi dell'urea dal cianato di ammonio**

È stata la sintesi di un'ammide a segnare l'inizio della chimica organica. Era il 1828 quando il chimico tedesco Friedrich Wöhler ottenne l'**urea** dalla decomposizione termica di un composto inorganico, il cianato di ammonio (figura A).

All'epoca erano già note diverse molecole organiche, ma queste non erano mai state riprodotte in laboratorio perché era diffusa l'idea che la loro sintesi fosse una prerogativa esclusiva degli organismi viventi. Questa corrente di pensiero era detta **vitalismo**, perché si basava sulla credenza che esistesse una forza vitale (*vis vitalis*) presente solo negli esseri viventi responsabile della produzione delle sostanze organiche. L'urea era una molecola già nota a Wöhler: era stata scoperta nel 1773 dal francese Hilaire Rouelle, che era riuscito ad isolarla dalle urine animali. Con la sintesi dell'urea Wöhler diede una svolta alla storia della chimica, perché dimostrò che le sostanze organiche potevano essere sintetizzate a partire da sostanze inorganiche, facendo crollare così la teoria del vitalismo.

In una lettera a Jöns Jacob Berzelius, Wöhler scrisse: «Le comunico che sono in grado di produrre urea senza aver bisogno di un rene e neppure di un animale, uomo o cane che sia».

Lo sviluppo della chimica organica

Dalla sua nascita ad oggi la chimica organica ha fatto enormi progressi, permettendo la sintesi di tantissime molecole che hanno migliorato la qualità della vita. Già pochi anni dopo la scoperta di Wöhler, i chimici iniziarono a ottenere in laboratorio diversi composti organici presenti in natura, come l'acido formico (prodotto dalle formiche come mezzo di difesa) e l'acido acetico (responsabile del sapore acre dell'aceto). Ci si rese conto che la sintesi organica offriva delle enormi potenzialità di sviluppo, ma che era necessaria molta ricerca per poterla applicare al meglio. Lo stesso Wöhler nel 1835 disse: «La chimica organica mi fa quasi diventare matto. Mi appare come una foresta tropicale primitiva, piena delle cose più meravigliose, una boscaglia spaventosa e senza fine nella quale non si ha il coraggio di entrare per paura di non poterne più uscire».

L'urea e i fertilizzanti

Al giorno d'oggi si producono circa 150 milioni di tonnellate all'anno di urea: si tratta di una molecola chiave dell'industria chimica perché è alla base della produzione dei **fertilizzanti**. È ottenuta a

La molecola dell'acido lattico, avendo uno stereocentro, è una molecola chirale che si presenta sotto forma di due enantiomeri, l'acido (−)-lattico e l'acido (+)-lattico:

speculari ma non sovrapponibili

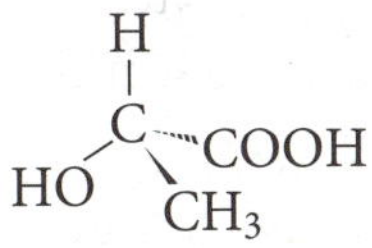

acido (−)-lattico

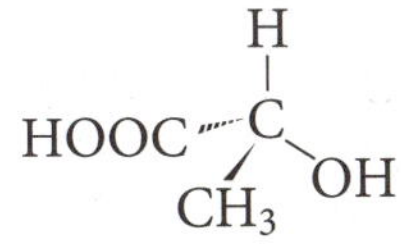

acido (+)-lattico

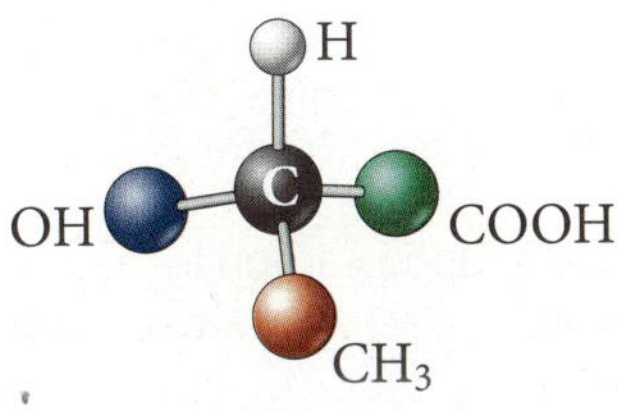

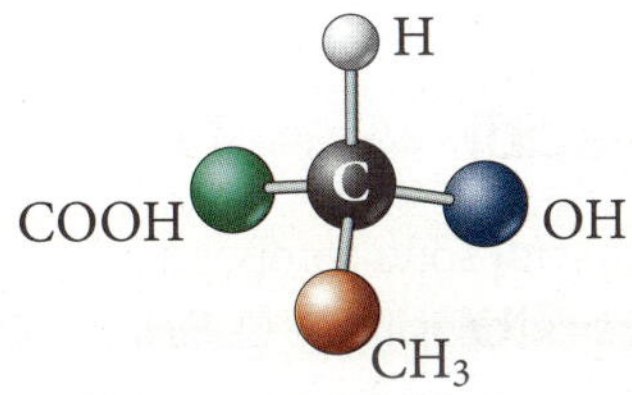

partire da ammoniaca e anidride carbonica attraverso il processo «Bosch-Meiser», ieato dai tedeschi Carl Haber e Wilhelm Meiser alla fine degli anni Venti del secolo scorso.

I fertilizzanti sono una classe di composti che migliorano la fertilità dei terreni e la nutrizione degli organismi vegetali, permettendo di aumentare la produttività delle colture. Già ai tempi di Wöhler si sapeva che le piante avevano bisogno di alcuni nutrienti specifici, in particolare acido carbonico, ammoniaca, acido fosforico, silice, calce, magnesio, potassio e ferro. Oggi sappiamo che gli elementi essenziali per la nutrizione delle piante sono dieci: carbonio, idrogeno, ossigeno, azoto, fosforo, potassio, zolfo, magnesio, calcio e ferro. A eccezione del primo e del terzo, le piante assumono questi elementi dal suolo attraverso l'apparato radicale, motivo per cui i fertilizzanti devono avere le caratteristiche adatte per distribuirsi nel terreno e allo stesso tempo non essere dilavati dalle piogge.

Insieme all'ammoniaca e all'acido nitrico, l'urea è uno dei fertilizzanti più utilizzati al mondo. Infatti, grazie al suo alto contenuto di azoto e alle sue caratteristiche chimico-fisiche è un concime minerale efficace, poco costoso, ben conservabile e versatile, poiché può essere utilizzato sia in forma solida sia disciolto in soluzione acquosa, grazie alla sua capacità di formare legami a idrogeno.

L'industria dei composti azotati

La scoperta delle reazioni e dei processi industriali per la produzione dei fertilizzanti azotati è stata considerata tra le più importanti del secolo scorso. Infatti, ha permesso di aumentare la produttività dei terreni, soddisfacendo i bisogni nutritivi della popolazione in continua crescita.

Già alla fine dell'Ottocento si era prospettato il problema della disparità tra le risorse disponibili e l'incremento demografico, con il rischio di una catastrofe malthusiana. Fu per questo che divenne prioritario trovare un metodo per riuscire a fissare chimicamente l'azoto nei terreni. Agli inizi del Novecento, la principale fonte di azoto era il nitrato di sodio, chiamato anche nitro del Cile, perché era estratto principalmente in questo paese. Veniva impiegato in parte come fertilizzante e in parte era destinato alla produzione di esplosivi e coloranti. La svolta per l'industria chimica dei composti azotati ci fu nel 1909 con la costruzione del primo impianto per la produzione industriale dell'ammoniaca, il **processo Haber-Bosch**. Grazie a questa scoperta l'ammoniaca divenne disponibile in grandi quantità permettendo lo sviluppo dell'industria chimica e, in particolare, la produzione di fertilizzanti, esplosivi, adesivi (figura B) e materie plastiche (in particolare le resine ureiche).

Per la loro rilevanza economica e per lo sviluppo che hanno comportato, le scoperte scientifiche e tecnologiche legate all'industria dei composti azotati sono state considerate tra le più importanti nella storia dell'umanità.

Figura B **I materiali adesivi contengono composti azotati**

Figura 16 **L'acido lattico** È un idrossoacido presente nello yogurt.

- l'acido (−)-lattico è presente nel latte e anche nello yogurt (**figura 16**), poiché durante la preparazione di quest'ultimo si ha la trasformazione del lattosio, uno zucchero del latte, in acido lattico a opera del batterio *Lactobacillus*;
- l'acido (+)-lattico, chiamato anche sarcolattico, è il prodotto finale del metabolismo del glucosio negli organismi anaerobi e nelle cellule muscolari (processo di **fermentazione lattica**); nelle cellule muscolari, dopo un esercizio intenso e prolungato, si accumula nei muscoli dando la sensazione di fatica.

I chetoacidi

I **chetoacidi** sono composti caratterizzati dal gruppo carbonile >CO e dal gruppo carbossilico −COOH.

Il **nome** dei chetoacidi, secondo le regole IUPAC, è preceduto dal prefisso *osso-* e da un numero che indica la posizione del gruppo carbonile nella catena carboniosa che deve essere numerata partendo dal gruppo carbossilico. Nel nome *comune* la posizione del carbonile è precisata da una lettera dall'alfabeto greco, considerando il carbonio α (alfa) quello adiacente al carbonio del gruppo carbossilico:

$$CH_3{-}CH_2{-}\overset{\alpha}{\underset{\underset{O}{\|}}{C}}{-}COOH$$

nome IUPAC acido 2-ossobutanoico
nome comune acido α-ossobutirrico

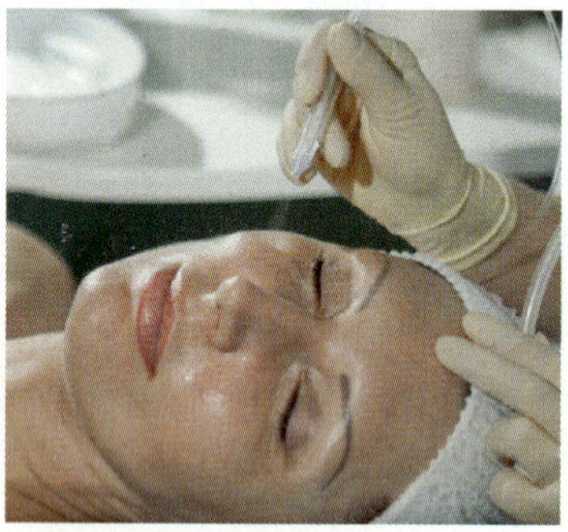

Figura 17 **L'acido piruvico** È un chetoacido usato in cosmetica nelle creme esfolianti.

Il più noto chetoacido è l'**acido 2-ossopropanoico** o acido α-ossopropionico noto con il nome comune di *acido piruvico* (**figura 17**):

$$CH_3{-}\underset{\underset{O}{\|}}{C}{-}COOH$$

acido piruvico

TI RICORDI?

La **glicolisi** è un processo anaerobico che consiste in una sequenza di reazioni metaboliche attraverso le quali una molecola di glucosio è demolita in due molecole di acido piruvico.

L'acido piruvico è il prodotto finale della prima fase dell'ossidazione del glucosio (processo di **glicolisi**):

- in presenza di ossigeno (processo di *respirazione*), l'acido piruvico subisce la decarbossilazione (eliminazione di una molecola di CO_2) con formazione di un composto instabile a due atomi di carbonio, il radicale acetile che si lega al coenzima A a formare l'acetilcoenzima A;
- in assenza di ossigeno, l'acido piruvico, che si forma alla fine della glicolisi, viene ridotto ad acido lattico (processo di *fermentazione lattica*) o ad alcol etilico (processo di *fermentazione alcolica*).

Gli acidi bicarbossilici

Gli **acidi bicarbossilici** contengono due gruppi funzionali carbossile alle estremità della catena carboniosa.

Nel nome IUPAC degli acidi bicarbossilici si premette la parola *acido* e si aggiunge la desinenza *-dioico*, ma questi composti sono più noti con i nomi comuni, che suggeriscono la loro origine. Per esempio, l'acido ossalico (nome comune dell'acido etandioico) si trova nelle piante della famiglia ossalica;

l'acido propandioico è più noto come acido malonico, poiché la fonte principale da cui si ricava sono le mele (in latino, *malum*), mentre l'acido butandioico, che viene anche chiamato acido succinico, si trova nell'ambra (in latino, *succinum*):

HOOC–COOH	HOOC–CH_2–COOH	HOOC–CH_2CH_2–COOH	
acido etandioico	acido propandioico	acido butandioico	*nome IUPAC*
acido ossalico	acido malonico	acido succinico	*nome comune*

Alcuni acidi bicarbossilici sono utilizzati per la sintesi di importanti polimeri come il nylon. Inoltre gli acidi bicarbossilici e i loro analoghi tricarbossilici sono intermedi-chiave nel *ciclo di Krebs* (detto anche ciclo degli acidi tricarbossilici o ciclo dell'acido citrico), che rappresenta la fase dell'ossidazione del glucosio successiva alla glicolisi; questo ciclo viene continuamente alimentato dalla reazione tra l'acetilcoenzima A, formatosi al termine della glicolisi, con l'acido ossalacetico per formare acido citrico, un acido tricarbossilico.

32 LE AMMINE POSSONO ESSERE CONSIDERATE DERIVATI DELL'AMMONIACA

Il gruppo funzionale amminico

Le **ammine** sono composti organici che si possono considerare derivati dall'ammoniaca, per sostituzione di uno o più atomi di idrogeno con uno o più gruppi alchilici o arilici.

Il gruppo funzionale amminico è costituito da un atomo di azoto legato a due atomi di idrogeno che possono essere sostituiti, uno o entrambi, da gruppi alchilici (ammine alifatiche) o arilici (ammine aromatiche). Si distingue pertanto un gruppo amminico primario, secondario e terziario:

$-NH_2$	$-\bar{N}H$ (con R′ legato all'azoto)	$-\bar{N}-R''$ (con R′ legato all'azoto)
primario	secondario	terziario

L'atomo di azoto, che nello stato fondamentale ha configurazione elettronica esterna $2s^2\,2p^3$, è ibridato sp^3. I tre orbitali ibridi sp^3 e il doppietto elettronico libero sono diretti verso i vertici di una piramide a base triangolare, formando angoli di legame di 107°.

TI RICORDI?

La **disposizione piramidale triangolare** (angoli di legame di 107°) è la geometria di una molecola in cui l'atomo centrale ha un doppietto elettronico libero ed è circondato da tre coppie elettroniche di legame.

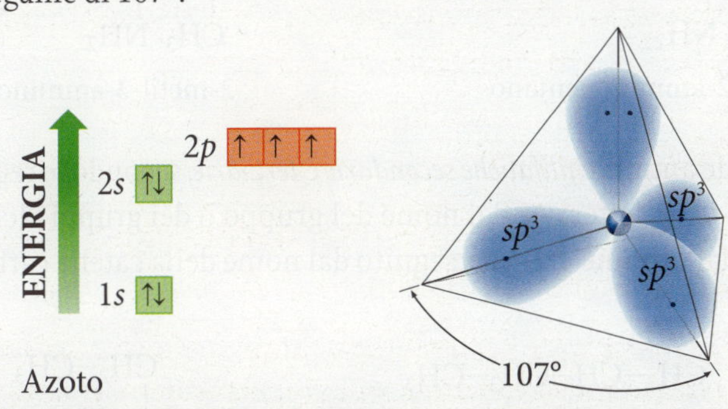

La funzione amminica è presente in numerosi composti naturali di origine animale o vegetale, spesso insieme ad altri gruppi funzionali. Si trova negli amminoacidi (i monomeri delle proteine), nelle basi azotate dei nucleotidi (i monomeri degli acidi nucleici), nelle ammine biogene (un gruppo di neurotrasmettitori azotati che comprendono l'adrenalina, la noradrenalina, la serotonina e la dopamina). È presente inoltre in numerosi alcaloidi cioè composti policiclici ed eterociclici di origine vegetale che comprendono la nicotina (figura **18**), la morfina e la caffeina (figura **19**).

Figura 18 **La nicotina** La funzione amminica è presente nella nicotina della pianta del tabacco.

Figura 19 **La caffeina** Gli alcaloidi, come la caffeina, sono composti naturali contenenti la funzione amminica.

La formula molecolare delle ammine

A seconda che gli atomi di idrogeno dell'ammoniaca sostituiti siano uno, due o tre le ammine (alifatiche e aromatiche) si distinguono in primarie, secondarie e terziarie, a cui corrispondono le seguenti **formule molecolari** generali (tabella **12**).

Tabella 12 Le formule generali delle ammine

	Alifatica	Aromatica
primaria	$R{-}NH_2$	$Ar{-}NH_2$
secondaria	$R'{-}NH{-}R''$	$Ar{-}NH{-}R$
terziaria	$R'{-}N{<}^{R''}_{R'''}$	$Ar{-}N{<}^{R'}_{R''}$

La nomenclatura delle ammine alifatiche

Il **nome** delle ammine *alifatiche primarie*, secondo le regole IUPAC, è costituito dal termine *ammino* (preceduto da un numero che indica la posizione del gruppo amminico) e dal nome della catena carboniosa più lunga:

$CH_3{-}CH_2{-}NH_2$

amminoetano

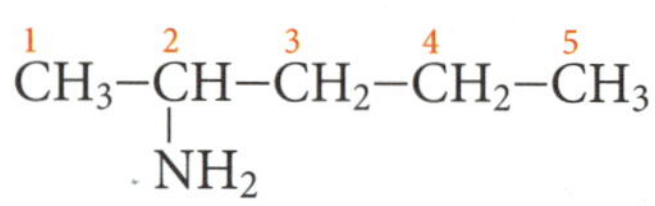

2-amminopentano

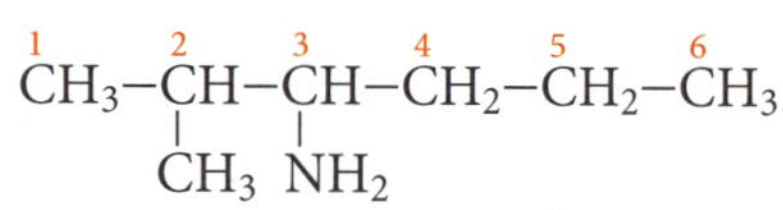

2-metil-3-amminoesano

Il **nome** delle ammine *alifatiche secondarie* e *terziarie*, secondo le regole IUPAC, è costituito dalla lettera *N*, dal nome del gruppo o dei gruppi alchilici legati all'azoto e dal termine *ammino*, seguito dal nome della catena carboniosa più lunga.

$CH_3{-}NH{-}\overset{1}{C}H_2{-}\overset{2}{C}H_2{-}\overset{3}{C}H_3$

N-metilamminopropano

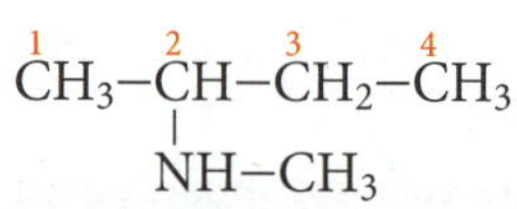

2-*N*-metilamminobutano

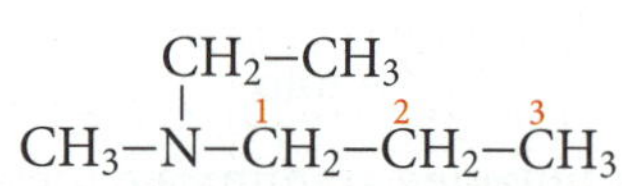

N-etil-*N*-metilamminopropano

Quando in una molecola sono presenti altri gruppi funzionali con priorità maggiore ($-OH$, $\rangle CO$, $-COOH$) il gruppo amminico $-NH_2$ è considerato un *sostituente*:

$$\overset{3}{C}H_3-\overset{2}{C}H(NH_2)-\overset{1}{C}H_2OH$$
2-ammino-1-propanolo

$$\overset{1}{C}H_3-\overset{2}{C}H(NH_2)-\overset{3}{C}O-\overset{4}{C}H_2-\overset{5}{C}H_3$$
2-ammino-3-pentanone

$$\overset{4}{C}H_3-\overset{3}{C}H(NH_2)-\overset{2}{C}H_2-\overset{1}{C}OOH$$
acido 3-amminobutanoico

Il nome *comune* delle ammine alifatiche è costituito dal nome dei gruppi alchilici (specificati in ordine alfabetico) legati all'atomo di azoto seguito dal suffisso *-ammina*:

CH_3-NH_2 metilammina

$CH_3-NH-CH_2-CH_3$ etilmetilammina

$CH_3-CH_2-NH-CH_2-CH_3$ dietilammina

LE PAROLE

L'**anilina** (dal tedesco *anilin*) è un liquido incolore dal caratteristico odore e debolmente idrosolubile. È prodotta per riduzione del nitrobenzene ed è utilizzata nella preparazione di farmaci e coloranti.

La nomenclatura delle ammine aromatiche

Il **nome** delle ammine *aromatiche* deriva dall'anilina. Nelle ammine *aromatiche secondarie* e *terziarie* il nome dei gruppi alchilici legati all'azoto è preceduto dalla lettera *N*:

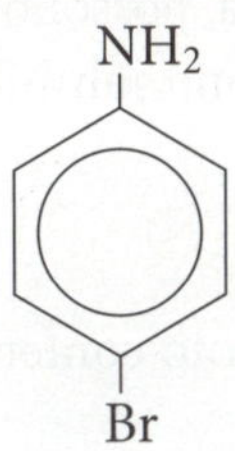
p-bromoanilina

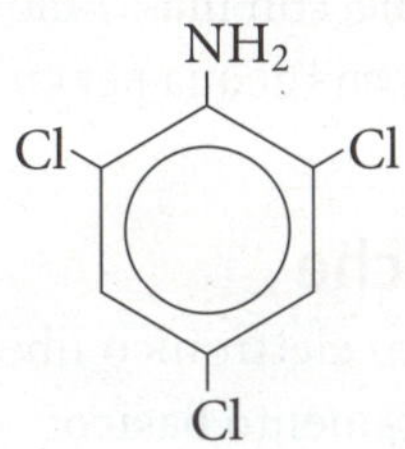
2,4,6-tricloroanilina

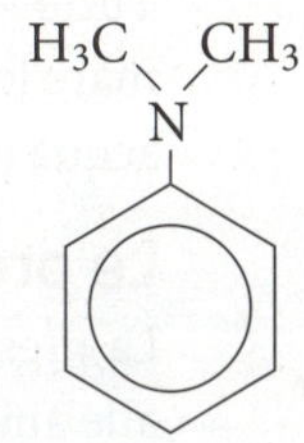
N,*N*-dimetilanilina

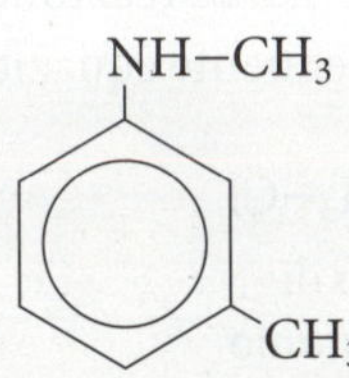
m-metil-*N*-metilanilina

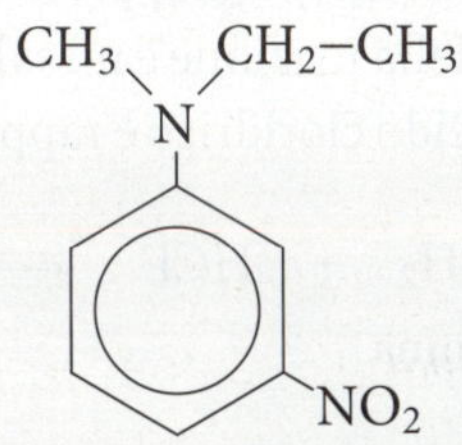
m-nitro-*N*-metil-*N*-etilanilina

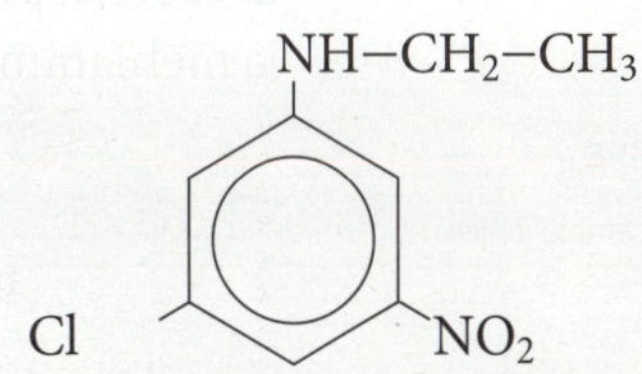
3-cloro-5-nitro-*N*-etilanilina

Molte ammine aromatiche sono usate per la sintesi di farmaci e coloranti (figura 20).

Figura 20 Le ammine aromatiche I coloranti presenti in molte tinture sono derivati di ammine aromatiche.

33 LE PROPRIETÀ FISICHE, CHIMICHE E LA REATTIVITÀ DELLE AMMINE

Le proprietà fisiche

A temperatura ambiente, la metilammina e l'etilammina sono allo stato di gas, i termini superiori sono allo stato liquido.

Le ammine primarie e secondarie possono formare legami a idrogeno intermolecolari per la presenza dell'atomo di azoto legato rispettivamente a

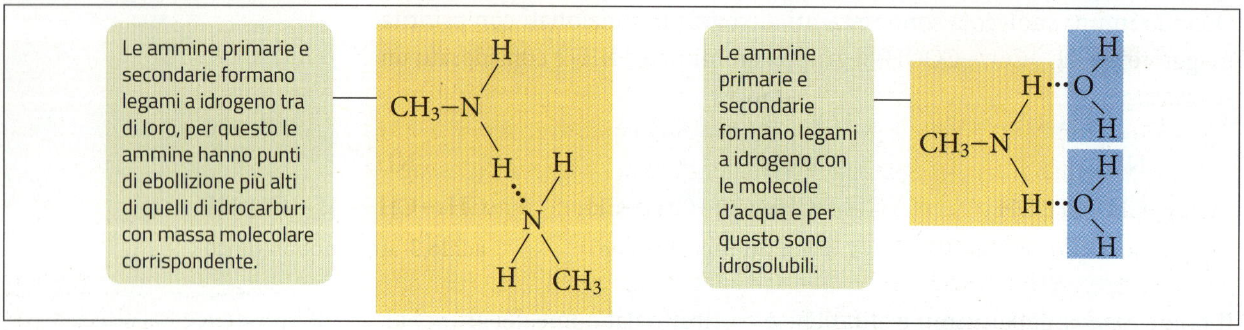

Figura 21 Le ammine e i legami a idrogeno Le proprietà fisiche e chimiche delle ammine dipendono dai legami intermolecolari.

due atomi o a un atomo di idrogeno (figura **21**). Quindi, i **punti di ebollizione** delle ammine sono più alti di quelli degli idrocarburi di massa molecolare corrispondente. I minori punti di ebollizione delle ammine rispetto a quelli degli alcoli di massa molecolare corrispondente si giustificano tenendo presente che l'azoto è meno elettronegativo dell'ossigeno (tabella **13**).

Tabella 13 **Il confronto fra le temperature di ebollizione di un alcano, un'ammina e un alcol.**

Composto	Nome	Formula	Massa molecolare	t_e (°C)
alcano	etano	$CH_3{-}CH_3$	30	−88
ammina	metilammina	$CH_3{-}NH_2$	31	−6,3
alcol	metanolo	$CH_3{-}OH$	32	65

Tutte le ammine alifatiche, con massa molecolare non elevata, possono formare legami a idrogeno con l'acqua per cui questi composti sono **solubili** in acqua (tabella **14**).

Le proprietà chimiche

La presenza del doppietto elettronico libero sull'atomo di azoto conferisce alle ammine un comportamento **basico**.

In presenza di un acido forte, le ammine si comportano da **basi di Lewis** perché possono condividere il doppietto elettronico disponibile sull'atomo di azoto: il prodotto della reazione è un sale di alchilammonio. La reazione tra la metilammina e l'acido cloridrico è rappresentata dalla seguente equazione:

PER APPROFONDIRE video *LabOr.* Cromatografia a scambio ionico

$$\underset{\text{metilammina}}{CH_3{-}NH_2} + HCl \rightleftharpoons \underset{\text{cloruro di metilammonio}}{CH_3{-}\overset{+}{N}H_3{-}Cl^-}$$

In acqua le ammine si possono comportare da **basi di Brønsted-Lowry** accettando un protone dall'acqua (che si comporta da acido) con formazione di uno ione alchilammonio e liberazione di uno ione idrossido OH^-. La reazione tra l'etilammina e l'acqua è rappresentata dalla seguente equazione:

$$\underset{\substack{\text{etilammina}\\ B_1}}{CH_3{-}CH_2{-}NH_2} + \underset{A_2}{H_2O} \rightleftharpoons \underset{\substack{\text{ione etilammonio}\\ A_1}}{CH_3{-}CH_2{-}\overset{+}{N}H_3} + \underset{B_2}{OH^-}$$

Tabella 14 **La temperatura di ebollizione e la solubilità in acqua di alcune ammine.**

Nome	Formula razionale	t_e (°C)	Solubilità
etilammina	$CH_3{-}CH_2{-}NH_3$	17	molto solubile
dimetilammina	$CH_3{-}NH{-}CH_3$	7,5	solubile
anilina	$C_6H_5{-}NH_2$	184	poco solubile

a. Le ammine **alifatiche** sono più basiche dell'ammoniaca. La maggiore basicità delle ammine si giustifica tenendo presente che i gruppi alchilici legati all'atomo di azoto delle ammine hanno un effetto induttivo elettron-donatore rispetto agli atomi di idrogeno legati all'atomo di azoto dell'ammoniaca; di conseguenza lo ione alchiloammonio (acido coniugato dell'ammina) risulta più stabile. In teoria, aumentando il numero dei gruppi elettron-donatori legati all'azoto, dovrebbe aumentare la basicità dell'ammina (terziaria > secondaria > primaria); in realtà in solvente acquoso, principalmente per effetto sterico, un'ammina terziaria ha una basicità inferiore a quella prevista, compresa tra quella di un'ammina primaria e una secondaria.

$$\underset{\text{terziaria}}{R'-NH-R''} > \underset{\text{secondaria}}{R'-\overset{\displaystyle R''}{\overset{|}{N}}-R'''} > \underset{\text{primaria}}{R'-NH_2}$$

LE PAROLE

L'**effetto sterico** (dal greco: *stereos* = compatto) è l'effetto derivante dalla presenza in una molecola di gruppi atomici di grandi dimensioni.

b. Le ammine **aromatiche** sono meno basiche di quelle alifatiche e dell'ammoniaca in quanto il doppietto elettronico non condiviso dell'atomo di azoto è delocalizzato per risonanza all'interno dell'anello benzenico. In tal caso il doppietto elettronico è meno disponibile ad accettare un protone, pertanto la forma $Ar-NH_2$ di una arilammina è più stabile della forma $Ar-NH_3^+$ dello ione fenilammonio:

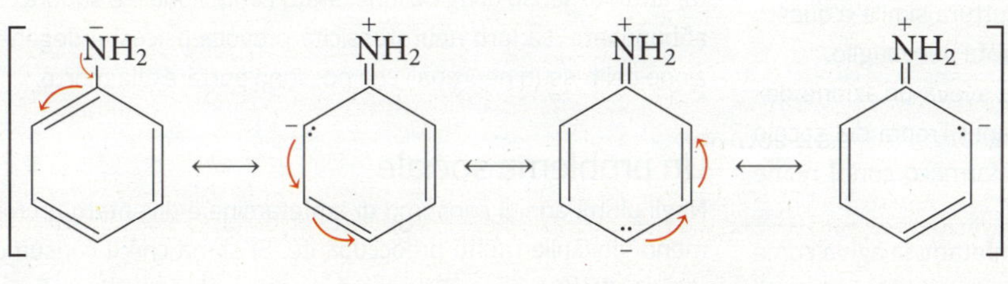

strutture di risonanza dell'anilina

Le reazioni delle ammine

La reattività delle ammine è legata essenzialmente al gruppo $-NH_2$ che, in presenza di un acido forte (HX), può acquistare un atomo di idrogeno con formazione di sali di alchilammonio (**reazione di salificazione**):

PER VEDERE LE REAZIONI video *LabOr.* Ammine

$$R-NH_2 + HX \longrightarrow \underset{\text{sale di alchilammonio}}{R-\overset{+}{N}H_3X^-}$$

La reazione tra la trimetilammina e l'acido cloridrico è rappresentata dalla seguente equazione:

PER VEDERE LE REAZIONI video *LabOr.* Ammine primarie, secondarie e terziarie

$$\underset{\text{trimetilammina}}{CH_3-\underset{\displaystyle CH_3}{\underset{|}{N}}-CH_3} + HCl \longrightarrow \underset{\text{cloruro di trimetilammonio}}{CH_3-\underset{\displaystyle CH_3}{\underset{|}{N}H}-CH_3^+Cl^-}$$

LA NOSTRA SALUTE

Le amfetamine: da farmaci a stupefacenti

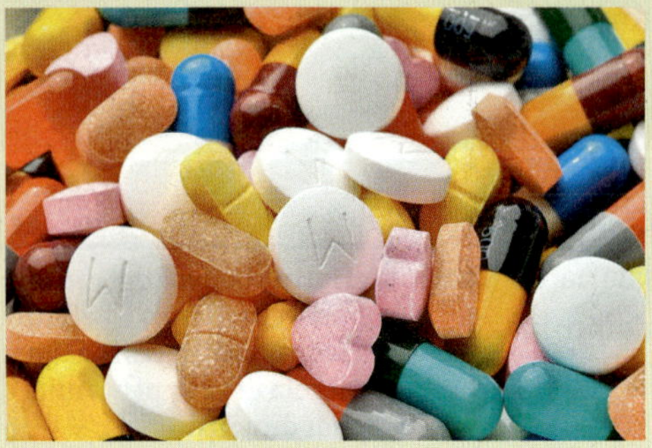

Le **amfetamine** sono un particolare gruppo di molecole organiche conosciute come stupefacenti neurotossici. Per la presenza del gruppo funzionale amminico e per le loro caratteristiche basiche appartengono anche al gruppo degli alcaloidi sintetici.

L'amfetamina fu sintetizzata per la prima volta nel 1887 dal chimico rumeno Lazar Edeleanu. Tuttavia questa molecola venne lasciata nel dimenticatoio per diversi anni e fu studiata come farmaco soltanto negli anni Venti dallo statunitense Gordon Alles. Questa molecola venne scoperta per caso, o meglio per errore: Alles stava ricercando un farmaco sintetico che potesse sostituire l'efedrina, una composto contenuto nelle piante di *Ephedra* che veniva utilizzato per il trattamento dell'asma. Come si può notare dalla figura, le due molecole hanno una struttura simile e questo spiega perché l'amfetamina venne sintetizzata per sbaglio.

Nonostante l'errore, il nuovo composto aveva un'azione decongestionante e antiasmatica, così negli anni Trenta del secolo scorso venne messo in commercio come farmaco con il nome commerciale di **benzedrina**.

Pochi anni dopo ci si rese conto che l'amfetamina agiva come stimolante del sistema nervoso centrale e per questo già negli anni Trenta iniziò a essere utilizzata per la cura della narcolessia (eccessiva sonnolenza). Sempre in quegli anni si rilevarono i primi disturbi psicotici, ma purtroppo la pericolosa azione neurotossica venne compresa soltanto qualche decennio dopo, quando l'abuso di queste droghe era già diffuso.

Il primo utilizzo massiccio di amfetamine si registrò durante la seconda guerra mondiale quando queste droghe, allora ritenute «farmaci», venivano distribuite ai soldati tedeschi come stimolanti per aumentare la sopportazione del dolore e ridurre la sensazione di fatica. In particolare, i soldati assumevano un derivato dell'amfetamina, la metamfetamina (figura), diffusa con il nome commerciale di Pervitin®.

L'azione sul sistema nervoso centrale

Nel 1959 la *Food and Drug Administration* (FDA) ha proibito l'uso delle amfetamine, riconoscendole come sostanze stupefacenti. Il loro uso è consentito soltanto per contrastare alcune patologie, come la narcolessia, il morbo di Parkinson e l'obesità e, per questo, è soggetto a ristrette prescrizioni mediche. Le amfetamine sono **sostanze psicoattive** che agiscono sul sistema nervoso centrale, provocando un'alterazione dei sensi e del comportamento. Sono potenti stimolanti che danno assuefazione, causando gravi danni cerebrali che possono portare alla morte.

Oltre al sistema nervoso centrale l'assunzione delle amfetamine ha diversi effetti anche sul metabolismo corporeo, sul sistema cardiocircolatorio e sul sistema respiratorio. Gli effetti sono dovuti al rilascio delle catecolammine, la dopamina e la noradrenalina, sostanze che normalmente sono prodotte dal nostro corpo per stimolare reazioni di risposta in caso di spavento o di forti emozioni.

Le amfetamine provocano un'alterazione della percezione della fatica, un incremento della pressione arteriosa, della frequenza cardiaca e del ritmo respiratorio. Agiscono sul metabolismo basale, alterando la termoregolazione e la percezione del sonno. Oltre a queste azioni le amfetamine provocano palpitazioni, aggressività, aritmie, senso di agitazione, stato confusionale e sudorazione abbondante. La loro neurotossicità provoca psicosi e degenerazione dei tessuti neuronali che possono portare alla morte.

Un problema sociale

Negli ultimi anni il consumo di amfetamine è diventato un fenomeno giovanile molto preoccupante. Si stima che il consumo di queste droghe riguardi quasi due milioni di persone in Europa, principalmente ragazzi in età adolescenziale. La diffusione di queste droghe riguarda soprattutto la **metilen-diossi-metamfetamina (MDMA)**, chiamata anche «ecstasy». È una droga sintetica derivata dall'amfetamina, che produce effetti stimolanti molto pericolosi che possono essere letali. L'MDMA agisce sulla serotonina, un importante neurotrasmettitore che regola il sonno, l'umore e l'appetito. L'assunzione anche di una sola pasticca può causare un'intossicazione acuta, provocando convulsioni, emorragie cerebrali, insufficienza renale acuta, danni permanenti al cervello e, infine, la morte. L'informazione, il dialogo e l'educazione alla salute sono i mezzi che abbiamo per prevenire gli abusi di stupefacenti e per contrastare il disagio sociale.

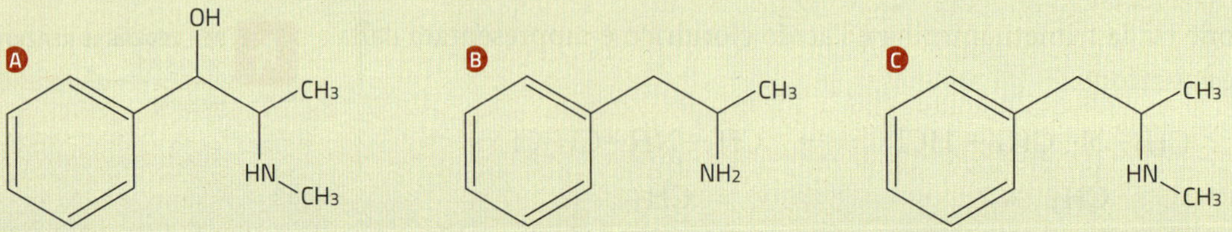

Figura Le molecole di A efedrina, B amfetamina e C metamfetamina.

34 I POLIMERI SONO MACROMOLECOLE FORMATE DA MONOMERI

I polimeri sono macromolecole a elevata massa molecolare costituite dalla ripetizione di unità molecolari elementari (**monomeri**) uguali o diverse, unite tra loro da legami covalenti.

I polimeri sono distinti in naturali e sintetici:

a. I polimeri **naturali**, con un ruolo biologico rilevante, sono i carboidrati (amido, glicogeno e cellulosa), le proteine e gli acidi nucleici (DNA, RNA), che rappresentano i costituenti fondamentali degli organismi viventi (*biomolecole*). Proteine e acidi nucleici sono eteropolimeri, cioè polimeri costituiti da due o più tipi di monomeri.

b. I polimeri **sintetici** sono prodotti attraverso una serie di reazioni di sintesi. I polimeri di sintesi hanno un ruolo molto importante nella vita quotidiana: polietilene, Teflon®, cellophane®, plexiglas®, nylon, fibre acriliche e poliuretano sono *materie plastiche* utilizzate in tantissimi beni di consumo (indumenti, contenitori, bottiglie, vernici, materiali per i veicoli e per l'edilizia).

I polimeri sintetici

Per rappresentare un polimero si utilizza la formula dell'**unità ripetente**, cioè il gruppo di atomi che viene ripetuto lungo la catena polimerica. Il numero *n* di unità ripetenti determina il grado di polimerizzazione del polimero. I polimeri si denominano premettendo il prefisso *poli-* al nome del monomero costituente. I polimeri possono essere distinti in *omopolimeri* e *copolimeri* (figura 22).

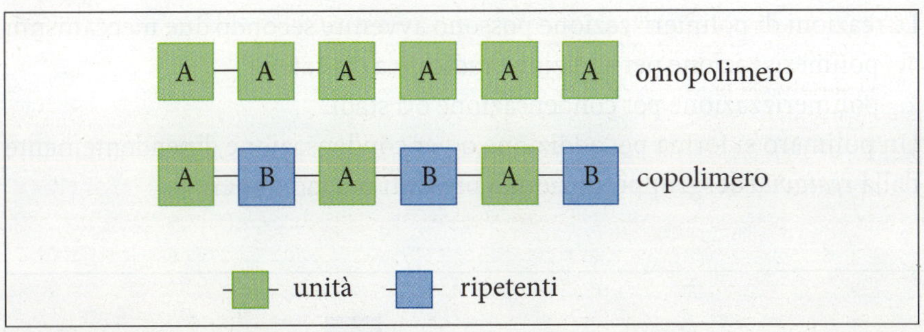

Figura 22 Gli omopolimeri e i copolimeri.

Gli omopolimeri

Un polimero costituito da un solo tipo di unità ripetente è un **omopolimero**.

La reazione di polimerizzazione dell'etilene porta alla formazione del polietilene (un omopolimero):

$$n\,CH_2{=}CH_2 \longrightarrow -(CH_2{-}CH_2)_n-$$

etilene → polietilene

L'etilene $CH_2{=}CH_2$ è il monomero, il gruppo atomico $-CH_2{-}CH_2-$ è l'unità ripetente, la ripetezione di *n* unità ripetenti legate tra loro a formare una lunga catena $-(CH_2{-}CH_2)_n-$ è il polimero (polietilene).

LE PAROLE

Un **monomero** (dal greco: *monos* = uno solo e *meros* = parte) è l'unità molecolare che si ripete nelle molecole polimeriche. Nei polisaccaridi (amido, glicogeno, cellulosa) il monomero è il glucosio.

I copolimeri

Un polimero costituito da due o più unità ripetenti diverse è un **copolimero**.

La reazione di polimerizzazione dello stirene e del butadiene porta alla formazione di un copolimero, la gomma stirene-butadiene (gomma SBR, dall'inglese *Styrene Butadiene Rubber*):

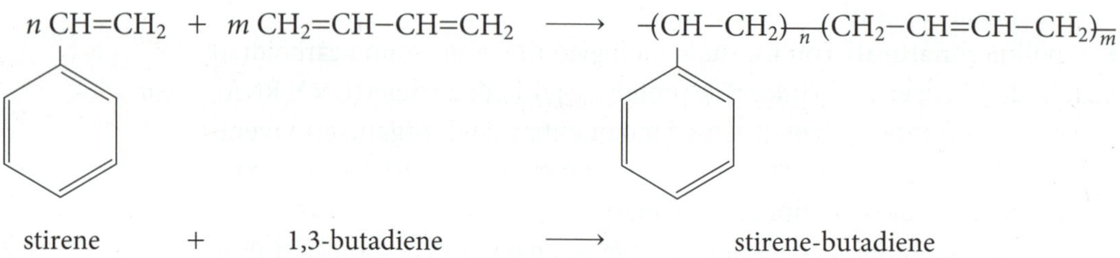

A seconda di come sono legate tra loro le unità monomeriche nella catena, si possono avere quattro tipi di copolimeri (figura **23**):

a. **random**, costituito da una sequenza casuale dei monomeri;
b. **alternato**, costituito da una sequenza di monomeri che si alternano nella catena;
c. **a blocchi**, costituito dall'alternarsi di blocchi in cui vi è un solo un tipo di monomero;
d. **a innesto**, costituito da una catena principale di un omopolimero a cui si legano catene di omopolimeri diversi.

35 LE REAZIONI DI POLIMERIZZAZIONE

Le reazioni di polimerizzazione possono avvenire secondo due meccanismi:

1. polimerizzazione per addizione radicalica o a catena;
2. polimerizzazione per condensazione o a stadi.

Un polimero si forma per addizione o per condensazione dipendentemente dalla *reattività* dei gruppi funzionali presenti nei monomeri.

Figura 23 I tipi di copolimeri

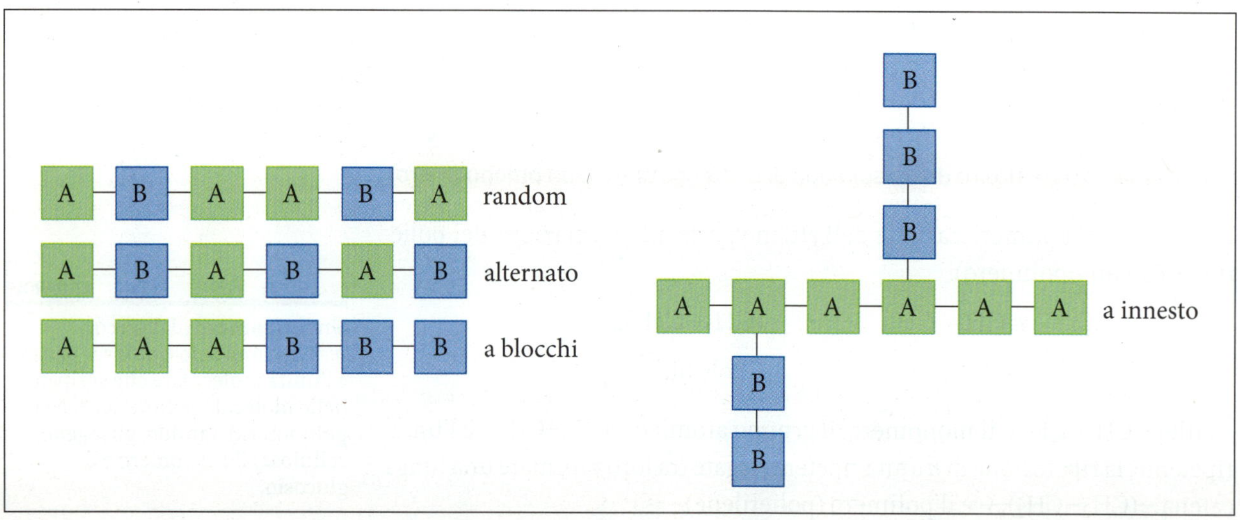

I polimeri di addizione radicalica

Nella **polimerizzazione per addizione radicalica** il polimero si forma per addizioni successive del monomero costituendo così una catena polimerica il cui allungamento procede di un'unità monomerica alla volta. I monomeri utilizzati per questo meccanismo sono generalmente molecole caratterizzate dalla presenza di doppi legami carbonio-carbonio (tabella **15**).

Monomero	Formula	Polimero
etilene	$CH_2{=}CH_2$	polietilene
stirene	$CH{=}CH_2$ 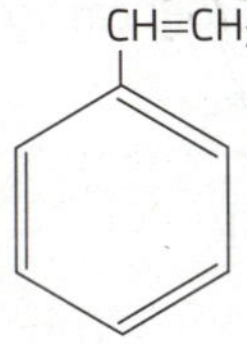	polistirene
metacrilato di metile	$CH_2{=}C(CH_3){-}COO{-}CH_3$	polimetacrilato di metile (plexiglas®)
cloruro di vinile	$CH_2{=}CHCl$	polivinilcloruro (PVC)
tetrafluoroetilene	$CF_2{=}CF_2$	politetrafluoroetilene (Teflon®)

Tabella 15 Alcuni polimeri ottenuti per polimerizzazione radicalica.

TI RICORDI?

Un **radicale** è un atomo o un gruppo atomico con un elettrone spaiato derivato dalla rottura omolitica di un legame covalente.

La polimerizzazione per addizione radicalica comporta l'addizione di radicali liberi.

I radicali per la presenza di un elettrone spaiato sono fortemente reattivi, per cui tendono a reagire con altre specie chimiche per raggiungere una configurazione stabile, mediante la formazione di un legame covalente.

I monomeri che polimerizzano per addizione radicalica sono composti con un doppio legame, perciò per avviare la polimerizzazione è necessario un **iniziatore radicalico** che generi radicali nel sistema di reazione.

Un **iniziatore radicalico** è una molecola che subisce facilmente una scissione omolitica, per effetto del calore o della luce (radiazione UV), generando radicali liberi.

Gli iniziatori radicalici sono composti instabili che possiedono un legame debole, per cui fornendo calore si ha la rottura omolitica del legame. Tipici iniziatori radicalici sono i perossidi organici, cioè composti in cui è presente il legame covalente tra due atomi di ossigeno –O–O–. Un esempio di reazione di polimerizzazione radicalica è quella che, partendo dall'etilene, porta alla formazione del polietilene. La polimerizzazione del polietilene avviene in tre stadi successivi:

TI RICORDI?

In un legame covalente si ha una **rottura omolitica** quando ciascuno dei due atomi trattiene uno degli elettroni precedentemente condivisi.

a. nello stadio d'*inizio*, fornendo calore, si ha la rottura omolitica del legame covalente tra i due atomi di ossigeno nella molecola del perossido organico, con formazione di due radicali:

$$R{-}O{-}O{-}R \xrightarrow{\Delta} R{-}O\cdot + \cdot O{-}R$$

TI RICORDI?

I **perossidi** sono ossidi in cui l'ossigeno ha n.o. uguale a −1. Nei perossidi ionici l'ossigeno è presente sotto forma di ione perossido O_2^{2-}; il perossido molecolare più noto è l'acqua ossigenata H_2O_2.

Un radicale RO•, molto reattivo, si addiziona al doppio legame carbonio-carbonio dell'etilene con formazione di un radicale del carbonio:

$$RO\cdot + CH_2{=}CH_2 \longrightarrow RO{-}CH_2{-}\dot{C}H_2$$

b. nello stadio di propagazione, il radicale del carbonio, essendo molto reattivo, reagisce con una nuova molecola di etilene per formare un nuovo radicale del carbonio con massa molecolare maggiore:

$$RO{-}CH_2{-}\dot{C}H_2 + CH_2{=}CH_2 \longrightarrow RO{-}CH_2{-}CH_2{-}CH_2{-}\dot{C}H_2$$

c. nello stadio di *terminazione*, due radicali del carbonio reagiscono tra loro con formazione del polietilene:

$$RO{-}(CH_2)_n{-}\dot{C}H_2 + \dot{C}H_2{-}(CH_2)_n{-}OR \longrightarrow RO{+}CH_2{-}CH_2{+}_{\overline{n}}OR$$

Il polimero che si forma presenta agli estremi della catena i gruppi di atomi provenienti dall'iniziatore radicalico. Gli atomi derivanti dall'iniziatore rappresentano una unità molto piccola rispetto al polimero e, per questo, non vanno ad alterare le proprietà del materiale ottenuto.

Le reazioni di polimerizzazione sono regolate da parametri quali la temperatura, la pressione, la concentrazione dei reagenti, tra i quali l'iniziatore radicalico. Attraverso un'opportuna regolazione di questi fattori è possibile modulare il grado di polimerizzazione del polimero finale e ottimizzare il processo di sintesi.

Oltre alla polimerizzazione radicalica, esistono altri due tipi di polimerizzazione per addizione:

a. la **polimerizzazione cationica**, in cui il monomero è rappresentato da un catione; per esempio l'isobutilene si forma per polimerizzazione di un carbocatione terziario;

b. la **polimerizzazione anionica**, in cui il monomero è, invece, rappresentato da un anione, generalmente un carboanione.

A COLPO D'OCCHIO

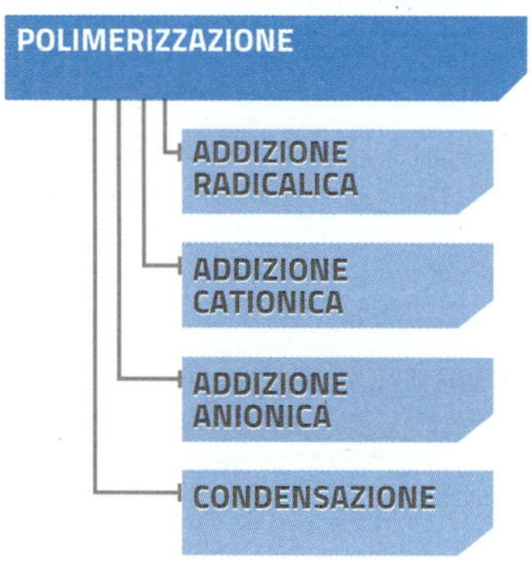

I polimeri di condensazione

I polimeri di condensazione si formano per reazione tra due monomeri diversi, ciascuno dei quali è almeno bifunzionale. La reazione produce l'eliminazione di molecole di acqua.

I monomeri utilizzati per la polimerizzazione per condensazione devono essere bifunzionali per permettere l'allungamento del polimero. A seconda dei gruppi funzionali presenti, i monomeri utilizzati in questo meccanismo sono diversi. I monomeri più comuni sono i dioli (alcoli con due gruppi −OH), gli acidi bicarbossilici o diacidi (acidi con due gruppi −COOH) e le diammine (ammine con due gruppi $-NH_2$).

Il nome del polimero di condensazione è costituito dal prefisso *poli-* e dal nome del gruppo funzionale risultante dalla reazione tra i monomeri (poliesteri, poliammidi). I polimeri di condensazione più noti hanno nomi commerciali, come nylon e PET (tabella **16**).

Monomero	Formula	Polimero
diolo + acido bicarbossilico ⟶ poliestere	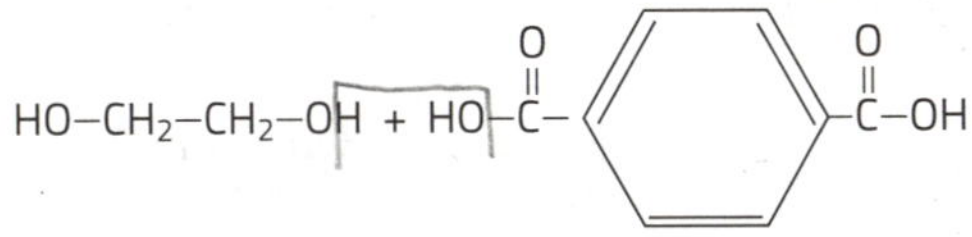 glicole etilenico + acido tereftalico	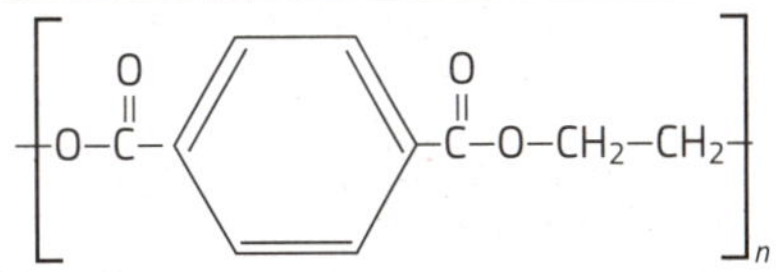 polietilentereftalato (PET)
diammina + acido bicarbossilico ⟶ poliammide	$H_2N{-}(CH_2)_6{-}NH_2 + HOOC{-}(CH_2)_4{-}COOH$ esametilendiammina + acido adipico	$H{-}[N(H){-}(CH_2)_6{-}N(H){-}C(=O){-}(CH_2)_4{-}C(=O)]_n{-}OH$ nylon 6,6

Tabella 16 Alcuni polimeri ottenuti per condensazione

La reazione di polimerizzazione per condensazione tra i gruppi funzionali dei due monomeri porta all'eliminazione di molecole di acqua. Grazie alla bifunzionalità di entrambi i monomeri, la polimerizzazione può proseguire agli estremi della catena, permettendo di allungare il polimero in entrambe le direzioni.

Il **PET** è un *poliestere* che si ottiene facendo reagire un diacido aromatico, l'acido tereftalico, con un diolo, il glicole etilenico. La reazione di esterificazione è rappresentata dalla seguente equazione:

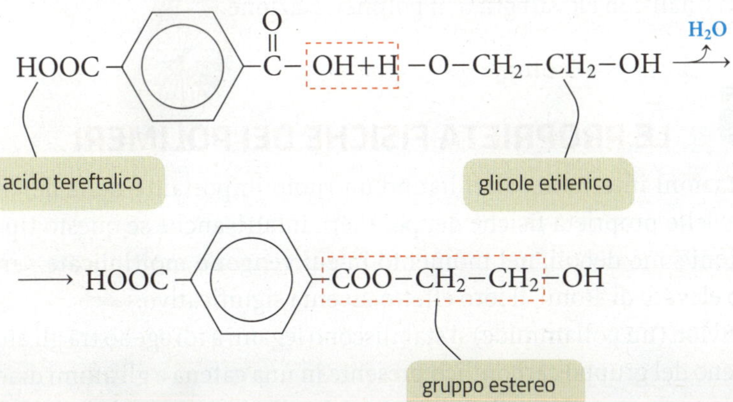

In seguito alla reazione tra il gruppo −COOH dell'acido e il gruppo −OH del glicole si forma un prodotto che alle estremità ha ancora un gruppo acido e un gruppo alcolico che possono reagire rispettivamente con una nuova molecola di glicole e una di acido. In tal modo la catena si allunga da entrambe le estremità e si forma un polimero:

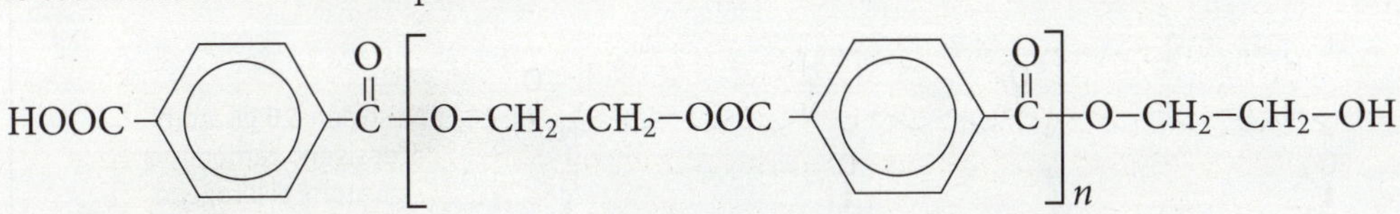

Il **nylon** è una poliammide che si ottiene facendo reagire un acido organico bifunzionale con un'ammina bifunzionale. Il nylon è un polimero molto diffuso che si ottiene dalla reazione tra l'acido adipico e l'esametilendiammina. Il primo monomero è un diacido con sei atomi di carbonio, mentre il secondo è una diammina anch'essa con sei atomi di carbonio: per questo motivo il nylon ottenuto da questi monomeri è chiamato nylon 6,6.

TI RICORDI?

I **glicoli** sono polioli (nello specifico *dioli*) caratterizzati dalla presenza nella molecola di due funzioni alcoliche adiacenti.

$$n\ HO-\overset{\overset{O}{\|}}{C}-CH_2-CH_2-CH_2-CH_2-\overset{\overset{O}{\|}}{C}-OH \quad + \quad n\ H_2N-CH_2-CH_2-CH_2-CH_2-CH_2-CH_2-NH_2 \longrightarrow$$

acido adipico — esametilendiammina

$$\longrightarrow \left[\overset{\overset{O}{\|}}{C}-CH_2-CH_2-CH_2-CH_2-\overset{\overset{O}{\|}}{C}-NH-CH_2-CH_2-CH_2-CH_2-CH_2-CH_2-NH\right]_n + n\ H_2O$$

nylon 6,6

Figura 24 Il nylon Le ammidi sono il prodotto di partenza nella preparazione di composti sintetici quali il nylon.

TI RICORDI?

Le **interazioni intermolecolari** sono deboli forze di tipo elettrostatico che si stabiliscono tra molecole polari o apolari. Sono interazioni intermolecolari il legame a idrogeno e le interazioni dipolo-dipolo.

I nylon sono polimeri molto versatili (figura **24**) che sono utilizzati per la produzione di materiali delicati (calze da donna), resistenti (tappeti) o duri (guarnizioni).

A differenza dei polimeri per addizione, quelli ottenuti per condensazione si formano a *stadi*, cioè i monomeri non si addizionano uno alla volta, ma diverse catene in allungamento si legano tra loro a formare una macromolecola più grande. Inoltre, non essendo coinvolti radicali (gruppi atomici molto reattivi), le reazioni di polimerizzazione per condensazione sono tendenzialmente più lente e, pertanto, sono necessari tempi più lunghi per ottenere polimeri finali con elevati gradi di polimerizzazione.

36 LE PROPRIETÀ FISICHE DEI POLIMERI

Le interazioni intermolecolari hanno un ruolo importante nella determinazione delle proprietà fisiche dei polimeri. Infatti, anche se questo tipo di interazioni sono deboli, nel momento in cui vengono moltiplicate per un numero elevato di atomi, il loro effetto diventa significativo.

Nel nylon (un poliammide) si stabiliscono legami a idrogeno tra gli atomi di ossigeno del gruppo carbonilico presente in una catena e gli atomi di idrogeno del gruppo amminico della catena vicina (figura **25**).

Le interazioni tra le catene determinano *forze di coesione* responsabili, a livello macroscopico, dell'ottenimento di un materiale facilmente lavorabile ma resistente.

Figura 25 I legami a idrogeno tra le catene di nylon 6,6

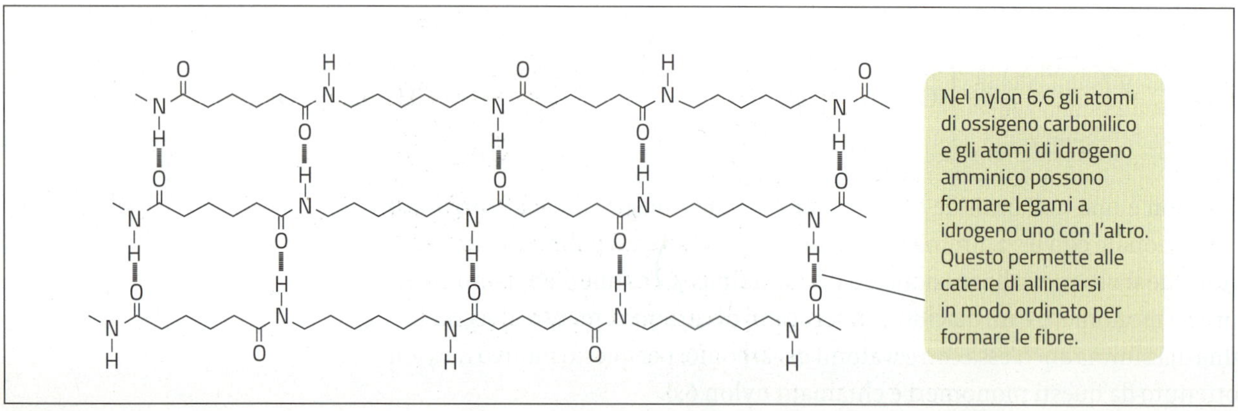

Le proprietà dei polimeri dipendono dai gruppi funzionali presenti, dalla lunghezza della macromolecola e dai legami tra le catene, fattori che determinano complessivamente la struttura microscopica della macromolecola e che si riflettono nelle caratteristiche macroscopiche del materiale.

I polimeri sono anche classificati a seconda delle proprietà dei materiali finali che vanno a costituire. I polimeri filabili, cioè che possono essere ottenuti in fili, sono detti **fibre**. I polimeri, invece, che possono aumentare la loro lunghezza e ritornare alla lunghezza originaria comportandosi in modo elastico sono detti **elastomeri**. Le materie plastiche la cui lavorabilità cambia a seconda della temperatura sono dette nelle **resine sintetiche**. I polimeri in cui l'aumento della temperatura porta alla loro fusione sono detti **resine termoplastiche**. Nelle **resine termoindurenti**, il riscaldamento determina la reticolazione tra le catene, provocando l'indurimento irreversibile del materiale.

37 L'IMPORTANZA DEI POLIMERI NELL'INDUSTRIA E IN NATURA

L'industria dei polimeri ha permesso la diffusione delle materie plastiche in larga scala e ha contribuito al loro utilizzo in tantissimi settori. Le materie plastiche hanno cambiato la vita di tutti noi, permettendoci di avere oggetti più pratici, meno costosi, più leggeri, e di sostituire materiali come il legno, i metalli e la ceramica (figura **26**).

I polimeri sintetici si ottengono da monomeri derivati dal petrolio. Dopo la raffinazione, il petrolio viene lavorato per ottenere i «mattoni» necessari per l'industria chimica. Attraverso vari processi petrolchimici gli idrocarburi fossili vengono trasformati nei monomeri, che diventano quindi i reagenti per la produzione delle materie plastiche.

I polimeri con cui veniamo in contatto tutti i giorni non sono semplici macromolecole ma sono materiali complessi che devono essere prodotti seguendo un'attenta lavorazione. Tutte le materie plastiche che usiamo, infatti, raramente sono pure. Per conferire le proprietà necessarie a seconda degli usi

Figura 26 Alcuni esempi di materie plastiche.

specifici, ai polimeri vengono aggiunti degli additivi che possono avere diverse funzioni. Si possono aggiungere dei rinforzanti per migliorare le proprietà meccaniche, dei coloranti per conferire una colorazione a un materiale che altrimenti sarebbe trasparente, oppure si possono aggiungere stabilizzanti per rendere i polimeri ignifughi o per rallentare la degradazione dovuta all'esposizione alla luce.

I polimeri sintetici hanno permesso di «imitare» alcuni polimeri naturali. Per esempio le gomme sintetiche imitano il comportamento elastico del caucciù, una macromolecola naturale a base di poliisoprene contenuta nel lattice

PER SAPERNE DI PIÙ

Le configurazioni R e S degli enantiomeri

Nelle molecole con uno stereocentro si ha l'**isomeria ottica** o **enantiomeria**. Gli enantiomeri presentano due tipi di configurazioni denominate **R** e **S**. Per stabilire il tipo di configurazione si deve assegnare la priorità agli atomi o gruppi atomici legati allo stereocentro e poi osservare la loro posizione relativa.

Applicazione delle regole di sequenza

Per stabilire la priorità degli atomi o dei gruppi atomici legati allo stereocentro, si devono applicare le seguenti regole di sequenza:

1. si ordinano gli atomi legati allo stereocentro secondo il numero atomico decrescente (maggiore è il numero atomico e più alta è la priorità). Nell'1-bromo-1-cloroetano si ha che la priorità più alta è del bromo e quella più bassa dell'idrogeno:

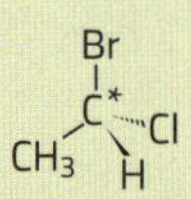

$Br > Cl > C > H$

2. se non è possibile assegnare la priorità più alta perché due o più atomi legati allo stereocentro hanno lo stesso numero atomico, si deve procedere fino a quando non si trova una differenza. Per esempio, il gruppo etile ($-CH_2-CH_3$) ha priorità più alta rispetto al metile (CH_3).

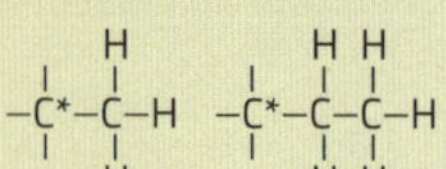

$-CH_2-CH_3 > -CH_3$

Il gruppo $-O-CH_3$ ha priorità maggiore rispetto a $-O-H$:

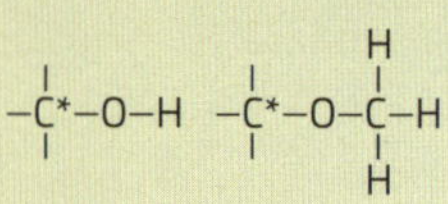

$-O-CH_3 > -O-H$

3. se allo stereocentro sono legati atomi che presentano legami multipli, questi si considerano equivalenti a un numero uguale di legami semplici. Il doppio legame tra due atomi di carbonio equivale a due legami semplici per ogni atomo di carbonio:

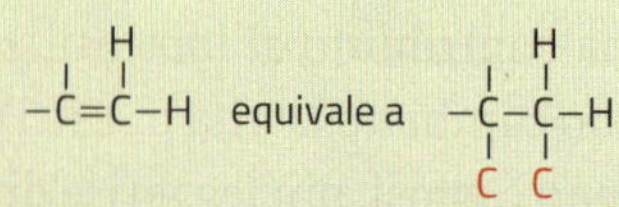

Il triplo legame tra due atomi di carbonio equivale a tre legami semplici per ogni atomo di carbonio:

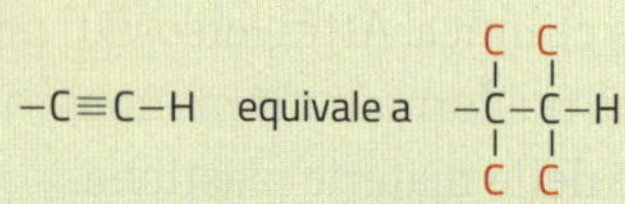

Il doppio legame tra un atomo di carbonio e uno di ossigeno equivale a due legami semplici per ognuno dei due atomi.

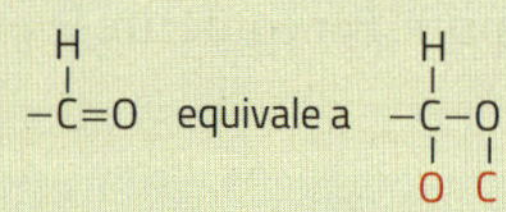

Determinazione della configurazione

Indicati con a, b, c, d gli atomi (o i gruppi atomici) legati allo stereocentro, ammettiamo che l'ordine di priorità sia: $a > b > c > d$. A questo punto si osserva lo stereocentro dalla parte opposta a quello in cui è situato il gruppo con priorità minore (d). Sulla base della priorità dei tre gruppi rimanenti ($a > b > c$) si stabilisce se la configurazione dell'enantiomero è R o S.

1. Se per andare dal gruppo a priorità maggiore (a) a quello a priorità minore (c), passando attraverso b, si procede in senso **orario**, ovvero verso *destra*, la configurazione è R (dal latino: *rectus* = destro):

di alcune piante. L'avvento delle gomme sintetiche SBR (*Styrene Butadiene Rubber*) ha permesso di sostituire la gomma naturale in alcuni applicazioni, per esempio negli pneumatici dei veicoli.

Le macromolecole sintetiche e quelle naturali sono quindi due mondi molto vicini.

Le proprietà dei polimeri si ripresentano anche nelle biomolecole biologiche, con l'unica differenza che l'origine di queste ultime è completamente naturale e che la loro sintesi è regolata dal metabolismo cellulare, come vedremo nei capitoli seguenti.

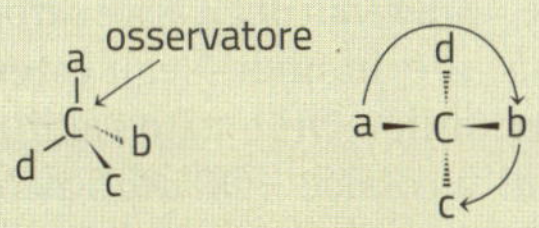

configurazione R

2. Se per andare dal gruppo a priorità maggiore (a) a quello a priorità minore (c), passando attraverso (b), si procede in senso **antiorario**, ovvero verso *sinistra*, la configurazione è S (dal latino: *sinister* = sinistro):

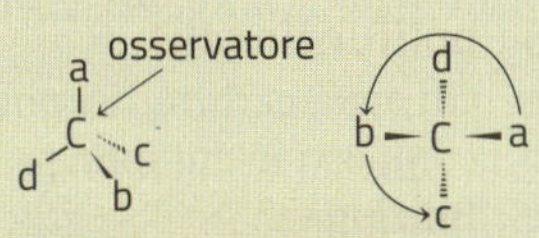

configurazione S

L'acido (–)-lattico e la (–)-gliceraldeide hanno, rispettivamente, configurazione R e S.

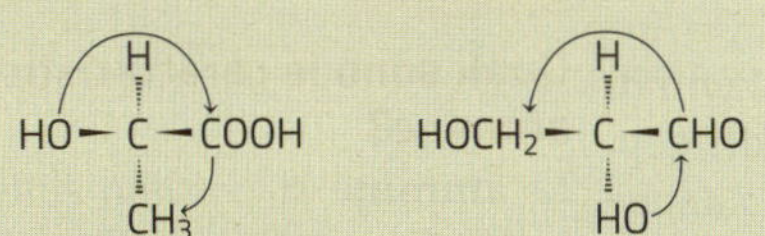

acido (R)-(–)-lattico (S)-(–)-gliceraldeide

Non esiste quindi nessuna relazione tra il segno di rotazione ottica (+ o –) e la configurazione (R o S) dell'enantiomero.

Proviamo ora a determinare la configurazione del 3-metilesano.

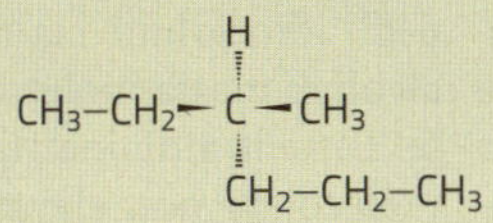

Si assegna l'ordine di priorità dei quattro gruppi atomici legati allo stereocentro:

$-CH_2-CH_2-CH_3 > -CH_2-CH_3 > -CH_3 > H$

per andare dal gruppo a priorità maggiore a quello a priorità minore si deve procedere i senso orario, e quindi la configurazione è R.

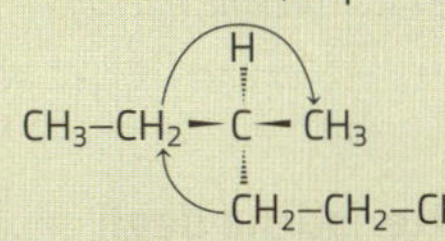

Il nome completo è (R)-3-metilesano.

Proviamo ora a rappresentare la struttura tridimensionale dell'(R)-2-bromobutano.

Si rappresenta la formula razionale e si assegna l'ordine di priorità.

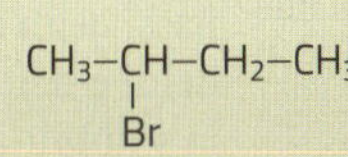

$Br > -CH_2-CH_3 > -CH_3 > H$

Si dispone l'atomo di idrogeno (priorità minore) in alto nella struttura tridimensionale e gli altri tre gruppi in senso orario (R).

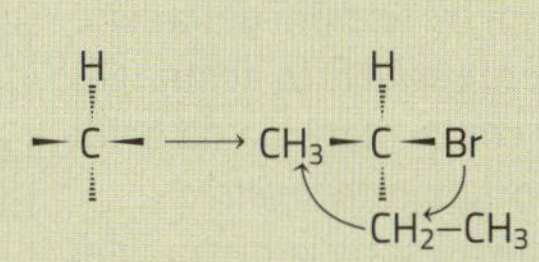

Anche disponendo il gruppo a priorità maggiore in uno degli altri due legami, la configurazione risulta sempre R.

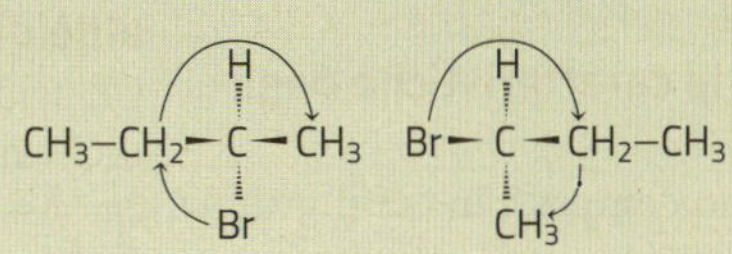

FACCIAMO IL PUNTO

LO SAI? RIPASSA CON LO SMARTPHONE

Quali sono le caratteristiche degli alogenuri alchilici?

Gli **alogenuri alchilici** sono composti organici in cui uno o più atomi di alogeni sono direttamente legati a uno o più atomi di carbonio di un alcano.

Le reazioni di sintesi più comuni sono l'*addizione elettrofila* di acidi alogenidrici o di alogeni agli alcheni e la *sostituzione nucleofila* tra alcoli e acidi alogenidrici.

Gli alogenuri alchilici sono *insolubili* in acqua e hanno *punti di ebollizione* più alti rispetto a quelli degli idrocarburi con lo stesso numero di atomi di carbonio.

Il legame carbonio-alogenoè polarizzato, l'atomo di carbonio con una parziale carica positiva può essere pertanto attaccato o da un agente nucleofilo per dare origine a due tipi di reazione (*sostituzione nucleofila* ed *eliminazione*).

Quali sono le caratteristiche degli alcoli?

Gli **alcoli** hanno il gruppo funzionale ossidrile legato a un atomo di carbonio ibridato sp^3.

Le *reazioni di sintesi* più comuni degli alcoli sono l'*idratazione degli alcheni* (in ambiente acido) e la *riduzione di aldeidi* e *chetoni* che porta rispettivamente alla formazione di alcol primari e secondari.

Gli alcoli hanno *punti di ebollizione* più alti degli idrocarburi, degli alogenuri alchilici e degli eteri aventi massa molecolare corrispondente. I primi tre termini della serie sono completamente *solubili* in acqua. Gli alcoli si possono comportare sia da acidi sia da basi (comportamento *anfotero*).

Le reazioni degli alcoli sono la rottura del legame (legami $-O-H$ e $-C-O$) e la reazione di ossidazione.

Quali sono le caratteristiche degli eteri?

Gli **eteri** sono composti in cui il gruppo funzionale è un atomo di ossigeno legato a due gruppi organici (alchilici o arilici). Si presentano sotto forma di liquidi, incolori e volatili; data la loro debole polarità hanno bassi punti di ebollizione ma una solubilità simile a quella degli alcoli.

Sono relativamente inerti nei confronti dei reagenti chimici, tuttavia, in seguito a riscaldamento prolungato in soluzioni acquose concentrate di acidi alogenidrici, si ha la rottura dei legami carbonio-ossigeno (reazione di scissione).

Quali sono le caratteristiche dei fenoli?

I **fenoli** sono composti organici in cui un atomo o più atomi di idrogeno del fenolo è sostituito con uno o più atomi o gruppi atomici. I fenoli formano legami a idrogeno intermolecolari, per cui hanno *punti di ebollizione* elevati ma sono *poco solubili* per la presenza dell'anello aromatico *idrofobico*. In acqua, si comportano da acidi e possono reagire con basi forti (*reazione di rottura del legame*) per dare composti detti *fenossidi*.

Quali sono le caratteristiche delle aldeidi e dei chetoni?

Le **aldeidi** e i **chetoni** sono composti caratterizzati dalla presenza del gruppo funzionale **carbonile**. Questo è costituito da un atomo di carbonio ibridato sp^2 e da un atomo di ossigeno, legati da un doppio legame.

I composti carbonilici hanno *punti di ebollizione* più alti degli idrocarburi, ma più bassi degli alcoli. I primi termini delle aldeidi e dei chetoni sono *solubili* in acqua; la solubilità diminuisce all'*aumentare della massa molecolare*.

I composti carbonilici danno reazioni di addizione nucleofila con rottura del doppio legame carbonio-ossigeno, ma anche reazioni di riduzione e di ossidazione.

Le aldeidi reagiscono con particolari reattivi (reattivo di Fehling o reattivo di Tollens) usati come saggi di laboratorio.

Quali sono le caratteristiche delle aldeidi e dei chetoni?

Gli acidi carbossilici sono composti organici caratterizzati dal gruppo funzionale carbossilico o **carbossile**, che è costituito da due gruppi funzionali, il gruppo carbonile e il gruppo ossidrile.

A temperatura ambiente i primi quattro termini degli acidi carbossilici sono allo stato *liquido*, i termini superiori sono allo stato *solido*. Formano legami a idrogeno intermolecolari, per cui i *punti di ebollizione* sono alti, e legami a idrogeno con l'acqua, per cui questi composti sono *solubili* in acqua.

Gli acidi carbossilici in acqua si dissociano liberando uno ione idrogeno H^+ con formazione di un anione carbossilato.

Gli acidi carbossilici danno due tipi di reazioni: di rottura del legame e di sostituzione nucleofila.

Quali sono i derivati degli acidi carbossilici?

I derivati degli acidi carbossilici sono esteri e ammidi. Negli **esteri** il gruppo ossidrile $-OH$ è stato sostituito con il gruppo alcossido $-OR$ degli alcoli; nelle **ammidi** sono derivati degli acidi carbossilici, nei quali il gruppo ossidrile è stato sostituito dal gruppo dell'ammoniaca o dal gruppo $-NHR$ oppure $-NR_2$ di un'ammina primaria o secondaria.

Che cosa sono gli acidi carbossilici polifunzionali?

Gli acidi carbossilici polifunzionali sono composti in cui sono presenti due gruppi funzionali.

Gli **idrossoacidi** sono composti caratterizzati dal gruppo ossidrile e dal gruppo carbossilico, i **chetoacidi** dal gruppo carbonile e dal gruppo carbossilico.

Quali sono le caratteristiche delle ammine?

Le **ammine** si possono considerare formalmente derivati dall'ammoniaca, per sostituzione di uno o più atomi di idrogeno con uno o più gruppi alchilici (ammine alifatiche) o arilici (ammine aromatiche).

La reazione di *sintesi* più comune per ottenere le ammine alifatiche è la *riduzione delle ammidi*.

I *punti di ebollizione* sono più alti di quelli degli idrocarburi ma non di quelli degli alcoli di massa molecolare corrispondente. Tutte le ammine alifatiche, con massa molecolare non elevata, sono *solubili* in acqua e hanno un comportamento *basico*.

Il gruppo amminico in presenza di un acido forte può acquistare un atomo di idrogeno e formare sali di alchilammonio (*reazione di salificazione*).

A3 ESERCIZI

ZTE ONLINE
Mettiti alla prova
con 20 esercizi interattivi

VERIFICA LE TUE CONOSCENZE

GLI ALOGENURI ALCHILICI

1 **Indica il nome corretto del composto**

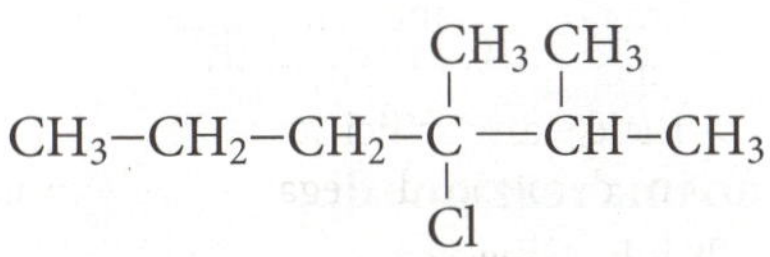

Ⓐ 3-cloro-2,3-dimetilesano
Ⓑ 2,3-dimetil-3-cloroesano
Ⓒ 4-cloro-4,5-dimetilesano
Ⓓ 4,5-dimetil-4-cloroesano

2 **La formula razionale di un cloruro alchilico secondario è**

Ⓐ $CH_3-CH_2-CH_2-CH_2Cl$
Ⓑ $CH_3-CH_2-CHCl-CH_3$
Ⓒ 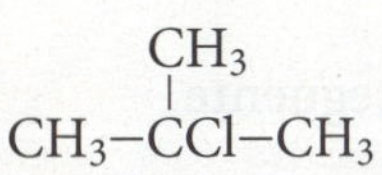
Ⓓ 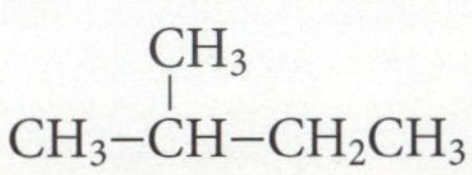

3 **Qual è il corretto ordine crescente del punto di ebollizione per i seguenti composti?**

1. CH_3-CH_2Br
2. CH_3-CH_2I
3. CH_3-CH_2F
4. CH_3-CH_2Cl

Ⓐ 3 < 4 < 2 < 1
Ⓑ 4 < 3 < 1 < 2
Ⓒ 3 < 4 < 1 < 2
Ⓓ 2 < 1 < 4 < 3

4 **La reazione di sostituzione nucleofila con meccanismo S_N2**

Ⓐ avviene in due stadi e prevede la partecipazione di un solo reagente
Ⓑ è favorita da un alogenuro alchilico terziario
Ⓒ è favorita da un nucleofilo debole
Ⓓ avviene in un solo stadio e prevede la partecipazione di due reagenti

5 **Il prodotto della reazione di eliminazione è**

Ⓐ un alchene
Ⓑ un etere
Ⓒ un estere
Ⓓ un'aldeide

GLI ALCOLI

6 **Il pentanolo è un alcol che possiede**

Ⓐ cinque atomi di carbonio
Ⓑ quattro atomi di carbonio e un gruppo ossidrile
Ⓒ cinque gruppi ossidrili
Ⓓ cinque atomi di carbonio e un gruppo ossidrile

7 **Un alcol si dice terziario quando**

Ⓐ contiene tre atomi di carbonio
Ⓑ contiene tre gruppi ossidrili
Ⓒ il gruppo ossidrile è legato a un atomo di carbonio terziario
Ⓓ il gruppo ossidrile è legato al terzo atomo di carbonio del composto

8 **Il prodotto della reazione di disidratazione in ambiente acido del propanolo è il**

Ⓐ propene
Ⓑ propanone
Ⓒ propanale
Ⓓ propano

9 **Un chetone si ottiene dalla ossidazione di un**

Ⓐ alcol primario o secondario
Ⓑ alcol secondario
Ⓒ alcol terziario
Ⓓ alcol secondario o terziario

10 **Qual è l'ordine di basicità crescente per i seguenti alcoli?**

1. 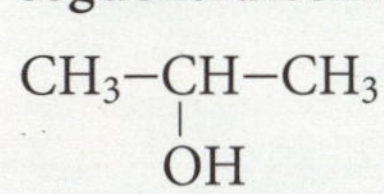
2. $CH_3-CH_2-CH_2-OH$
3. 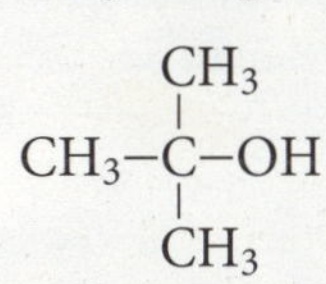

Ⓐ 2 < 1 < 3
Ⓑ 1 < 2 < 3
Ⓒ 3 < 1 < 2
Ⓓ 1 < 3 < 2

GLI ETERI

11 **Indica il nome corretto del composto**

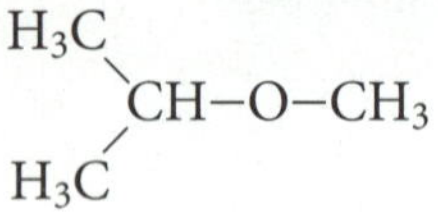

Ⓐ 2,3-dimetil etil etere
Ⓑ metil isopropil etere
Ⓒ etil-2,3-dimetil etere
Ⓓ isopropil metil etere

12 **Qual è il corretto ordine decrescente del punto di ebollizione per i seguenti composti?**

1. CH_3-CH_2-OH
2. CH_3-O-CH_3
3. $CH_3-CH_2-CH_3$

Ⓐ 3 > 2 > 1
Ⓑ 1 > 2 > 3
Ⓒ 2 > 1 > 3
Ⓓ 3 > 1 > 2

13 **Qual è l'ordine crescente di solubilità per i seguenti composti?**

1. $CH_3-CH_2-O-CH_2-CH_3$
2. CH_3-O-CH_3
3. $CH_3-CH_2-O-CH_3$

Ⓐ 3 < 2 < 1
Ⓑ 2 < 3 < 1
Ⓒ 1 < 3 < 2
Ⓓ 2 < 1 < 3

14 **I prodotti della reazione di rottura del legame C–O di un etere in presenza di un acido alogenideico, sono**

Ⓐ alogenuro alchilico e aldeide
Ⓑ alogenuro alchilico e chetone
Ⓒ alogenuro alchilico e alcol
Ⓓ alchene e chetone

I FENOLI

15 **Indica qual è il nome comune del composto**

Ⓐ *p*-metilfenolo
Ⓑ *p*-cresolo
Ⓒ *p*-metilidrossibenzene
Ⓓ 4-metilfenolo

16 **I fenoli in acqua hanno un comportamento chimico**

Ⓐ basico
Ⓑ acido
Ⓒ anfotero
Ⓓ neutro

17 **Relativamente alla solubilità in acqua, i fenoli sono**

Ⓐ poco solubili
Ⓑ solubili
Ⓒ molto solubili
Ⓓ insolubili

18 **I fenoli danno una reazione di:**

Ⓐ rottura del legame C–O
Ⓑ addizione elettrofila
Ⓒ riduzione
Ⓓ rottura del legame O–H

19 **Un composto fenolico che funziona da antiossidante naturale è la vitamina**

Ⓐ C Ⓑ D Ⓒ E Ⓓ A

LE ALDEIDI E I CHETONI

20 **Qual è il nome corretto del seguente composto?**

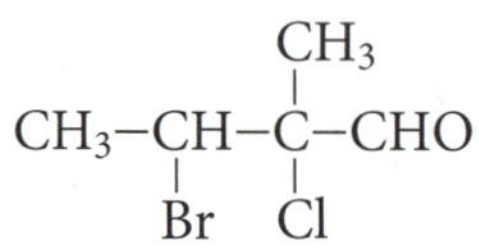

Ⓐ 2-cloro-2-metil-3-bromobutanale
Ⓑ 3-bromo-2-cloro-2-metilbutanale
Ⓒ 2-bromo-2-cloro-2-metilbutanale
Ⓓ 3-bromo-3-metil-3-clorobutanale

21 **Gli isomeri di posizione dell'eptanone sono**

Ⓐ 2
Ⓑ 5
Ⓒ 4
Ⓓ 3

22 **Il prodotto dell'ossidazione di un'aldeide è un**

Ⓐ alcol primario
Ⓑ alcol secondario
Ⓒ acido carbossilico
Ⓓ estere

23 **Qual è l'ordine crescente del punto di ebollizione per i seguenti composti?**

1. $CH_3-CH_2-CH_2-CH_3$
2. $CH_3-CH_2-CH_2-CHO$

3. $CH_3{-}CH_2{-}CH_2{-}CH_2{-}OH$

Ⓐ $1 < 3 < 2$ Ⓒ $3 < 2 < 1$

Ⓑ $1 < 2 < 3$ Ⓓ $2 < 3 < 1$

24 In un composto carbonilico la forma chetonica e la forma enolica differiscono per la posizione di

Ⓐ un atomo di idrogeno

Ⓑ un atomo di idrogeno e un doppio legame

Ⓒ un doppio legame

Ⓓ un gruppo –OH e un doppio legame

25 Quale, tra le seguenti coppie di composti, può essere usata per ottenere un alcol primario?

Ⓐ aldeide e riducente Ⓒ chetone e riducente

Ⓑ aldeide e ossidante Ⓓ chetone e ossidante

26 Quale tra le seguenti formule molecolari rappresenta sia un'aldeide sia un chetone?

Ⓐ C_3H_7O Ⓒ $C_3H_6O_2$

Ⓑ C_2H_6O Ⓓ C_4H_8O

27 Il prodotto della reazione di ossidazione di un alcol secondario è un

Ⓐ acido carbossilico Ⓒ aldeide

Ⓑ chetone Ⓓ etere

28 In una reazione tra un'aldeide e il reattivo di Fehling si ha

Ⓐ l'ossidazione di ioni Cu^{+}

Ⓑ la riduzione di ioni Ag^{+}

Ⓒ la riduzione di ioni Cu^{2+}

Ⓓ l'ossidazione di atomi di Ag

GLI ACIDI CARBOSSILICI

29 Il prodotto della reazione di rottura del legame O–H di un acido carbossilico è un

Ⓐ sale Ⓒ ammide

Ⓑ estere Ⓓ etere

30 Qual è l'ordine decrescente del punto di ebollizione per i seguenti composti?

1. 1-propanolo

2. acido etanoico

3. *n*-butano

Ⓐ $2 > 1 > 3$ Ⓒ $3 > 1 > 2$

Ⓑ $1 > 2 > 3$ Ⓓ $1 > 3 > 2$

31 Qual è l'ordine decrescente di acidità per i seguenti composti?

1. $CH_3{-}CH_2{-}COOH$

2. $CH_3{-}CHF{-}COOH$

3. $CH_2F{-}CH_2{-}COOH$

Ⓐ $2 > 1 > 3$ Ⓒ $1 > 2 > 3$

Ⓑ $2 > 3 > 1$ Ⓓ $3 > 2 > 1$

32 La formula condensata dell'acido ottadecanoico è

Ⓐ $CH_3(CH_2)_8COOH$

Ⓑ $CH_3(CH_2)_{18}COOH$

Ⓒ $CH_3(CH_2)_{16}COOH$

Ⓓ $CH_3(CH_2)_6(CH_2)_{10}COOH$

33 Quale dei seguenti composti, per ossidazione, fornisce un acido carbossilico?

Ⓐ chetone Ⓒ alcol terziario

Ⓑ alcol secondario Ⓓ aldeide

I DERIVATI DEGLI ACIDI CARBOSSILICI E GLI ACIDI CARBOSSILICI POLIFUNZIONALI

34 Le ammidi sono composti con un comportamento chimico

Ⓐ acido Ⓒ basico

Ⓑ neutro Ⓓ anfotero

35 Indica il nome IUPAC del seguente composto

$$CH_3{-}CH_2{-}COO{-}\overset{\displaystyle CH_3}{\underset{\displaystyle CH_3}{C}}{-}CH_3$$

Ⓐ propionato di *terz*-butile

Ⓑ metanoato di metile

Ⓒ etanoato di *terz*-butile

Ⓓ propanoato di *terz*-butile

36 **Indica il nome IUPAC corretto del composto**

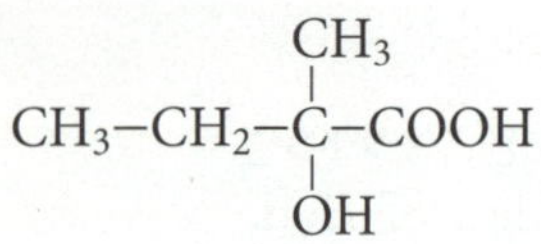

Ⓐ acido 2-metil-2-idrossibutanoico

Ⓑ acido 3-idrossi-3-metilbutanoico

Ⓒ acido 2-idrossi-2-metilbutanoico

Ⓓ acido 3-metil-3-idrossibutanoico

37 **I derivati degli acidi carbossilici si ottengono con una reazione di**

Ⓐ sostituzione nucleofila acilica

Ⓑ sostituzione elettrofila

Ⓒ addizione nucleofila acilica

Ⓓ addizione elettrofila

38 **L'acido piruvico è il prodotto finale del processo della**

Ⓐ fermentazione alcolica

Ⓑ fermentazione lattica

Ⓒ glicolisi

Ⓓ respirazione cellulare

LE AMMINE

39 **La formula razionale del composto *N*-etil-*N*-metilamminopropano è**

Ⓐ 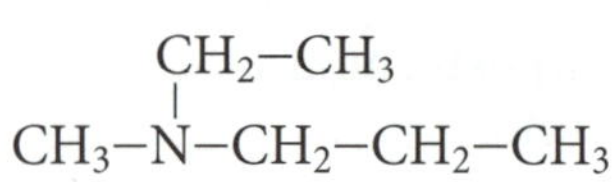

Ⓑ 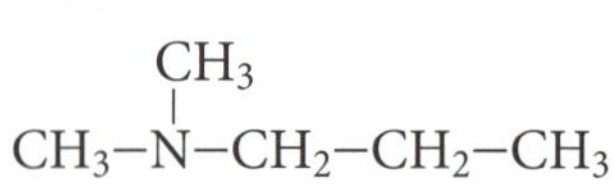

Ⓒ 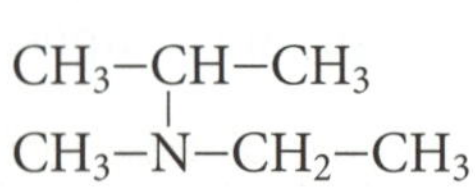

Ⓓ 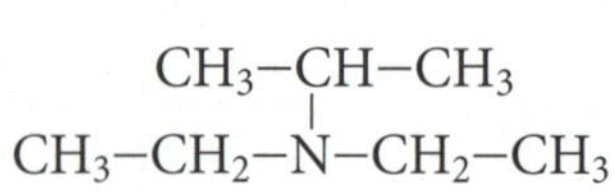

40 **Le ammine sono composti che hanno un comportamento chimico**

Ⓐ acido

Ⓑ basico

Ⓒ neutro

Ⓓ anfotero

41 **Qual è l'ordine decrescente del punto di ebollizione per i seguenti composti?**

1. $CH_3-CH_2-NH_2$
2. $CH_3-CH_2-NH-CH_2-CH_3$
3. NH_3

Ⓐ $2 > 1 > 3$

Ⓑ $1 > 2 > 3$

Ⓒ $3 > 1 > 2$

Ⓓ $1 > 3 > 2$

42 **Qual è l'ordine di basicità crescente per i seguenti composti?**

1. $CH_3-NH-CH_3$
2. CH_3-NH_2
3. NH_3
4. 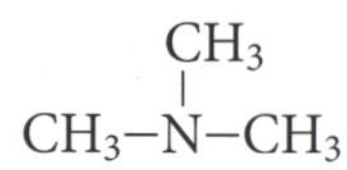

Ⓐ $3 < 4 < 2 < 1$

Ⓑ $4 < 1 < 2 < 3$

Ⓒ $2 < 1 < 3 < 4$

Ⓓ $3 < 4 < 1 < 2$

43 **Quale tra le seguenti coppie di composti porta alla formazione di un sale di alchilammonio?**

Ⓐ un'ammina e un alogenuro alchilico

Ⓑ un'ammina e un acido alogenidrico

Ⓒ un'ammina e un alchino

Ⓓ un'ammina e un alcano

I POLIMERI

44 **Relativamente all'etene, indica quali delle seguenti affermazioni sono vere**

1. è un alchene
2. è l'unità ripetente del polietilene
3. ha gli atomi di carbonio ibridati sp^3
4. presenta isomeria geometrica
5. si ottiene per disidratazione dell'etanolo

Ⓐ 1, 2, 5

Ⓑ 2, 3, 4

Ⓒ 2, 4, 5

Ⓓ 1, 2, 3

45 **Il polimero costituito da una catena principale a cui si legano catene laterali è un copolimero**

Ⓐ random

Ⓑ alternato

Ⓒ a blocchi

Ⓓ a innesto

46 **Il nylon è una poliammide che si ottiene mediante reazione di polimerizzazione**

Ⓐ radicalica
Ⓑ per condensazione
Ⓒ cationica
Ⓓ anionica

47 **Il PET è un poliestere che si ottiene dalla reazione di polimerizzazione tra**

Ⓐ un diolo e un diacido
Ⓑ un diacido e una diammina
Ⓒ un diolo e una diammina
Ⓓ un alcol e un acido carbossilico

VERIFICA LE TUE ABILITÀ

48 **Rappresenta la formula razionale dei seguenti composti.**

a. 2-clorobutano
b. 1-bromopentano
c. 1,2,2-triclorobutano
d. 4-cloro-3-etil-2-metilesano
e. 3-etil-2-iodo-4-metileptano
f. ioduro di *terz*-butile
g. bromuro di isopropile
h. 2-bromo-3-cloro-4-metilesano
i. 1,3,5-tricloro-2,2-dimetilpentano
j. ioduro di *sec*-butile

49 **Assegna il nome IUPAC ai seguenti composti.**

a. $CH_2Br-CH_2-CH_3$
b. $CH_3-CHCl-CH_2-CH_2-CH_3$
c. $CH_3-CHCl-CCl_2-CH_2-CH_3$
d. 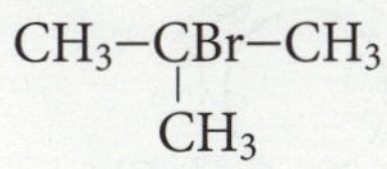
e. 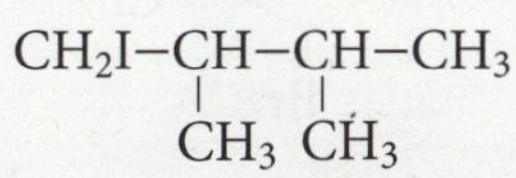
f. 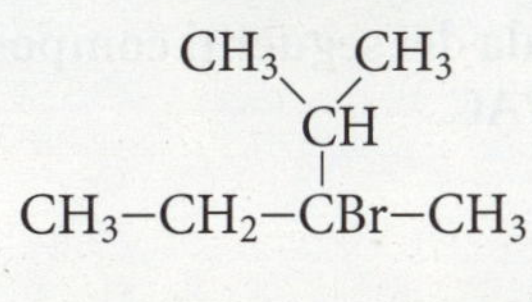
g. 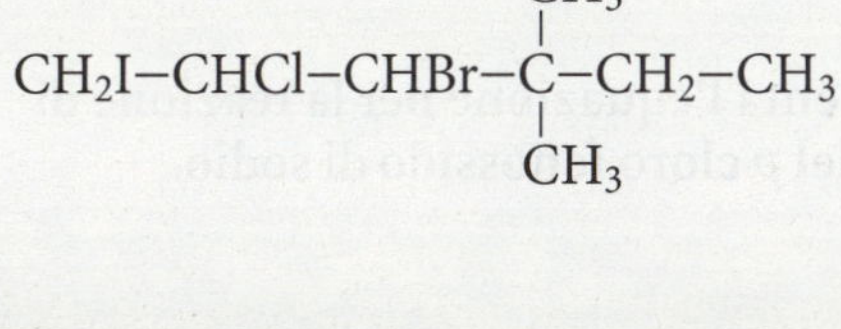

50 **Rappresenta la formula razionale di un**

a. cloruro alchilico primario C_3H_7Cl
b. bromuro alchilico terziario $C_5H_{11}Br$
c. ioduro alchilico secondario $C_6H_{13}I$

51 **Rappresenta le seguenti reazioni di sostituzione nucleofila, specificando il nome dei prodotti.**

a. 1-clorobutano + metossido di sodio
b. bromuro di *terz*-butile + etanolo
c. 2-metil-2-iodobutano + acqua
d. 1-fluoropropano + idrossido di sodio

52 **Rappresenta le seguenti reazioni di eliminazione, specificando il nome dei prodotti.**

a. 2-cloro-2-metilpropano + ione idrossido
b. 1-bromopropano + ione idrossido

53 **Rappresenta le formule razionali dei seguenti composti.**

a. 3-pentanolo
b. 2,3-dicloro-1-butanolo
c. 2,2-dimetil-1-esanolo
d. 2-metil-2-propanolo
e. butossido di potassio
f. 2-metil-2-propen-1-olo
g. 1,2-dibromo-3-pentin-2-olo
h. 2,3-pentandiolo
i. 3-metil-3-esanolo
j. 1-bromo-3-metil-2-butanolo

54 **Assegna il nome IUPAC ai seguenti composti.**

a. 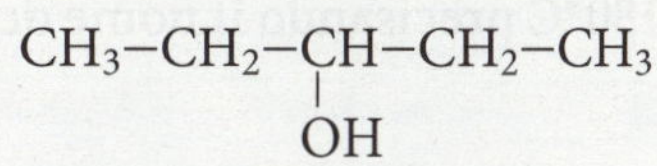
b. 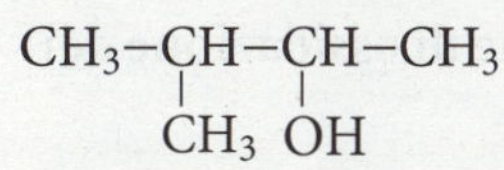
c. 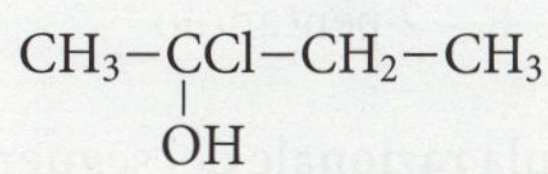
d. 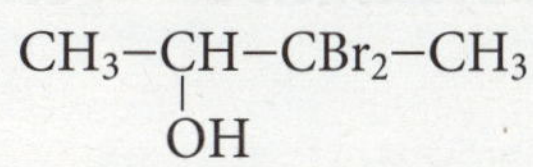
e. $CH_3-CH=CH-CH_2OH$
f. 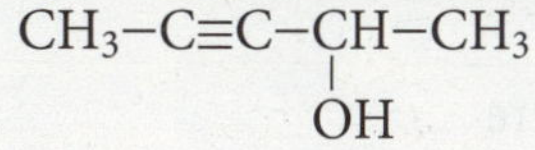

55 **Rappresenta le formule razionali dei seguenti composti e assegna il nome IUPAC corretto.**

a. 2-etil-1-propanolo

b. 2,3-dimetil-3-butanolo

c. 1-propen-3-olo

d. 2-cloro-4-pentanolo

56 **Classifica i seguenti alcoli come primario, secondario e terziario.**

a. 2-metil-1-pentanolo

b. 2-metil-2-butanolo

c. 2-butin-1-olo

d. 2-metil-1-buten-3-olo

57 **Disponi i composti di ciascun gruppo in ordine crescente di solubilità.**

a. 1-propanolo, cloruro di propile, 1-butanolo

b. 1-pentanolo, 1,5-pentandiolo, 1,2,3-pentantriolo

58 **Disponi i seguenti alcoli in ordine di acidità crescente.**

a. 2-butanolo

b. 1-butanolo

c. 2-metil-2-butanolo

59 **Rappresenta le equazioni delle seguenti reazioni specificando il nome dei prodotti.**

a. 2-metil-2-butanolo + potassio

b. 1-pentanolo + sodio

60 **Rappresenta la reazione di disidratazione del 2-pentanolo in presenza di un acido forte e alla temperatura di 180 °C precisando il nome dei prodotti.**

61 **Rappresenta la reazione di ossidazione dei seguenti composti.**

a. 1-pentanolo
b. 2-pentanolo

62 **Rappresenta la formula razionale dei seguenti composti.**

a. *terz*-butil etil etere

b. fenil propil etere

c. etil isopropil etere

d. *p*-bromofenil metil etere

63 **Assegna il nome ai seguenti composti.**

a. 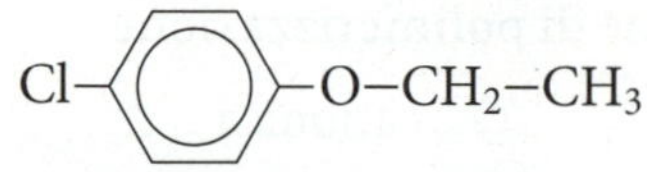

b. $CH_3-CH_2-O-CH_2-CH_3$

c. $CH_3-O-CH_2-CH_2-CH_3$

64 **Disponi i seguenti eteri in ordine crescente di solubilità.**

a. $CH_3-O-CH_2-CH_3$

b. CH_3-O-CH_3

c. $CH_3-CH_2-O-CH_2-CH_3$

65 **Rappresenta le equazioni delle seguenti reazioni specificando il nome dei prodotti.**

a. metil propil etere + acido bromidrico

b. metil isopropil etere + acido iodidrico

66 **Rappresenta la formula razionale dei seguenti composti.**

a. *p*-etilfenolo

b. 3,5-dibromofenolo

c. *p*-cresolo

d. *m*-iodofenolo

67 **Assegna il nome ai seguenti composti.**

a. 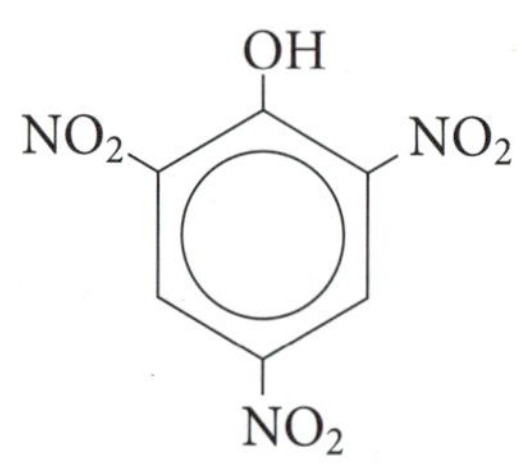

b. 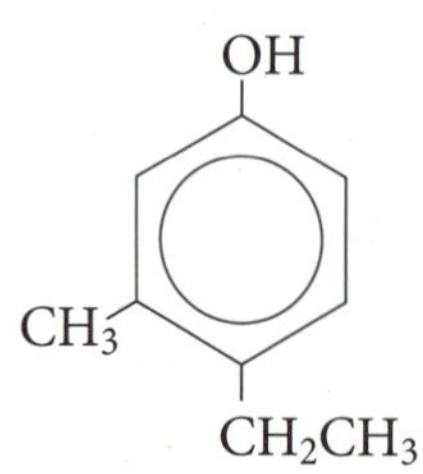

c. 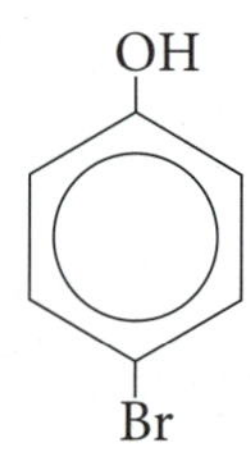

d. 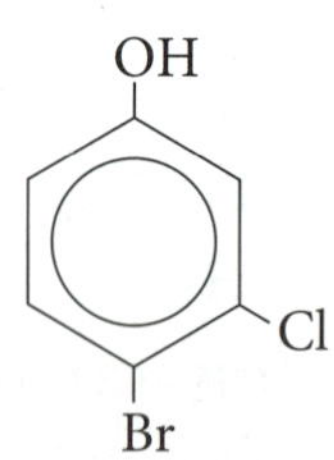

68 **Rappresenta la formula dei seguenti composti e assegna il nome IUPAC.**

a. 3,6-diclorofenolo

b. 2-cloro-3-bromofenolo

69 **Rappresenta l'equazione per la reazione di sintesi del *p*-cloro fenossido di sodio.**

70 **Rappresenta le formule razionali dei seguenti composti.**

a. 2,2-dibromoesanale

b. 4-metilpentanale

c. *m*-clorobenzaldeide

d. 3-idrossibutanale

e. 4,4-dicloro-3-metileptanale

f. 2-ottanone

g. 1-fenilbutanone

h. 2,2-dimetil-3-pentanone

i. benzil fenil chetone

j. metil propil chetone

71 **Assegna il nome IUPAC ai seguenti composti.**

a. $CH_3-CH_2-C(CH_3)_2-CH_2-CH_2-CHO$

b. $CH_3-CBrCl-CHO$

c.

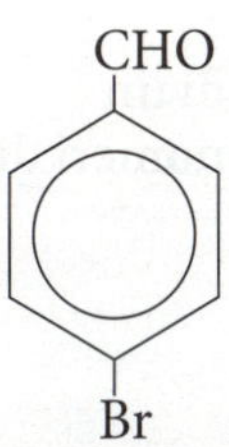

d. $CH_3-CH_2-CH(OH)-CH_2-CHO$

e. $CH_3-CHBr-CH(CH_3)-CHO$

f. $CH_3-CO-CCl_2-CH_2-CH_3$

g. $C_6H_5-CO-C_6H_5$

h. $CH_3-CHBr-CHBr-CO-CH_3$

i. CH_3-CH_2-CO- 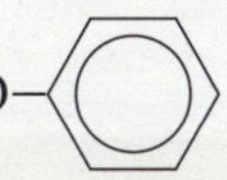

j. $CH_3-CH_2-CO-CH_2-CH_2-CH_3$

72 **Disponi i seguenti composti carbonilici in ordine crescente pr punto di ebollizione.**

a. 4-eptanone

b. 2-metil-3-esanone

c. 2,4-dimetil-3-pentanone

73 **Rappresenta le equazioni delle seguenti reazioni specificando il nome dei prodotti.**

a. 2-pentanone (in presenza di un riducente)

b. pentanale (in presenza di un riducente)

74 **Rappresenta le formule razionali dei seguenti composti.**

a. acido 3-clorobutanoico

b. acido 2-idrossi-2-metilpropanoico

c. acido 4-metil-5-ossoesanoico

d. acetato di calcio

e. etanoato di propile

f. 2-metilpropanoato di etile

g. 2-metilpropanammide

h. *N*-etilpentanammide

i. acido 2,2-dimetilbutanoico

j. acido *m*-nitrobenzoico

75 **Assegna il nome IUPAC ai seguenti composti.**

a. $CH_3-CHBr-CH_2-CH_2-COOH$

b. $CH_3-CH(OH)-CH_2-CH(CH_3)-COOH$

c. $CH_3-CH_2-CO-CH(CH_3)-COOH$

d. $CH_3-CH_2-CH_2-COOH$

e. $CH_3-COO-CH(CH_3)_2$

f. $CH_3-CH_2-C(=O)-N(CH_3)(CH_2-CH_3)$

76 **Disponi i seguenti composti in ordine crescente del punto di ebollizione.**

a. acido acetico

b. acido formico

c. acido butirrico

77 **Disponi i seguenti composti in ordine di acidità crescente.**

a. $CH_3-CH_2-CH_2-COOH$

b. CH_3-CH_2-COOH

c. $CH_3-CH_2-CH_2-CH_2-COOH$

78 **Rappresenta le equazioni delle seguenti reazioni specificando il nome dei prodotti.**

a. acido etanoico + alcol metilico
b. acido propanoico + ammoniaca
c. acido butanoico + idrossido di potassio

79 **Rappresenta la formula razionale dei seguenti composti.**

a. amminopropano
b. 3-amminopentano
c. 3-metil-3-amminoesano
d. *N*-etilamminopropano
e. 3-*N*-metilamminopentano
f. *N*-metil-*N*-etilanilina
g. *N*-etil-*N*-metilamminopentano
h. metilpropilammina
i. etilisopropilammina
j. 3,5-dicloroanilina
k. 3-*N*,*N*-dimetilamminoesano
l. 3-ammino-2-butanolo

80 **Assegna il nome IUPAC ai seguenti composti.**

a. $CH_3-CH_2-CH_2-CH_2-NH_2$

b. $CH_3-CH(NH_2)-CH_2-CH_3$

c. $CH_3-CH_2-CH_2-C(CH_3)(NH_2)-CH_3$

d. $CH_3-NH-CH_2-CH_3$

e. $CH_3-CH_2-CH(NH-CH_3)-CH_3$

f. $CH_3-N(CH_3)-CH_2-CH_3$

g. 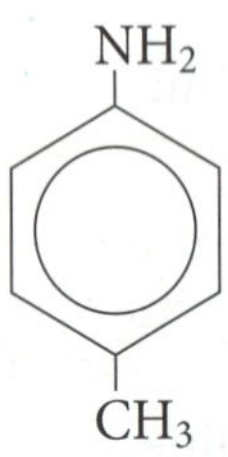

h. 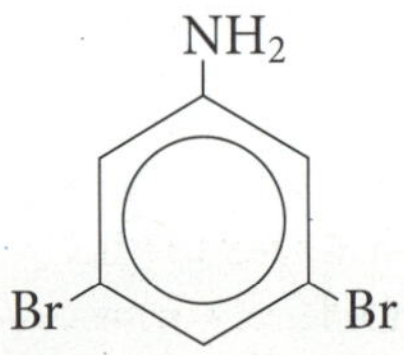

81 **Disponi i seguenti composti in ordine crescente pr punto di ebollizione.**

a. 1-amminobutano
b. 1-butanolo
c. pentano

82 **Disponi i seguenti composti in ordine di basicità crescente.**

a. $CH_3-NH-CH_3$

b. $CH_3-CH_2-NH_2$

c. 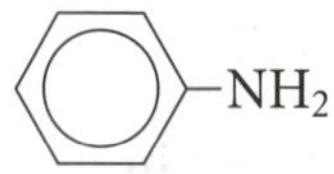

d. $CH_3-N(CH_3)-CH_3$

83 **Rappresenta le equazioni delle seguenti reazioni specificando il nome del prodotto.**

a. etilammina + acido iodidrico
b. trietilammina + acido bromidrico

84 **Rappresenta la formula razionale di un omopolimero costituito da tre monomeri di**

a. propilene
b. stirene

85 **L'1,1-dicloroetene e il cloruro di vinile formano un copolimero alternato. Rappresenta la formula di una catena costituita da quattro monomeri.**

86 **La bachelite è un polimero di condensazione ottenuto mediante la reazione tra il fenolo e la formaldeide. Sapendo che il gruppo metilenico $-CH_2$ è in posizione orto e/o para rispetto all'ossidrile fenolico, rappresenta la formula del polimero costituito da sei monomeri.**

TEST YOURSELF

87 **Put the following halides in ascending order of boiling point.**

a. bromopropane
b. chloropropane
c. fluoropropane
d. iodopropane

88 Draw the reaction between glycerol and nitric acid specifying the name of the product.

89 Draw the nucleophilic addition reaction (in the presence of an acid catalyst) of the formaldehyde with methanol.

90 Put the following carboxylic acids in ascending order of acidity.

a. $CH_3{-}CH_2{-}CH_2{-}COOH$

b. $CH_3{-}CH_2{-}CH_2{-}CH_2{-}COOH$

c. $CH_3{-}CH_2{-}COOH$

91 Put the following compounds in ascending order of boiling point.

a. $CH_3{-}CH_2{-}CH_2{-}NH_2$

b. $CH_3{-}NH{-}CH_2{-}CH_3$

c. $CH_3{-}N(CH_3){-}CH_3$

VERSO L'UNIVERSITÀ

92 Qual è il nome sistematico IUPAC del composto organico con formula $CH_3CBr_2CH(OH)(CH_2)_4CH_3$?

Ⓐ 2,2-dibromo-ottan-3-olo

Ⓑ 2,2-dibromo-eptan-3-olo

Ⓒ 7,7-dibromo-eptan-6-olo

Ⓓ 7,7-dibromo-ottan-1-olo

Ⓔ 2,2-dibromo-ottan-2-olo

[dalla prova di ammissione a Medicina e Chirurgia e in Odontoiatria e Protesi Dentaria, anno 2015]

93 Un alcol primario può essere ossidato a dare prima una aldeide e poi un acido carbossilico. Quale delle seguenti sequenze rappresenta l'ordine corretto di queste reazioni?

Ⓐ $C_4H_9CH_2OH$, C_4H_9CHO, $C_4H_9COOCH_3$

Ⓑ $CH_3CH(OH)CH_3$, CH_3COCH_3, CH_3CH_2COOH

Ⓒ $HCOOH$, $HCHO$, CH_2OH

Ⓓ $CH_2{=}CH_2$, CH_3CHO, CH_3COOH

Ⓔ $CH_3CH_2CH_2CH_2OH$, $CH_3CH_2CH_2CHO$, $CH_3CH_2CH_2COOH$

[dalla prova di ammissione a Medicina e Chirurgia e in Odontoiatria e Protesi Dentaria, anno 2014]

94 La seguente struttura organica $CH_3COOCH_2CH_3$ corrisponde a

Ⓐ un acido carbossilico

Ⓑ un etere

Ⓒ un estere

Ⓓ un chetone

Ⓔ un fenolo

[dalla prova di ammissione a Medicina e Chirurgia e in Odontoiatria e Protesi Dentaria, anno 2012]

VERSO L'ESAME

CLASSIFICA

95 Classifica le seguenti reazioni come sostituzioni, addizioni o eliminazioni.

a. alogenazione degli alcheni

b. disidratazione degli alcoli

c. esterificazione

COLLEGA

96 A temperatura ambiente la condensazione di acido etanoico (acido acetico) e ammoniaca in etanammide e acqua non avviene: considerate le proprietà chimiche dei reagenti.

a. Ipotizza quale altra reazione avviene.

b. Per favorire l'allontanamento dell'acqua e spostare la reazione di condensazione verso destra, la temperatura viene portata al di sopra dei 100 °C: qual è il principio applicato?

COLLEGA

97 Confronta la reazione di dissociazione acida del fenolo con quella degli acidi carbossilici. Quale fattore comune puoi individuare?

OSSERVA E CONFRONTA

98 Osserva le immagini dei diversi modellini molecolari dell'acido lattico, collega i simboli (forme e colori) al loro significato (atomi, legami ecc.) e spiega se un modello è una rappresentazione della realtà o una sua riproduzione fedele.

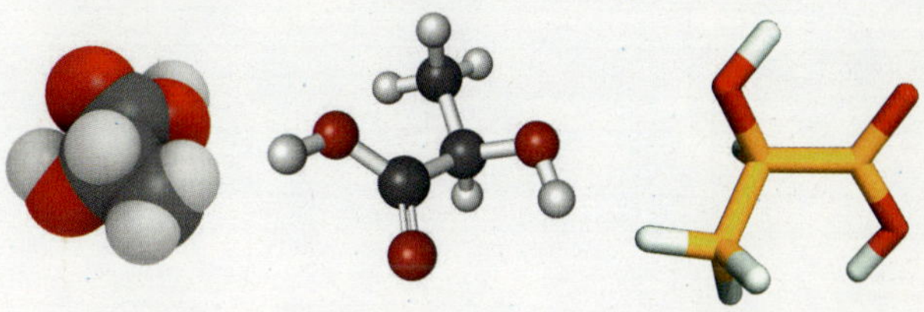

IPOTIZZA E ARGOMENTA

99 A temperatura e pressione ambiente gli isomeri rappresentati in figura, etanolo ed

etere dimetilico, presentano rispettivamente stato liquido e stato gassoso.
Ipotizza una motivazione per tale differenza, facendo riferimento alla tipologia di legami intermolecolari che si possono formare nei due composti.

IPOTIZZA

100 **Alcuni farmaci antinfiammatori non steroidei (FANS) sono acidi organici: uno di essi è il ketoprofene, derivato dell'acido propanoico. Se tali farmaci vengono fatti reagire con una base organica si forma un sale. Il sale di lisina, spesso adoperato come farmaco ad azione rapida, viene assorbito in misura maggiore rispetto al ketoprofene perché più solubile nell'ambiente acquoso corporeo.**
Ipotizza la motivazione della differenza di solubilità in acqua tra il ketoprofene e il suo sale di lisina.

IPOTIZZA

101 **Il PLA o polielattato è un materiale plastico, polimero di condensazione dell'acido lattico, che possiede sia un gruppo funzionale carbossilico sia un gruppo funzionale alcolico.**

a. Quale pensi possa essere il gruppo funzionale risultante dal processo di condensazione?

b. L'acido lattico è una molecola chirale: quale processo si potrebbe usare per produrre selettivamente un solo enantiomero di tale molecola, da usare come materia prima?

RICERCA E RIFLETTI

102 **Plinio il Vecchio, in *Naturalis historia*, riportava l'utilità per i malati di gotta del trattamento con decotto di foglie e corteccia di salice in vino. In effetti, l'acido salicilico possiede una lieve attività antinfiammatoria, nota fino da tempi antichi. Tuttavia, nella seconda metà dell'Ottocento, una semplice modifica chimica dell'acido salicilico ha permesso la sintesi dell'acido acetilsalicilico, che ha un potere antinfiammatorio molto maggiore. Nel corpo, il gruppo acetilico si stacca dall'Aspirina® e forma un legame covalente con una proteina, inattivandola: tale inibizione, al contrario di un legame debole, è irreversibile ed è alla base degli effetti del farmaco.**
Cerca e confronta la formula di struttura dell'acido salicilico con quella dell'acido acetilsalicilico e riconosci i gruppi funzionali presenti nelle due molecole.
Spiega poi se l'acido salicilico può inibire la proteina come l'acido acetilsalicilico oppure no e perché.

IPOTIZZA

103 **Nonostante molti idrocarburi siano percepiti dal nostro olfatto, gli aromi naturali sintetizzati nelle cellule vegetali sono costituiti da composti funzionalizzati, quali alcoli (mentolo), composti carbonilici (citrale) e carbossilici (acetato di isopentile).**
Gli idrocarburi presentano odori simili tra loro, mentre gli aromi naturali hanno odori molto diversi: come spieghi questa differenza?

SEI PRONTO PER LA VERIFICA?

IN 1 ORA

Dopo aver studiato i contenuti del **capitolo A3**, svolgi la prova nel **tempo massimo di un'ora**.

VERIFICA LE TUE CONOSCENZE

1 **Rappresenta le formule razionali dei quattro alcoli corrispondenti alla formula $C_4H_{10}O$, assegna il nome IUPAC e classificarli in primari, secondari e terziari.**

(10 punti se hai risposto correttamente) ...../10

2 **Attribuisci il nome IUPAC ai seguenti composti:**

a. $CH_3-CHBr-CH-CH_2-CH_3$
$\quad\quad\quad\quad\quad\quad |$
$\quad\quad\quad\quad\quad CH_3$

b. $CH_3-CH_2-CCl-CHCl-CH_2OH$
$\quad\quad\quad\quad\quad\quad |$
$\quad\quad\quad\quad\quad CH$
$\quad\quad\quad\quad\ H_3C \quad CH_3$

c. 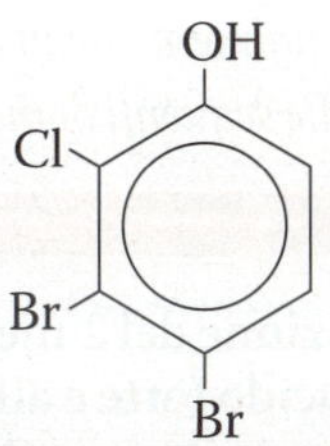

d. $CH_3-CH_2-CH-CH_2-CH_2$
$\quad\quad\quad\quad\quad\quad |\quad\quad\quad\quad |$
$\quad\quad\quad\quad\quad OH \quad\quad\ OH$

e. 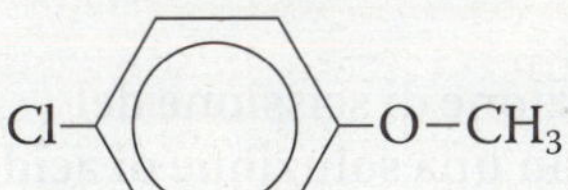

(20 punti se hai risposto correttamente) ...../20

3 **Qual è l'ordine di acidità crescente per i seguenti alcoli?**

a. $CH_3-CH_2-CH_2OH$

b. $CH_3-CHCl-CH_2OH$

c. $\quad\quad\quad\quad\quad\quad OH$
$\quad\quad\quad\quad\quad\quad |$
$CH_3-CH_2-CH-CH_3$

d. $\quad\quad CH_3$
$\quad\quad\quad |$
CH_3-C-OH
$\quad\quad\quad |$
$\quad\quad CH_3$

(10 punti se hai risposto correttamente) ...../10

4 **Rappresenta le formule razionali dei seguenti composti:**

a. 1,2-dibromo-2,3-dimetilesano

b. 2,4,6-trinitrofenolo

c. 2-metil-1,4-butandiolo

(10 punti se hai risposto correttamente) ...../10

5 **Qual è il corretto ordine crescente del punto di ebollizione per i seguenti composti?**

1. $CH_3-CH_2-O-CH_3$
2. $CH_3-CH_2-CH_2-CH_3$
3. $CH_3-CH_2-CH_2-OH$
4. $\quad\quad\quad CH_3$
$\quad\quad\quad\quad |$
$CH_3-CH-CH_3$

Ⓐ $2 < 4 < 3 < 1$ Ⓒ $4 < 2 < 1 < 3$

Ⓑ $4 < 2 < 3 < 1$ Ⓓ $2 < 4 < 1 < 3$

(10 punti se hai risposto correttamente) ...../10

I primi 60 punti valgono per il raggiungimento degli obiettivi minimi. Per fare di più, rispondi alle sequenti domande.

VERIFICA LE TUE COMPETENZE

6 **Quale delle seguenti formule molecolari può rappresentare sia un chetone sia un'aldeide?**

Ⓐ C_6H_6 Ⓒ $C_3H_6O_2$

Ⓑ C_2H_6O Ⓓ C_3H_6O

(5 punti se hai risposto correttamente) ...../5

7 **Il composto**

$$CH_3-CH_2-CHBr-CH_3$$

presenta:

Ⓐ isomeria *cis-trans*

Ⓑ enantiomeria

Ⓒ comportamento acido

Ⓓ solubilità in acqua

(5 punti se hai risposto correttamente) ...../5

8 **Esegui la reazione di eliminazione tra l'1-cloropentano e l'idrossido di sodio, specificando il nome dei prodotti.**

(15 punti se hai risposto correttamente) ...../15

9 **Esegui la reazione di sostituzione nucleofila del 2-clorobutano con metanolo, specificando il nome dei prodotti.**

(15 punti se hai risposto correttamente) ...../15

PUNTEGGIO TOTALE ...../100

SEI PRONTO PER LA VERIFICA?

IN 1 ORA

Dopo aver studiato i contenuti dei **capitolo A3**, svolgi la prova nel **tempo massimo di un'ora**.

VERIFICA LE TUE CONOSCENZE

1 Relativamente agli acidi carbossilici stabilisci quali delle seguenti affermazioni sono vere:

1. sono composti organici costituiti da carbonio e ossigeno;
2. contengono un atomo di carbonio con il massimo numero di ossidazione in un composto organico;
3. possono essere ridotti ad aldeidi;
4. possono essere ridotti ad alcoli secondari;
5. sono generalmente acidi deboli.

(A) 1, 2, 3 (C) 2, 4, 5
(B) 2, 3, 5 (D) 1, 2, 4

(10 punti se hai risposto correttamente) ...../10

2 Relativamente agli acidi carbossilici, quale affermazione non è vera?

(A) Hanno minore acidità degli alcoli.
(B) Reagiscono con gli alcoli in presenza di un catalizzatore acido.
(C) La loro solubilità in acqua varia con la lunghezza della catena carboniosa R.
(D) Sali di sodio e di potassio degli acidi a lunga catena hanno azione detergente.

(5 punti se hai risposto correttamente) ...../5

3 Un'aldeide può essere ottenuta per:

(A) riduzione di un alcol primario
(B) ossidazione di un alcol secondario
(C) ossidazione di un alcol primario
(D) riduzione di un alcol secondario

(10 punti se hai risposto correttamente) ...../10

4 Rappresentare le formule dei seguenti composti:

a. 2,2,4,4-tetrametil-3-pentanone
b. acido *p*-nitrobenzoico
c. acido 2-idrossi-2 metilpropanoico
d. acido 2-ossobutanoico
e. pentanoato di metile
f. N-metilpropanammide
g. N,N-dimetilanilina

(15 punti se hai risposto correttamente) ...../15

5 In quale tra le sequenze indicate è prevedibile che i composti:

1) **etilammina** 3) **N-metilanilina**
2) ***p*-cloroanilina** 4) **ammoniaca**

siano disposti secondo l'ordine di basicità decrescente?

(A) $1 > 3 > 2 > 4$ (C) $1 > 4 > 3 > 2$
(B) $2 > 1 > 4 > 3$ (D) $4 > 1 > 3 > 2$

(10 punti se hai risposto correttamente) ...../10

6 In quale tra le sequenze indicate è prevedibile che i composti:

1) CH_3-CH_2-COOH 3) CH_3-COOH
2) $CH_3-CHCl-COOH$ 4) CH_2Cl-CH_2-COOH

siano disposti secondo l'ordine di acidità decrescente?

(A) $1 > 2 > 3 > 4$
(B) $2 > 3 > 4 > 1$
(C) $2 > 4 > 3 > 1$
(D) $3 > 2 > 4 > 1$

(10 punti se hai risposto correttamente) ...../10

I primi 60 punti valgono per il raggiungimento degli obiettivi minimi. Per fare di più, rispondi alle seguenti domande.

VERIFICA LE TUE COMPETENZE

7 Esegui la reazione di disidratazione del 2-metil-2-butanolo in presenza di un acido forte e alla temperatura di 180 °C, precisando il nome del prodotto e specificando il tipo di reazione.

(10 punti se hai risposto correttamente) ...../10

8 Rappresenta la reazione di scissione del metilpropiletere con una soluzione di acido iodidrico.

(10 punti se hai risposto correttamente) ...../10

9 Rappresenta la reazione che porta alla formazione del fenossido di potassio.

(10 punti se hai risposto correttamente) ...../10

10 Quale, tra le seguenti coppie di composti, può essere utilizzata per ottenere un alcol secondario?

(A) aldeide e riducente (C) chetone e ossidante
(B) aldeide e ossidante (D) chetone e riducente

(10 punti se hai risposto correttamente) ...../10

PUNTEGGIO TOTALE ...../100

Nanotecnologie: che cosa possono fare le nanoparticelle

Le nanotecnologie nella vita di tutti i giorni

Forse non lo sappiamo, ma abbiamo già incontrato le nanotecnologie e le nanoparticelle sugli scaffali del supermercato, magari in una crema solare o in un cosmetico. Questa tecnologia infinitamente piccola infatti è entrata a far parte della nostra vita quotidiana in oggetti di uso comune, come materiali per auto, apparecchiature elettroniche, plastiche, tessuti e vernici.

Anche se i primi riferimenti alla nanotecnologia risalgono al 1959 ad opera del fisico e premio Nobel Richard Feyman, il termine è stato coniato nel 1986 dall'ingegnere Kim Eric Drexler, che con nanotecnologia intendeva «una tecnologia a livello molecolare che ci renderà in grado di collocare ogni atomo dove vogliamo».

Il termine ha poi avuto la sua definizione ufficiale in tempi più recenti, nell'ambito della *National Nanotechnology Initiative*: «la nanotecnologia è lo studio e il controllo della materia di dimensioni comprese tra 1 e 100 nanometri, dimensioni alle quali si verificano fenomeni che sono in grado di conferire ai materiali proprietà fisiche, chimiche e biologiche uniche e completamente diverse da quelle della materia di base».

L'innovazione dei nanomateriali risiede nel fatto che questi hanno proprietà diverse rispetto ai corrispondenti materiali in forma micrometrica (o maggiore). Per esempio, le nanoparticelle d'oro non hanno il tipico colore dorato ma assumono una colorazione dal rosso al lilla, a causa della diversa interazione con la luce; i nanotubi di carbonio sono materiali con eccellenti proprietà come conduttori nella microelettronica; le nanoparticelle di ossido di titanio sono utilizzate nelle creme solari per la loro capacità di assorbire la radiazione ultravioletta.

Nanoelettronica e nanochimica

Per avere un'idea di cosa significhi avere a che fare con dimensioni nanometriche, possiamo considerare che il rapporto tra il metro e il nanometro è paragonabile al rapporto tra una biglia e il pianeta Terra. Lavorare con l'infinitamente piccolo si è rilevata una sfida per la ricerca e ha portato negli ultimi anni a innovazioni promettenti per lo sviluppo di nuovi materiali e nuove tecnologie, dall'industria tessile a quella ceramica, dalla cosmesi alla medicina, fino al monitoraggio ambientale e al risparmio energetico.

Uno dei primi settori coinvolti è stata l'industria elettronica, che ha sfruttato le nanotecnologie per la miniaturizzazione dei transistor e, successivamente, di dispositivi e calcolatori.

Anche l'industria chimica è stata rivoluzionata dall'avvento di catalizzatori a base di nanoparticelle. Un esempio di catalizzatore è il platino (Pt), presente nelle marmitte catalitiche, che ha la funzione di favorire l'ossidazione degli idrocarburi ad anidride carbonica (CO_2), limitando la produzione di NO_x.

Il suo intervento, però, prevede che ci sia un contatto efficace con i reagenti che devono essere convertiti, motivo per cui è fondamentale tenere in considerazione l'area di scambio del materiale. Si è scoperto che mentre l'oro è un metallo inerte in dimensioni micrometriche, diventa addirittura migliore del platino come catalizzatore quando ha dimensioni nanometriche. Utilizzando l'oro in nanoparticelle, la riduzione delle dimensioni ha permesso di aumentare la superficie esposta del catalizzatore, riducendo così la quantità di metallo prezioso necessaria (e di conseguenza i costi), portando ad un miglioramento complessivo delle prestazioni.

Nanomedicina e *drug-delivery*

Un'importante applicazione delle nanotecnologie è nel campo delle scienze mediche. Grazie alle loro dimensioni, infatti, le nanoparticelle possono essere utilizzate come nanovettori nella somministrazione mirata di farmaci (la cosiddetta *drug delivery*) e come biosensori per la diagnosi di alcune patologie. La *drug-delivery* è utilizzata soprattutto per la somministrazione di farmaci antineoplastici, per colpire selettivamente le cellule cancerose, migliorando l'efficacia delle terapie e riducendo allo stesso tempo gli effetti collaterali provocati dalle terapie tradizionali più invasive. I vettori più utilizzati sono nanoparticelle di oro, di ossido di silicio e di ossido di ferro, spesso coniugate con peptidi o anticorpi per facilitare il riconoscimento del sito biologico bersaglio.

Le nanoparticelle sono utilizzate anche come leganti nella rigenerazione di tessuti ossei fratturati e nella diagnostica precoce basata sull'analisi delle proteine.

Materiali nanoporosi per il risparmio energetico

Le nanotecnologie hanno avuto sviluppi promettenti anche in campo energetico. Gli aerogel sono schiume nanoporose molto leggere e con una bassissima conducibilità termica, caratteristica che li rende degli ottimi isolanti termici. Grazie alla loro trasparenza, sono applicati su matrici vetrose per produrre materiali destinati all'edilizia a risparmio energetico. Sono utilizzati, infatti, per riempire le intercapedini delle finestre, permettendo così di ridurre la dispersione del calore del vetro, garantendone allo stesso tempo la trasparenza.

CHIMICA VERDE

Da rifiuti a risorse: le biomasse

La crescita della popolazione e l'incremento delle attività produttive registrate nell'ultimo secolo compportano una richiesta di energia sempre maggiore, per rispondere alle esigenze delle industrie e della popolazione. Questo è un problema non solo economico ma anche ecologico: infatti si riflette nell'aumento delle emissioni di gas serra, nella prospettiva di esaurimento delle fonti fossili, negli effetti globali dell'inquinamento e nei cambiamenti climatici.

Per questo, l'utilizzo di fonti rinnovabili e la valorizzazione delle biomasse sono diventate tematiche centrali nelle politiche economiche mondiali.

Biomasse e bioenergia

Il termine biomasse indica tutte le materie prime organiche di origine biologica naturale che vengono utilizzate per produrre energia. Sono biomasse tutte le macromolecole organiche contenute negli scarti agricoli, nei residui dell'industria del legno, nei rifiuti derivanti dalle attività zootecniche, nei prodotti delle coltivazioni agro-alimentari e nei rifiuti solidi urbani (limitatamente alla sua componente organica).

A seconda dell'origine della biomassa, la «bioenergia» prodotta può essere di origine animale o vegetale. Da un punto di vista energetico le biomasse maggiormente utilizzate sono quelle vegetali: le piante sono infatti un serbatoio di energia rinnovabile, perché riescono a immagazzinare l'energia solare trasformando l'anidride carbonica in glucosio con la fotosintesi clorofilliana.

Ottenere energia attraverso la combustione di uno scarto vegetale è un processo sostenibile:

- le macromolecole contenute nelle piante vengono bruciate sfruttando l'ossigeno atmosferico per produrre calore;
- i prodotti della reazione di combustione sono anidride carbonica e acqua: questi vengono riutilizzati dalle piante per produrre glucosio attraverso il processo fotosintetico.

Le biomasse sono una risorsa rinnovabile perché rappresentano una fonte di energia che può essere ripristinata attraverso un processo naturale ciclico.

La conversione delle biomasse in energia può essere fatta in due modi, per via termochimica o per via biochimica. Nel processo termochimico la materia organica viene bruciata attraverso una reazione di combustione.

Nei processi biochimici, invece, la biomassa viene trasformata grazie all'azione di enzimi, funghi e microrganismi contenuti nella materia organica.

Gli enzimi degradano le macromolecole (carboidrati, lipidi e proteine) attraverso processi di fermentazione che liberano prodotti che possono essere riutilizzati a scopi energetici, come il biogas. Questo è una miscela di gas costituita principalmente da metano, che può essere impiegato come combustibile.

La bioraffineria

Le biomasse non sono soltanto dei combustibili ma sono anche una risorsa di carbonio per l'industria chimica. Come dal petrolio ricaviamo i combustibili e i «mattoni» per i processi petrolchimici, allo stesso modo le biomasse possono essere trasformate per ottenere biocombustibili e biomolecole. L'insieme di processi che permettono di trasformare la biomassa in combustibili e in prodotti chimici è chiamata «bioraffineria» (figura). Dalla bioraffineria si possono ottenere varie molecole di interesse industriale utilizzando i processi di fermentazione, per esempio:

- etanolo, che può essere utilizzato come combustibile per alimentare i motori dei veicoli;
- acido lattico, utilizzato come additivo acidificante nell'industria alimentare;
- acetone, ottenuto insieme al butanolo e all'etanolo, è impiegato principalmente come solvente.

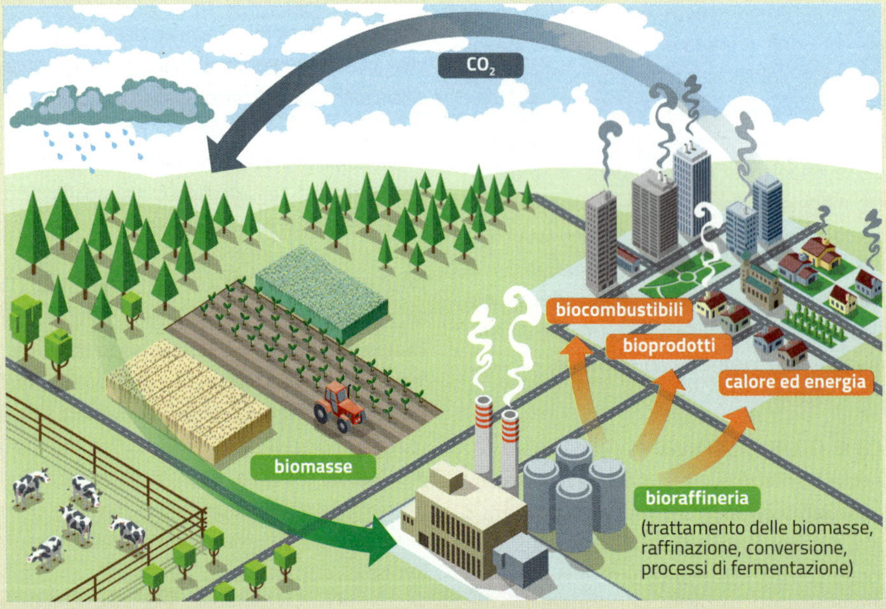

Figura Schema di un impianto di una bioraffineria

PROVA ESPERTA

LA CHIMICA DELLA CARTA

Il principale componente della carta è la cellulosa, la stessa sostanza che forma la parete cellulare delle cellule vegetali. Dal punto di vista chimico la cellulosa è un polisaccaride, un polimero naturale che si ottiene per policondensazione di molecole di D-glucosio ($C_6H_{12}O_6$).

I monomeri di D-glucosio sono uniti mediante un legame 1-4-ß-glucosidico che si forma in seguito a una reazione di condensazione, durante la quale viene rilasciata una molecola di acqua. Il legame tra il carbonio in posizione 1 (C1) di un monomero e il C4 del monomero successivo è un legame equatoriale, che porta alla formazione di una molecola lineare (a differenza di quanto avviene nel caso dell'amido e dell'amilopectina, che hanno strutture ramificate).

PER SAPERNE DI PIÙ

Prima dell'era digitale, la condivisione di scritti e disegni si è basata per secoli sulla carta. Dalle miniature medioevali alle mappe rinascimentali, dai disegni di Leonardo da Vinci alla Dichiarazione d'indipendenza degli Stati Uniti d'America: la storia dell'uomo è costellata da documenti redatti su **carta**, la cui invenzione (avvenuta in Cina nel 105 d.C.) ha rivoluzionato la trasmissione del pensiero e la storiografia.

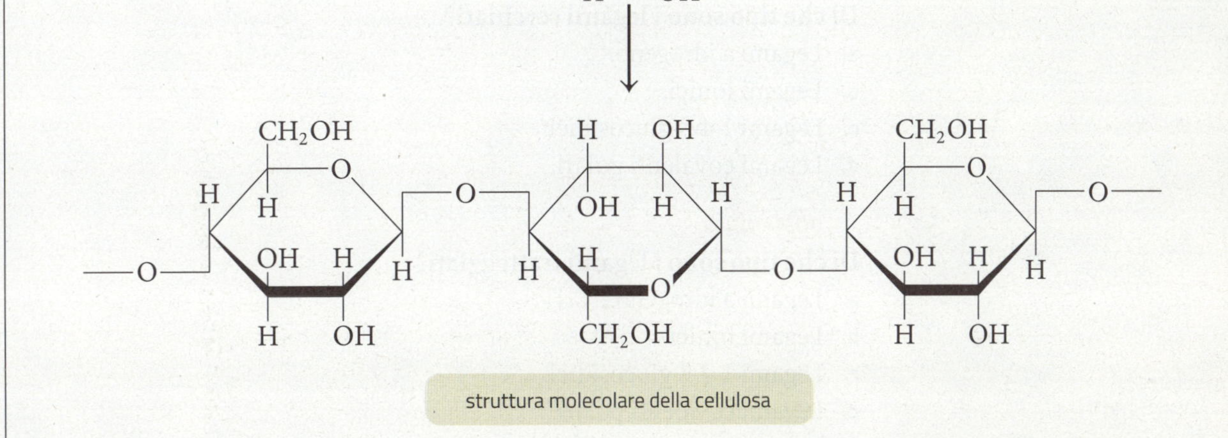

Come molti materiali di origine biologica, anche la carta può deteriorarsi. Gli elementi che mettono a repentaglio la conservazione dei documenti antichi sono:

- i danni fisici dovuti all'usura o a vere e proprie lacerazioni delle pagine;
- i danni biologici causati da insetti e animali che si nutrono di carta come tarli, termiti e topi, oppure da microrganismi come batteri e funghi;
- i danni chimici dovuti a reazioni di idrolisi o di ossidazione della cellulosa.

Questi danni sono accelerati o aggravati se i documenti cartacei sono esposti alla luce diretta del sole o alle alte temperature, oppure se vengono conservati in ambienti con un alto tasso di umidità.

Quesito 1

L'umidità è uno dei peggiori nemici della carta, poiché la cellulosa è una molecola con un alto potere igroscopico: in altre parole, essa può assorbire facilmente molecole di acqua, che penetrano nelle fibre di cellulosa e causano un rigonfiamento del supporto cartaceo. Anche se la cellulosa non si solubilizza in solventi polari, la presenza di acqua rende la carta più sensibile alle lacerazioni e alla crescita di muffe. La figura mostra due delle molte catene di cellulosa che formano una fibra:

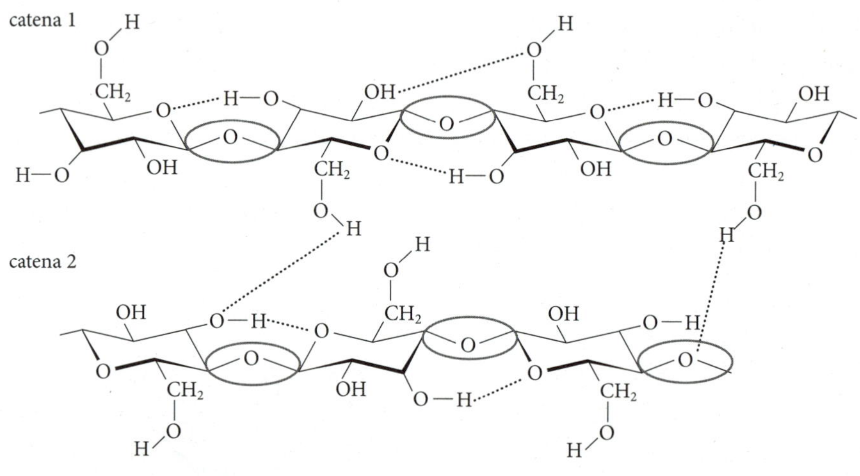

DOMANDA 1

Di che tipo sono i legami cerchiati?

a. Legami a idrogeno.
b. Legami ionici.
c. Legami 1-4-ß-glucosidici.
d. Legami covalenti polari.

DOMANDA 2

Di che tipo sono i legami tratteggiati?

a. Legami a idrogeno.
b. Legami ionici.
c. Legami 1-4-ß-glucosidici.
d. Legami covalenti polari.

Quesito 2

La figura sottostante mostra che cosa succede quando la carta assorbe umidità, inglobando molecole di H_2O.

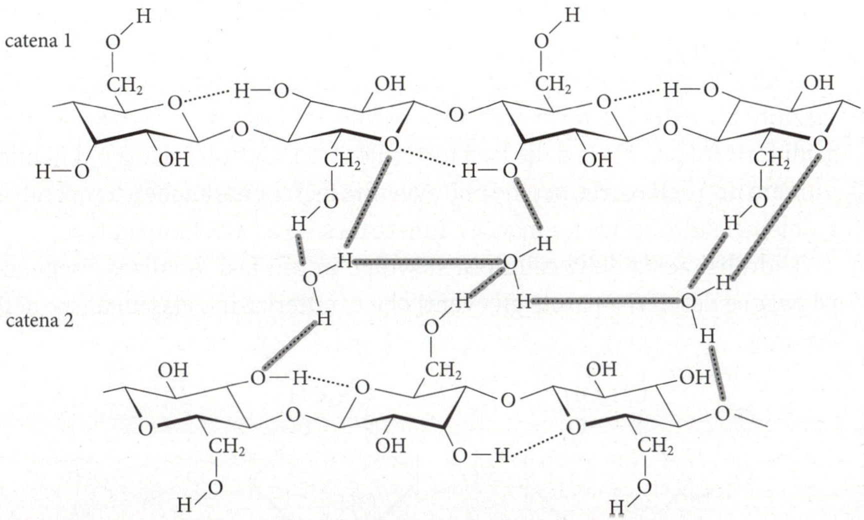

DOMANDA 1

Di che tipo sono i legami tratteggiati evidenziati in grigio?

a. Legami a idrogeno.
b. Legami ionici.
c. Legami 1-4-ß-glucosidici.
d. Legami covalenti polari.

DOMANDA 2

Quale effetto provoca l'assorbimento di acqua?

a. Le molecole di acqua spezzano i legami tra le molecole di glucosio.
b. L'acqua rende le fibre di cellulosa più rigide.
c. Le molecole di acqua distanziano le catene di cellulosa, causando il rigonfiamento delle fibre.
d. L'acqua solubilizza la cellulosa.

Quesito 3

Uno dei principali responsabili del deterioramento della carta è l'idrolisi. Il legame ß-glucosidico, infatti, è uno dei punti più sensibili della cellulosa: è proprio su di esso che l'idrolisi agisce, spezzando la catena di monomeri. La conseguente depolimerizzazione della cellulosa porta a un progressivo indebolimento della carta.

L'idrolisi del legame ß-glucosidico avviene quando il pH subisce forti deviazioni rispetto alla norma: in altre parole, può essere innescata sia dagli acidi forti (pH $<$ 7) sia dalle basi forti (pH $>$ 7). L'idrolisi acida è il nemico numero uno della carta, perché può avvenire facilmente anche a temperatura ambiente; l'idrolisi basica invece è innescata solo ad alte temperature.

L'idrolisi acida della cellulosa si svolge in più fasi. Analizza i seguenti passaggi e descrivi a parole gli eventi che caratterizzano ciascuna fase della reazione.

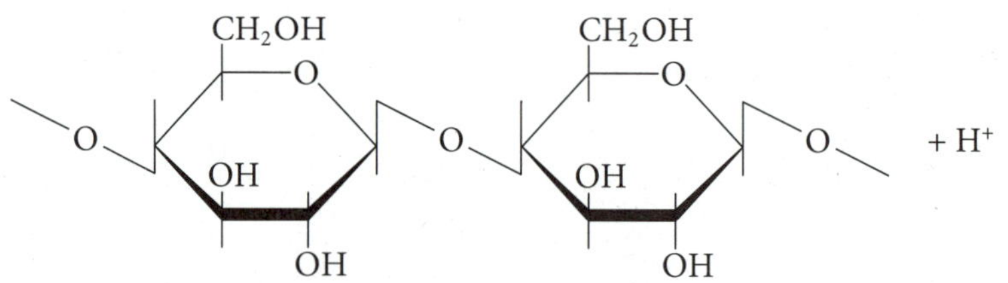

1.

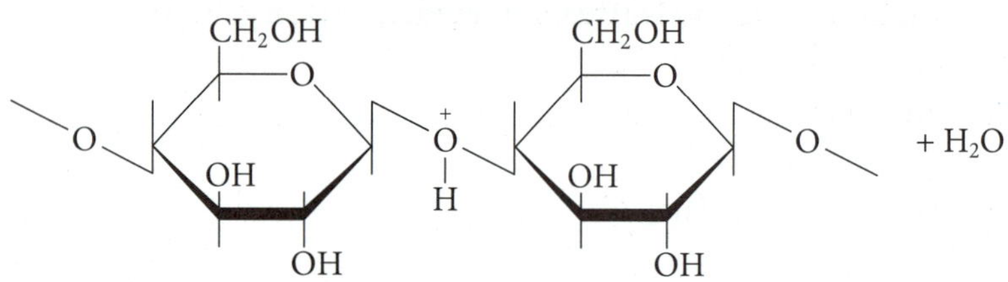

2.

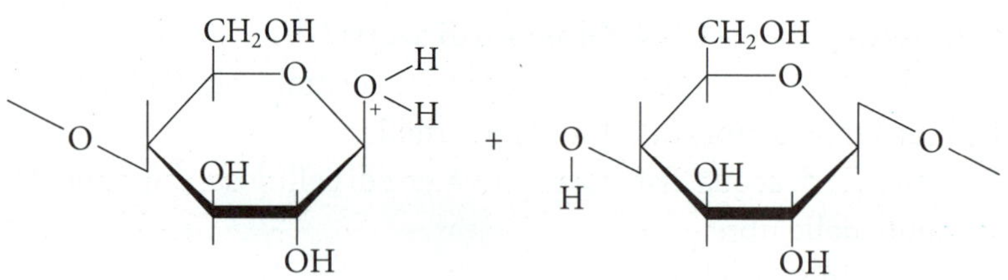

3.

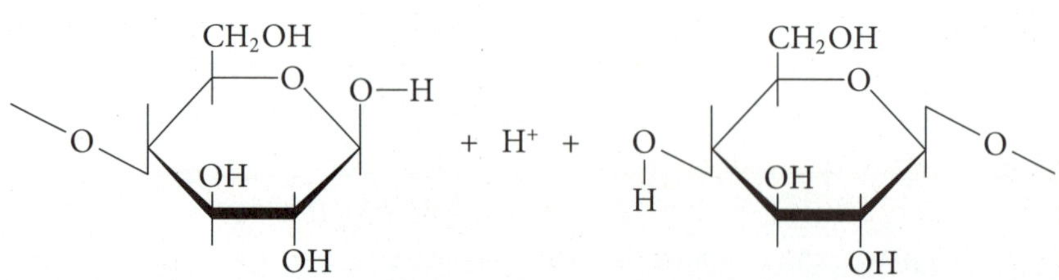

4.

Quesito 4

In condizioni normali le reazioni di ossidazione avvengono lentamente, ma sono accelerate dalla presenza di metalli di transizione, come il ferro e il rame. Si tratta di un dettaglio non trascurabile, soprattutto se si pensa che questi metalli sono spesso presenti negli inchiostri dei documenti antichi.

Gli inchiostri ferro-gallici (noti anche come «inchiostri di galla») sono usati dal Medioevo in poi per la stesura di un gran numero di documenti: la loro reattività è di particolare interesse per i restauratori. L'azione di degrado prodotta dai componenti di questi inchiostri è duplice: da un lato l'acido solforico promuove l'idrolisi acida della cellulosa, dall'altro la presenza di ioni metallici a bassa valenza come il ferro(II) o il rame(II) catalizza la reazione di ossidazione, secondo le modalità descritte dalla reazione di Fenton.

Questa reazione è alla base della fioritura di macchioline rossastre su documenti e stampe, un fenomeno che i restauratori chiamano in gergo *foxing*. Il colore delle macchie, che ricorda quello di una volpe (*fox* in inglese), dipende dall'alta concentrazione di ioni Fe^{2+} e Cu^{2+}, che aggrediscono e alterano la cellulosa.

Se le condizioni sfavorevoli permangono, l'ossidazione porta alla definitiva rottura del polimero o all'apertura dell'anello glucosidico. Questo può avvenire se la carta è conservata in ambienti molto umidi: sia l'acido solforico sia il solfato ferroso sono solubili in acqua, quindi possono migrare facilmente verso aree del documento prive di inchiostro.

DOMANDA 1

Le seguenti equazioni ricostruiscono le tre fasi della reazione di ossidoriduzione nota come reazione di Fenton: il fenomeno chimico alla base del *foxing* su documenti cartacei antichi.

Inserisci gli elementi mancanti in ciascuna delle tre equazioni chimiche.

1. $Fe^{2+} + O_2 \rightarrow$ .... $+ O_2^-$
2. $2O_2^- + 2H^+ \rightarrow$ .... $+ H_2O_2$
3. .... $+ H_2O_2 \rightarrow Fe^{3+} + OH^- + OH\bullet$

DOMANDA 2

Tra i prodotti della reazione 3 della domanda 1, che cosa indica il simbolo OH•?

a. Un prodotto secondario della reazione, privo di reattività.
b. Una molecola neutra.
c. Un radicale con un elettrone spaiato, molto reattivo.
d. Un'entità molecolare inesistente in natura.

INDICE ANALITICO

La tavola periodica Zanichelli

Scarica la tavola periodica interattiva:
tavolaperiodica.zanichelli.it

Scarica la app da: App Store · Google Play

Nuovi pittogrammi di pericolo secondo il regolamento CLP (*Classification Labelling and Packaging*) dell'Unione europea del 2008 (testo integrale su **eur-lex.europa.eu**).

Pittogramma di pericolo	Significato
	Pericolo di esplosione
	Sostanza altamente infiammabile
	Sostanza comburente, che può provocare un incendio o un'esplosione
	Contiene gas sotto pressione, che può esplodere se riscaldato; oppure contiene un gas refrigerato che può provocare ustioni
	Può essere corrosivo per i metalli; causa gravi lesioni alla pelle e agli occhi
	Sostanza nociva per la salute (se ingerita, inalata o messa a contatto con la pelle) e per l'ambiente (danni all'ozono). Irritante per le vie respiratorie, per la pelle e per gli occhi. Può causare reazioni allergiche, sonnolenza o vertigini
	Letale o tossico se ingerito, inalato o messo a contatto con la pelle
	Tossico per gli organismi acquatici, con effetti a lungo termine
	Dannoso per la salute. Se ingerito o inalato può essere letale o danneggiare gli organi; può nuocere alla fertilità o al feto. Può essere cancerogeno o causare alterazioni genetiche

SCIENZE

nome — **idrogeno**
numero atomico — 1
simbolo — H
massa atomica (u)(1) — 1,008

−259 — temperatura di fusione (°C)
−253 — temperatura di ebollizione (°C)
1312 — energia di prima ionizzazione (kJ,
2,20 — elettronegatività (secondo Paulin
0,0899 — densità(2)
±1 — numeri di ossidazione
$1s^1$ — configurazione elettronica

(1) Per gli elementi radioattivi che non hanno isotopi stabil della massa atomica è quello dell'isotopo a vita più lun viene riportato tra parentesi quadre [ ].
(2) Per i solidi e i liquidi la densità è espressa in g/mL a 2(per i gas in g/L a 0 °C e a 1 atm.

PERIODI \ GRUPPI	1 I	2 II	3	4	5	6	7	8	
1	**idrogeno** 1 **H** 1,008 −259 −253 1312 2,20 0,0899 ±1 $1s^1$								
2	**litio** 3 **Li** 6,941 181 1342 513 0,98 0,53 +1 $[He]2s^1$	**berillio** 4 **Be** 9,012 1288 2471 899 1,57 1,85 +2 $[He]2s^2$							
3	**sodio** 11 **Na** 22,99 98 883 496 0,93 0,97 +1 $[Ne]3s^1$	**magnesio** 12 **Mg** 24,31 650 1090 738 1,31 1,74 +2 $[Ne]3s^2$							
4	**potassio** 19 **K** 39,10 63 760 419 0,82 0,86 +1 $[Ar]4s^1$	**calcio** 20 **Ca** 40,08 842 1484 590 1,00 1,53 +2 $[Ar]4s^2$	**scandio** 21 **Sc** 44,96 1541 2836 631 1,36 2,99 +3 $[Ar]3d^1 4s^2$	**titanio** 22 **Ti** 47,87 1668 3287 658 1,54 4,55 +2+3+4 $[Ar]3d^2 4s^2$	**vanadio** 23 **V** 50,94 1910 3407 651 1,63 6,11 +2+3+4+5 $[Ar]3d^3 4s^2$	**cromo** 24 **Cr** 52,00 1907 2672 653 1,66 7,19 +2+3+6 $[Ar]3d^5 4s^1$	**manganese** 25 **Mn** 54,94 1244 2061 717 1,55 7,43 +2+3+4+6+7 $[Ar]3d^5 4s^2$	**ferro** 26 **Fe** 55,85 1535 2861 759 1,83 7,86 +2+3 $[Ar]3d^6 4s^2$	**cob** 27 **Co** 58,93 + [Ar]3
5	**rubidio** 37 **Rb** 85,47 39 686 403 0,82 1,53 +1 $[Kr]5s^1$	**stronzio** 38 **Sr** 87,62 777 1384 549 0,95 2,60 +2 $[Kr]5s^2$	**ittrio** 39 **Y** 88,91 1523 3345 616 1,22 4,47 +3 $[Kr]4d^1 5s^2$	**zirconio** 40 **Zr** 91,22 1852 4409 660 1,33 6,49 +4 $[Kr]4d^2 5s^2$	**niobio** 41 **Nb** 92,91 2468 4742 664 1,60 8,57 +3+5 $[Kr]4d^4 5s^1$	**molibdeno** 42 **Mo** 95,95 2617 4639 685 2,16 10,20 +1+2+3+4+5+6 $[Kr]4d^5 5s^1$	**tecnezio** 43 **Tc** [98,91] 2157 4265 702 1,90 11,50 +4+5+6+7 $[Kr]4d^5 5s^2$	**rutenio** 44 **Ru** 101,1 2334 4150 711 2,20 12,5 +2+3+4+5+6+7 $[Kr]4d^7 5s^1$	**rc** 45 **Rh** 102,9 [Kr]
6	**cesio** 55 **Cs** 132,9 28 669 376 0,79 1,87 +1 $[Xe]6s^1$	**bario** 56 **Ba** 137,3 727 1897 503 0,89 3,59 +2 $[Xe]6s^2$	**57-71**	**afnio** 72 **Hf** 178,5 2233 4602 642 1,30 13,3 +4 $[Xe]4f^{14} 5d^2 6s^2$	**tantalio** 73 **Ta** 180,9 3017 5425 761 1,50 16,7 +5 $[Xe]4f^{14} 5d^3 6s^2$	**tungsteno** 74 **W** 183,8 3422 5655 770 2,36 19,3 +2+3+4+5+6 $[Xe]4f^{14} 5d^4 6s^2$	**renio** 75 **Re** 186,2 3186 5627 760 1,90 21,0 +4+6+7 $[Xe]4f^{14} 5d^5 6s^2$	**osmio** 76 **Os** 190,2 3033 5027 839 2,20 22,6 +2+3+4+6+8 $[Xe]4f^{14} 5d^6 6s^2$	**ir** 77 **Ir** 192,2 + [Xe]4
7	**francio** 87 **Fr** [223] 27 677 380 0,70 1,00 +1 $[Rn]7s^1$	**radio** 88 **Ra** [226] 700 1140 509 0,90 5,00 +2 $[Rn]7s^2$	**89-103**	**rutherfordio** 104 **Rf** [261] 2673 6073 409 — — +4 $[Rn]5f^{14} 6d^2 7s^2$	**dubnio** 105 **Db** [262] — — 640 — — — $[Rn]5f^{14} 6d^3 7s^2$	**seaborgio** 106 **Sg** [266] — — 730 — — — $[Rn]5f^{14} 6d^4 7s^2$	**bohrio** 107 **Bh** [264] — — 660 — — — $[Rn]5f^{14} 6d^5 7s^2$	**hassio** 108 **Hs** [265] — — 750 — — — $[Rn]5f^{14} 6d^6 7s^2$	**mei** 109 **M** [268] — [Rn]5

lantanio 57 **La** 138,9 920 3454 538 1,10 6,17 +3 $[Xe]5d^1 6s^2$	**cerio** 58 **Ce** 140,1 798 3424 528 1,12 6,77 +3+4 $[Xe]4f^1 5d^1 6s^2$	**praseodimio** 59 **Pr** 140,9 931 3520 523 1,13 6,77 +3 $[Xe]4f^3 6s^2$	**neodimio** 60 **Nd** 144,2 1010 3074 530 1,14 7,00 +3 $[Xe]4f^4 6s^2$	**promezio** 61 **Pm** [145] 1080 2457 523 — 7,22 +3 $[Xe]4f^5 6s^2$	**samario** 62 **Sm** 150,4 1072 1778 543 1,17 7,54 +2+3 $[Xe]4f^6 6s^2$
attinio 89 **Ac** [227] 1051 3159 499 1,10 10,10 +3 $[Rn]6d^1 7s^2$	**torio** 90 **Th** 232,0 1750 4788 587 1,30 11,7 +4 $[Rn]6d^2 7s^2$	**protoattinio** 91 **Pa** 231,0 1572 3756 568 1,50 15,4 +4+5 $[Rn]5f^2 6d^1 7s^2$	**uranio** 92 **U** 238,0 1135 4131 584 1,38 19,0 +3+4+5+6 $[Rn]5f^3 6d^1 7s^2$	**nettunio** 93 **Np** [237] 640 3902 597 1,36 20,4 +3+4+5+6 $[Rn]5f^4 6d^1 7s^2$	**plutonio** 94 **Pu** [244] 641 3228 585 1,28 19,7 +3+4+5+6 $[Rn]5f^6 7s^2$

10	11	12	13 III	14 IV	15 V	16 VI	17 VII	18 VIII
								elio 2 **He** 4,003 −272 / −269 / 2372 / -- / 0,18 -- $1s^2$
			boro 5 **B** 10,81 2300 / 3650 / 801 / 2,04 / 2,47 +3 [He]$2s^2 2p^1$	**carbonio** 6 **C** 12,01 3550 / -- / 1086 / 2,55 / 2,26 +2±4 [He]$2s^2 2p^2$	**azoto** 7 **N** 14,01 −210 / −196 / 1402 / 3,04 / 1,25 +2±3+4+5 [He]$2s^2 2p^3$	**ossigeno** 8 **O** 16,00 −219 / −183 / 1314 / 3,44 / 1,43 −2 [He]$2s^2 2p^4$	**fluoro** 9 **F** 19,00 −220 / −188 / 1681 / 3,98 / 1,70 −1 [He]$2s^2 2p^5$	**neon** 10 **Ne** 20,18 −249 / −246 / 2081 / -- / 0,90 -- [He]$2s^2 2p^6$
			alluminio 13 **Al** 26,98 660 / 2519 / 578 / 1,61 / 2,70 +3 [Ne]$3s^2 3p^1$	**silicio** 14 **Si** 28,09 1414 / 3280 / 786 / 1,90 / 2,33 +2±4 [Ne]$3s^2 3p^2$	**fosforo** 15 **P** 30,97 44 / 280 / 1012 / 2,19 / 1,82 ±3+5 [Ne]$3s^2 3p^3$	**zolfo** 16 **S** 32,07 115 / 445 / 1000 / 2,58 / 2,09 −2+4+6 [Ne]$3s^2 3p^4$	**cloro** 17 **Cl** 35,45 −101 / −35 / 1251 / 3,16 / 3,21 ±1+3+5+7 [Ne]$3s^2 3p^5$	**argon** 18 **Ar** 39,95 −189 / −186 / 1521 / -- / 1,78 -- [Ne]$3s^2 3p^6$
nichel 28 **Ni** 58,69 1455 / 2913 / 737 / 1,91 / 8,90 +2+3 [Ar]$3d^8 4s^2$	**rame** 29 **Cu** 63,55 1084 / 2567 / 745 / 1,90 / 8,96 +1+2 [Ar]$3d^{10} 4s^1$	**zinco** 30 **Zn** 65,38 420 / 907 / 906 / 1,65 / 7,14 +2 [Ar]$3d^{10} 4s^2$	**gallio** 31 **Ga** 69,72 30 / 2204 / 579 / 1,81 / 5,91 +3 [Ar]$3d^{10} 4s^2 4p^1$	**germanio** 32 **Ge** 72,63 937 / 2830 / 762 / 2,01 / 5,32 +2+4 [Ar]$3d^{10} 4s^2 4p^2$	**arsenico** 33 **As** 74,92 817 / -- / 947 / 2,18 / 5,73 ±3+5 [Ar]$3d^{10} 4s^2 4p^3$	**selenio** 34 **Se** 78,96 221 / 685 / 941 / 2,55 / 4,81 −2+4+6 [Ar]$3d^{10} 4s^2 4p^4$	**bromo** 35 **Br** 79,90 −7 / 59 / 1140 / 2,96 / 3,12 ±1+3+5 [Ar]$3d^{10} 4s^2 4p^5$	**cripton** 36 **Kr** 83,80 −157 / −152 / 1351 / 3,00 / 3,75 -- [Ar]$3d^{10} 4s^2 4p^6$
palladio 46 **Pd** 106,4 1553 / 2963 / 805 / 2,20 / 12,0 +2+4 [Kr]$4d^{10}$	**argento** 47 **Ag** 107,9 962 / 2162 / 731 / 1,93 / 10,5 +1 [Kr]$4d^{10} 5s^1$	**cadmio** 48 **Cd** 112,4 321 / 765 / 868 / 1,69 / 8,65 +2 [Kr]$4d^{10} 5s^2$	**indio** 49 **In** 114,8 157 / 2072 / 558 / 1,78 / 7,31 +3 [Kr]$4d^{10} 5s^2 5p^1$	**stagno** 50 **Sn** 118,7 232 / 2602 / 709 / 1,96 / 7,29 +2+4 [Kr]$4d^{10} 5s^2 5p^2$	**antimonio** 51 **Sb** 121,8 631 / 1587 / 834 / 2,05 / 6,68 ±3+5 [Kr]$4d^{10} 5s^2 5p^3$	**tellurio** 52 **Te** 127,6 450 / 988 / 869 / 2,10 / 6,24 −2+4+6 [Kr]$4d^{10} 5s^2 5p^4$	**iodio** 53 **I** 126,9 114 / 184 / 1008 / 2,66 / 4,93 ±1+5+7 [Kr]$4d^{10} 5s^2 5p^5$	**xenon** 54 **Xe** 131,3 −112 / −107 / 1170 / 2,60 / 5,90 -- [Kr]$4d^{10} 5s^2 5p^6$
platino 78 **Pt** 195,1 1768 / 3827 / 868 / 2,28 / 21,4 +2+4 [Xe]$4f^{14} 5d^9 6s^1$	**oro** 79 **Au** 197,0 1064 / 2856 / 890 / 2,54 / 19,3 +1+3 [Xe]$4f^{14} 5d^{10} 6s^1$	**mercurio** 80 **Hg** 200,6 −39 / 357 / 1007 / 1,90 / 13,6 +1+2 [Xe]$4f^{14} 5d^{10} 6s^2$	**tallio** 81 **Tl** 204,4 304 / 1473 / 589 / 2,04 / 11,8 +1+3 [Xe]$4f^{14} 5d^{10} 6s^2 6p^1$	**piombo** 82 **Pb** 207,2 328 / 1740 / 716 / 2,33 / 11,4 +2+4 [Xe]$4f^{14} 5d^{10} 6s^2 6p^2$	**bismuto** 83 **Bi** 209,0 271 / 1560 / 703 / 2,02 / 9,8 +3+5 [Xe]$4f^{14} 5d^{10} 6s^2 6p^3$	**polonio** 84 **Po** [209] 254 / 962 / 812 / 2,00 / 9,2 +2+4+6 [Xe]$4f^{14} 5d^{10} 6s^2 6p^4$	**astato** 85 **At** [210] 302 / 337 / 930 / 2,20 / -- ±1+3+5+7 [Xe]$4f^{14} 5d^{10} 6s^2 6p^5$	**radon** 86 **Rn** [222] −71 / −62 / 1037 / -- / 9,72 -- [Xe]$4f^{14} 5d^{10} 6s^2 6p^6$
darmstadio 110 **Ds** [271] -- / -- / -- / -- / -- -- --	**roentgenio** 111 **Rg** [272] -- / -- / -- / -- / -- -- --	**copernicio** 112 **Cn** [285] -- / -- / -- / -- / -- -- --	**nihonio** 113 **Nh** [284] -- / -- / -- / -- / -- -- --	**flerovio** 114 **Fl** [289] -- / -- / -- / -- / -- -- --	**moscovio** 115 **Mc** [288] -- / -- / -- / -- / -- -- --	**livermorio** 116 **Lv** [293] -- / -- / -- / -- / -- -- --	**tennessinio** 117 **Ts** [294] -- / -- / -- / -- / -- -- --	**oganessio** 118 **Og** [294] -- / -- / -- / -- / -- -- --

...io 822 / 1597 / 547 / -- / 5,24 -2+3 [Xe]$4f^7 6s^2$	**gadolinio** 64 **Gd** 157,3 1311 / 3273 / 592 / 1,20 / 7,89 +3 [Xe]$4f^7 5d^1 6s^2$	**terbio** 65 **Tb** 158,9 1356 / 3230 / 564 / 1,20 / 8,27 +3 [Xe]$4f^9 6s^2$	**disprosio** 66 **Dy** 162,5 1409 / 2567 / 572 / 1,22 / 8,53 +3 [Xe]$4f^{10} 6s^2$	**olmio** 67 **Ho** 164,9 1470 / 2720 / 581 / 1,23 / 8,80 +3 [Xe]$4f^{11} 6s^2$	**erbio** 68 **Er** 167,3 1522 / 2868 / 589 / 1,24 / 9,05 +3 [Xe]$4f^{12} 6s^2$	**tulio** 69 **Tm** 168,9 1545 / 1950 / 596 / 1,25 / 9,33 +2+3 [Xe]$4f^{13} 6s^2$	**itterbio** 70 **Yb** 173,0 824 / 1427 / 603 / 1,10 / 6,98 +2+3 [Xe]$4f^{14} 6s^2$	**lutezio** 71 **Lu** 175,0 1656 / 3315 / 524 / 1,27 / 9,84 +3 [Xe]$4f^{14} 5d^1 6s^2$	**LANTANIDI**
americio 5 **Am** 43] 1176 / 2011 / 579 / 1,30 / 13,7 +3+4+5+6 [Rn]$5f^7 7s^2$	**curio** 96 **Cm** [247] 1345 / -- / 581 / 1,30 / 13,5 +3 [Rn]$5f^7 6d^1 7s^2$	**berkelio** 97 **Bk** [247] 1050 / -- / 601 / 1,30 / 14,8 +3+4 [Rn]$5f^9 7s^2$	**californio** 98 **Cf** [251] 1060 / -- / 608 / 1,30 / -- +3 [Rn]$5f^{10} 7s^2$	**einsteinio** 99 **Es** [252] 860 / -- / 619 / 1,30 / 15,1 +3 [Rn]$5f^{11} 7s^2$	**fermio** 100 **Fm** [257] 1527 / -- / 627 / 1,30 / -- +3 [Rn]$5f^{12} 7s^2$	**mendelevio** 101 **Md** [258] 827 / -- / 637 / 1,30 / -- +2+3 [Rn]$5f^{13} 7s^2$	**nobelio** 102 **No** [259] -- / -- / 642 / 1,30 / -- +2+3 [Rn]$5f^{14} 7s^2$	**laurenzio** 103 **Lr** [262] -- / -- / -- / 1,30 / -- +3 [Rn]$5f^{14} 6d^1 7s^2$	**ATTINIDI**

GRUPPI

Legenda:

- numero atomico e simbolo: 20 Ca B^+
- nome: calcio
- dimensione relativa degli atomi / raggio atomico (10^{-10} m): 1,97
- energia di prima ionizzazione (eV)[1]: 6,11
- abbondanza sulla crosta terrestre (ppm)[2]: $3{,}4\cdot10^4$
- anno di scoperta: 1808

comportamento degli ossidi:
A = acido B = basico AN = anfotero
+ = fortemente – = debolmente

[1] 1 eV = 23,06 kcal/mol = $1{,}6\cdot10^{-19}$ joule

[2] Il segno ▲ indica una concentrazione dell'elemento inferiore a 0,003 ppm.

Gli elementi con il nome colorato in **verde** sono sintetici.

PERIODI DELLE SCOPERTE

Antichità | Alchimia | Secolo XVIII | Secolo XIX | Secoli XX e XXI

PERIODI	1 I	2 II	3	4	5	6	7	8	9	10	11	12	13 III	14 IV	15 V	16 VI	17 VII	18 VIII
1	1 H AN idrogeno 0,30 13,6 $8{,}7\cdot10^3$ 1766																	2 He – elio 0,93 24,58 $3\cdot10^3$ 1895
2	3 Li B^+ litio 1,55 5,39 65 1817	4 Be AN berillio 1,12 9,32 6 1798											5 B A^- boro 0,98 8,30 3 1808	6 C A^- carbonio 0,91 11,26 800 Antichità	7 N A^+ azoto 0,92 14,53 300 1772	8 O – ossigeno 0,66 13,61 $4{,}95\cdot10^5$ 1774	9 F – fluoro 0,64 17,42 270 1771	10 Ne – neon 1,60 21,56 ▲ 1898
3	11 Na B^+ sodio 1,90 5,14 $2{,}6\cdot10^4$ 1807	12 Mg B^+ magnesio 1,60 7,64 $1{,}9\cdot10^4$ 1755											13 Al AN alluminio 1,43 5,98 $7{,}5\cdot10^4$ 1827	14 Si AN silicio 1,32 8,15 $2{,}57\cdot10^5$ 1823	15 P A^- fosforo 1,28 10,48 $1{,}2\cdot10^3$ Alchimia	16 S A^+ zolfo 1,04 10,36 600 Antichità	17 Cl A^+ cloro 0,99 13,01 $1{,}9\cdot10^3$ 1774	18 Ar – argon 1,91 15,76 400 1894
4	19 K B^+ potassio 2,35 4,34 $2{,}4\cdot10^4$ 1807	20 Ca B^+ calcio 1,97 6,11 $3{,}4\cdot10^4$ 1808	21 Sc B^- scandio 1,60 6,54 5 1879	22 Ti AN titanio 1,46 6,82 $5{,}8\cdot10^3$ 1791	23 V AN vanadio 1,34 6,74 150 1830	24 Cr A cromo 1,27 6,76 200 1797	25 Mn A^+ manganese 1,26 7,43 $1\cdot10^3$ 1774	26 Fe AN ferro 1,26 7,87 $4{,}7\cdot10^4$ Antichità	27 Co AN cobalto 1,25 7,68 23 1735	28 Ni B^- nichel 1,24 7,63 80 1751	29 Cu B^- rame 1,28 7,72 70 Antichità	30 Zn AN zinco 1,33 9,39 132 1746	31 Ga AN gallio 1,41 6,00 15 1875	32 Ge AN germanio 1,37 7,86 7 1886	33 As A^- arsenico 1,39 9,81 5 Antichità	34 Se A^+ selenio 1,40 9,75 0,09 1817	35 Br A^+ bromo 1,14 11,84 1,62 1826	36 Kr – cripton 2,0 14,00 ▲ 1897
5	37 Rb B^+ rubidio 2,48 4,18 310 1861	38 Sr B^+ stronzio 2,15 5,69 300 1790	39 Y B^- ittrio 1,79 6,38 28 1794	40 Zr AN zirconio 1,60 6,84 220 1789	41 Nb A^- niobio 1,46 6,88 24 1801	42 Mo A molibdeno 1,39 7,1 8 1778	43 Tc A **tecnezio** 1,36 7,28 – 1937	44 Ru A^- rutenio 1,33 7,36 ▲ 1844	45 Rh AN rodio 1,34 7,46 ▲ 1803	46 Pd B^- palladio 1,38 8,33 0,01 1803	47 Ag AN argento 1,44 7,57 0,1 Antichità	48 Cd B^- cadmio 1,54 8,99 0,15 1817	49 In AN indio 1,66 5,79 0,1 1863	50 Sn AN stagno 1,62 7,34 ▲ Antichità	51 Sb A^- antimonio 1,59 8,64 1 Alchimia	52 Te A^- tellurio 1,60 9,01 ▲ 1782	53 I A^+ iodio 1,33 10,45 0,3 1811	54 Xe – xenon 2,20 12,14 ▲ 1898
6	55 Cs B^+ cesio 2,67 3,89 7 1860	56 Ba B^+ bario 2,22 5,21 250 1808	57–71	72 Hf AN afnio 1,58 7,00 4,5 1923	73 Ta A^- tantalio 1,46 7,88 2,1 1802	74 W A^- tungsteno 1,39 7,98 34 1781	75 Re A^- renio 1,37 7,87 ▲ 1925	76 Os A^- osmio 1,34 8,7 ▲ 1803	77 Ir B^- iridio 1,36 9,1 ▲ 1803	78 Pt B^- platino 1,38 8,96 $5\cdot10^{-3}$ 1735	79 Au AN oro 1,44 9,22 $5\cdot10^{-3}$ Antichità	80 Hg B^- mercurio 1,57 10,43 0,3 Antichità	81 Tl B^- tallio 1,71 6,11 1,8 1861	82 Pb AN piombo 1,75 7,42 16 Antichità	83 Bi A^- bismuto 1,70 7,29 0,2 1739	84 Po AN polonio 1,76 8,43 ▲ 1898	85 At – astato 1,40 9,50 ▲ 1940	86 Rn – radon 2,50 10,75 ▲ 1900
7	87 Fr B^+ francio 2,72 4,0 ▲ 1939	88 Ra B^+ radio 2,20 5,28 ▲ 1898	89–103	104 Rf – **rutherfordio** – – 1839	105 Db – **dubnio** – – 1803	106 Sg – **seaborgio** – – 1885	107 Bh – **bohrio** – – 1885	108 Hs – **hassio** – – 1947	109 Mt – **meitnerio** – – 1982	110 Ds – **darmstadio** – – 1994	111 Rg – **roentgenio** – – 1994	112 Cn – **copernicio** – – 1996	113 Nh – **nihonio** – – 2004	114 Fl – **flerovio** – – 1999	115 Mc – **moscovio** – – 2004	116 Lv – **livermorio** – – 2000	117 Ts – **tennessinio** – – 2010	118 Og – **oganessio** – – 2006

LANTANIDI	57 La B lantanio 1,87 5,61 18,3 1839	58 Ce B^- cerio 1,61 5,47 46,1 1803	59 Pr B^- praseodimio 1,82 5,42 5,53 1885	60 Nd B^- neodimio 1,82 5,49 23,6 1885	61 Pm B^- **promezio** – – 1947	62 Sm B^- samario 1,66 5,6 6,47 1879	63 Eu B^- europio 2,04 5,67 1,06 1896	64 Gd B^- gadolinio 1,79 6,16 6,36 1880	65 Tb B^- terbio 1,77 6,74 0,91 1843	66 Dy B^- disprosio 1,77 6,82 4,47 1886	67 Ho B^- olmio 1,76 – 1,15 1879	68 Er B^- erbio 1,75 6,08 2,47 1843	69 Tm B^- tulio 1,74 5,81 0,20 1879	70 Yb B^- itterbio 1,92 6,2 2,66 1878	71 Lu B^- lutezio 1,58 6,15 0,75 1907
ATTINIDI	89 Ac – attinio 1,88 6,90 ▲ 1899	90 Th B^- torio 6,95 11,5 1828	91 Pa B^- protoattinio – ▲ 1917	92 U AN uranio 6,10 4 1789	93 Np AN **nettunio** – – 1940	94 Pu AN **plutonio** 5,10 – 1940	95 Am – **americio** 6,00 – 1944	96 Cm – **curio** – – 1944	97 Bk – **berkelio** – – 1949	98 Cf – **californio** – – 1950	99 Es – **einsteinio** – – 1952	100 Fm – **fermio** – – 1953	101 Md – **mendelevio** – – 1955	102 No – **nobelio** – – 1958	103 Lr – **laurenzio** – – 1961

AA.VV.*TAVOLA PERIODICA ELEMENTI 2E
ISBN 978-88-08-52037-1
9 788808 520371
0 1 2 3 4 5 6 7 8 (02N)